# EXPOSITION UNIVERSELLE INTERNATIONALE 1900
## A PARIS

# CONGRÈS INTERNATIONAL

DES

# SCIENCES ETHNOGRAPHIQUES

TROISIÈME SESSION

# MÉMOIRES

ARGENTEUIL

IMPRIMERIE WORMS, OLLIVIER SUCCESSEUR

EXPOSITION UNIVERSELLE INTERNATIONALE DE 1900

A PARIS

# CONGRÈS INTERNATIONAL

DES

# SCIENCES ETHNOGRAPHIQUES

*TROISIÈME SESSION*

Tenue à Paris en Août et Septembre 1900

# MÉMOIRES

PARIS

—

1902

# COMITÉ D'ORGANISATION

## BUREAU

*Président :* M. Maurice BLOCK.
*1er Vice-Président :* M. TEXTOR DE RAVISI.
*Vice-Présidents :* MM. BOBAN - DUVERGER , GAUTTARD , GREVERATH, Léon DE ROSNY.
*Secrétaire Général :* M. Georges RAYNAUD.
*Secrétaires :* MM. René ALLAIN, LAPORTE, PEUVRIER, THOMAS.
*Trésorier :* M. Edouard LECLÈRE.

## MEMBRES

MM. AYMONNIER, Emile BOUTMY, CHALON, Henri CORDIER, Rodolphe DARESTE, DELAPORTE, Victor DUMAS, Gabriel ELOFFE, GOUREAU, Paul GUIYESSE, GUIMET, J. HALÉVY, LEDRAIM, LESOUEF, LEVASSUER, MARCERON, Paul MARIÉTON, MASPERON, Frédéric MISTRAL, Jules OPPERT, Albert RÉVILLE, RÉVILLOUT, Dr VERRIER, Julien VINSON.

# LISTE GÉNÈRALE DES MEMBRES DU CONGRÈS

## BUREAU

*Présidents d'honneur* : MM.Maurice Block, Léon Bourgeois
*Vice-Président d'honneur* : M. Textor De Ravisi.
*Président* : M. Charles Lemire.
*Vice-Présidents* : MM. Boban - Duverger, Gauttard, Greverath, Léon De Rosny.
*Secrétaire Général* : M. Georges Raynaud.
*Secrétaires* : MM. René Allain, Ocasian, Dr Raffour.
*Trésorier* : M. Edouard Leclère.

## MEMBRES

MM.

Allain (René), rédacteur au Ministère de l'Intérieur et des Cultes, orientaliste, à Paris.

American Geographical Society, à New-York.

Arakélian (Hambartroum), publiciste arménien, à Paris.

Aranzadi y Unamuno (Telesforo de), docteur ès sciences naturelles et ès pharmacie, professeur et délégué de l'Université de Barcelone.

Aymonier, directeur de l'Ecole coloniale, à Paris.

Barbezieux (Georges), docteur en médecine, directeur du journal *La Paix*, à Paris.

Barclay, membre de la Société d'Ethnographie.

Bela (docteur Erodi), conseiller royal, directeur en chef de plusieurs circonscriptions scolaires à Budapest, délégué officiel du Gouvernement hongrois.

Biez (Jacques de), homme de lettres, vice-président du Conseil d'arrondissement de Civray, château de la Mothe.

Block (Maurice), membre de l'Institut, ancien président de la Société d'Ethnographie, président du Comité d'organisation du Congrès international d'Ethnographie, à Paris.

Boban-Duvergé (Eugène-André), américaniste, membre de la Société d'Ethnographie, à Paris.

Bons d'Anty (Pierre-Rémi), consul de France à Tchong-King (Chine).

Bosco (Ricardo-Velasquez), membre de l'Académie de Saint-Ferdinand, professeur à l'Ecole d'architecture de Madrid.

Bourgeois (Léon), député, ancien président du Conseil des ministres, président de la Société d'Ethnographie, à Paris.

Bourgoint - Lagrange ( Pierre-Marie ), avocat, ancien magistrat, membre de la Société d'Ethnographie, à Paris.

Boutmy (Emile), directeur de l'Ecole libre des Sciences politiques, à Paris.

Calcano (docteur Julio), secrétaire perpétuel de l'Académie du Vénézuéla, délégué de l'Académie du Vénézuéla, à Caracas.

Chalon, publiciste, à Paris.

Chanel (J.), explorateur, à Paris.

Chil y Naranjo (docteur Gregorio), directeur du Musée d'histoire naturelle et d'anthropologie de Las Palmas (Canaries).

Claine (J.), vice-consul de France à Rosario.

Clunet (Edouard), avocat à la Cour de Paris, à Paris.

Colange (Isidore), instituteur retraité, à Saint-Valéry-en-Caux (Seine-Inférieure).

Cordier, professeur à l'Ecole des langues orientales, à Paris.

Croizier (marquis de), membre du Conseil supérieur des colonies, président de la Société académique Indo-Chinoise de France, château Jouandin, à Bayonne (Basses-Pyrénées).

Dareste (Rodolphe), membre de l'Institut, conseiller à la Cour de Cassation, à Paris.

Delaporte, conservateur du Musée Cambodgien, à Paris.

Delondre (Gustave), orientaliste, à Paris.

Dewez (Léon), directeur du *Journal des Voyages*, à Paris.

Dorsainvil (Jean-Baptiste), docteur en médecine, ancien inspecteur des écoles, ancien directeur au Lycée national de Port-au-Prince, à Port-au-Prince (Haïti).

Dorsay (George), curator of anthropology field colombian Museum, à Chicago.

Dorsey (docteur D.-A.), délégué officiel du Gouvernement des Etats-Unis.

Dumas (Victor), ancien secrétaire de la Société d'Ethnographie, à Paris.

Dvorak-Boza, architecte, conservateur des monuments historiques, à Pardubitz (Bohême).

Eichtal (Louis d'), propriétaire, conseiller général du Loiret, aux Bézards, par Nogent-sur-Vernisson.

Eloffe (Gabriel), vice-président de l'Alliance scientifique universelle, à Paris.

Fino-Ougrienne (Société), à Helsingfors (Finlande).

Firmin (A.), avocat, ancien ministre des Finances, du Commerce et des Relations extérieures d'Haïti.

Fraser (John), à Maitland (Nouvelle-Galles du Sud).

Galland (Ch. de), délégué officiel de l'Algérie à l'Exposition Universelle de 1900.

Gauttard (Albert), archéologue, professeur de dessin et de sculpture, à Paris.

Gierszynski (Stanislas). directeur du *Glos Wolny*, Paris.

Goureau (Gustave), antiquaire, à Paris.

Graterolle (Romain), élève de l'Ecole des Hautes-Etudes, à Paris.

Greverath (Achille), président de la Société sinico-japonaise, à Paris.

Gros Ruata (Frederico), ingénieur agronome, délégué officiel du Gouvernement espagnol.

Gsell, professeur à l'Ecole des lettres d'Alger.

Guibert (Jacques-Amédée), interprète de la Légation de France à Tokio, au Consulat de France à Yokohama (Japon).

Guieysse (Paul), député, ancien ministre, professeur à l'Ecole des Hautes-Etudes, professeur à l'Ecole Polytechnique, membre de la Société d'Ethnographie, à Paris.

Guimet, directeur-fondateur du musée Guimet, à Paris.

Halais (Charles-Emile), résident de France en retraite, à Paris.

Halevy (J.), orientaliste.

Halot (Alexandre), consul du Japon à Bruxelles, secrétaire du Conseil supérieur de l'Etat Indépendant du Congo, à Bruxelles.

Hamon (Augustin-Frédéric), professeur de criminologie à l'Université nouvelle de Bruxelles, directeur scientifique de l'*Humanité nouvelle*, à Paris.

Hans (Alberto), adjoint au commissaire de l'Exposition du Mexique, délégué officiel du Gouvernement mexicain.

Helsingfors (Finlande), Musée historique (*stastarkéologen*).

Hœrmann (Constantin), conseiller aulique, directeur du Musée de Serajevo, délégué officiel du gouvernement de Bosnie (Herzégovine).

Hœrnes (Moriz), professeur d'archéologie préhistorique à l'Université de Vienne, délégué de la Société d'anthropologie de Vienne.

Holbau (Michel), ancien consul de Roumanie à Genève.

Hoyos Sainz (Luis de), catedratico, doctor en ciencias y abodago, à Tolède.

Janko (docteur Jean), conservateur du Musée national hongrois, chef de la Section Ethnographique, délégué du Musée de Budapest.

Kaska (François), docteur en chimie, pharmacien, à Mexico.

Kimon (D.), à Paris.

Koulakoff (P.-E.), délégué officiel du Gouvernement russe.

Kunz (Georges), secrétaire et délégué de la Société américaine de numismatique et d'archéologie.

Labbé (Paul), explorateur, à Paris.

Lalayantz (Ervand), rédacteur de la Revue Ethnographique Arménienne, professeur au séminaire Nerrissian, à Tiflis (Caucase).

Laporte, secrétaire-adjoint de la Société d'Ethnographie, à Paris.

Leclère (Adhémar), résident de France à Pnom-Penh, membre de la Société d'Ethnographie, au Cambodge.

Leclère (Edouard), membre de la Société d'Ethnographie, à Paris.

Ledrain, ancien président de la Société d'Ethnographie, professeur à l'Ecole du Louvre, conservateur au Musée du Louvre.

Lehmann-Nitsche (Robert), docteur ès sciences naturelles, docteur en médecine, chef de la Section d'Anthropologie au Musée de La Plata, délégué du Musée de La Plata.

Lemire (Charles), résident honoraire de France, commissaire-adjoint à l'exposition d'Indo-Chine, président du Congrès international d'Ethnographie, à Paris.

Lesouef, ancien président de la Société d'Ethnographie; président de la Société Américaine de France, à Paris.

Levasseur, membre de l'Institut, professeur au Collège de France, à Paris.

Loe (baron Alfred de), conservateur de la Section d'Ethnographie des Musées royaux du Cinquantenaire, à Bruxelles.

Loubat (duc de), à Paris.

Lubbock (baronnet John), privy counsellor, member of Parliament, fellow of the Royal Society.

Lucy-Fossarieu (de), consul de France à Kobe et à Osaka.

Mac Clurg (Mrs), archéologue, déléguée officielle du Gouvernement des Etats-Unis.

Mac Gee (docteur W.-G.), ethnologist in charge Bureau of Ethnology, Smithsonian Institution, délégué officiel du Gouvernement des Etats-Unis.

Macker (Victor), trésorier de la Société d'Histoire naturelle de Colmar (Alsace).

Malkazoreny, directeur du Musée ethnographique Serbe, délégué officiel de la Serbie.

Mandello (Jules), docteur ès sciences politiques, chargé de cours à l'Université de Budapest.

Mantel (Arsène), ancien secrétaire général de la Société d'Ethnographie, à Paris.

Marceron (Désiré), secrétaire général de l'Alliance scientifique universelle, à Paris.

Marieton (Paul), chancelier du Félibrige, fondateur du Musée d'Ethnographie Provençale.

Marin (Louis), à Paris.

Maspéro, membre de l'Institut, professeur au Collége de France et à l'Ecole des Hautes-Etudes, à Paris.

Mathews (Robert-Hamilton), membre correspondant de la Société Anthropologique de Washington, à Parramatta (Australie).

Mestre (Amabile), à Paris.

Mistral (Frédéric), à Maillane (Bouches-du-Rhône).

Muller (docteur), consul général de l'Etat libre d'Orange à La Haye, délégué de la Société royale Néerlandaise de Géographie.

Myrial (M<sup>me</sup> Alexandra), membre de la Société d'Ethnographie, à Paris.

Ocasian (Georges), membre de la Société d'Ethnographie, à Paris.

Oppert (Jules), membre de l'Institut, professeur au Collège de France et à l'Ecole des Hautes-Etudes, à Paris.

Orloff (Alexandre), étudiant à l'Université impériale de Charkow (Russie).

Pauliet (Auguste), docteur en médecine, délégué de l'Alliance scientifique universelle, membre de la Société d'Ethnographie, à Arcachon.

Perez (Gustave), à Paris.

Peuvrier (Achille-Pierre), instituteur, secrétaire général de la Société d'Ethnographie, à Paris.

Piéton (M<sup>me</sup> Hélène), professeur, membre de la Société d'Ethnographie, à Paris.

Pleyte (Cornélis-Alarinus), directeur du département oriental et ethnographique de la librairie et imprimerie Brill, à Leyde.

Raffour, docteur en médecine, américaniste, à St-Aubin (Jura).

Ravisi (baron Textor de), président du premier Congrès provincial des Orientalistes français, à Paris.

Raynaud (Georges-Jean), américaniste, professeur à l'Ecole des Hautes-Etudes, à Paris.

Regel (Albert), ethnographe, (Russie).

Regnault (Félix), docteur-médecin, rédacteur en chef du *Correspondant médical*, à Paris.

Renooz (M<sup>me</sup>), membre de la Société d'Ethnographie, à Paris.

Réville (Albert), professeur au Collège de France et à l'Ecole des Hautes-Etudes, à Paris.

Revillout (Eugène), professeur à l'Ecole du Louvre, conservateur au Musée du Louvre, directeur de la *Revue Egyptologique*, à Paris.

Robélo (Cecilio), abogado, magistrado del Tribunal de la Justicia (Mexique).

Rosny (Léon de), vice-président de la Société d'Ethnographie, professeur à l'Ecole des Hautes-Etudes et à l'Ecole des Langues orientales, à Paris.

Routier (Gaston), membre de la Société des gens de lettres, délégué de la Société normande de Géographie, à La Garenne-Colombes.

Royer (Mme Clémence), membre de la Société d'Ethnographie, à Neuilly-sur-Seine.

Saint-Georges d'Armstrong (baron Thomas de), publiciste, membre de la Société d'Ethnographie, à Paris.

Samper (Mme Soledad Acorta de), membre de l'Académie de l'Histoire de Caracas, de la Société de Géographie de Berne, de l'Association d'Auteurs et Artistes de Madrid, à Bogota (Colombie).

Sarazin (Pierre), chancelier, détaché en mission, à Tokio (Japon).

Schemkevitch (P.), délégué officiel du Gouvernement russe.

Schmidt (Valdemar), docteur ès-lettres, professeur, délégué de l'Université royale de Copenhague.

Serapio (Orozco), abogado, notario y doctor en ciencia politico-sociale, à Escuenta (Guatemala).

Starr (Frederick), professeur, délégué officiel du Gouvernement des Etats-Unis.

Stourdza (prince Grigori), membre de la Société d'Ethnographie de Paris, à Bucarest (Roumanie).

Szimbathy (Josef), conservateur des collections préhistoriques au Musée d'Histoire naturelle de la Cour impériale et royale de Vienne, délégué de la Société d'Anthropologie de Vienne.

Tasset (Jacques), homme de lettres, orientaliste, à Paris.

Thomas, diplômé de l'Ecole des Hautes-Etudes, membre de la Société d'Ethnographie, à Paris.

Truhelka (Docteur Ciro), conservateur du Musée de Serajevo, délégué officiel du Gouvernement de Bosnie-Herzégovine.

Uguet de Refaire (Pedro), ingénieur agronome, délégué officiel du Gouvernement espagnol.

Uréchia (Vasile), professeur à l'Université de Bucarest, ancien ministre, vice-président de l'Académie roumaine, à Bucarest (Roumanie).

Vauchez (Emmanuel), secrétaire général de la Ligue de l'Enseignement, aux Sables-d'Olonne (Vendée).

Verrier (Eugène), docteur en médecine, président du Comité de Paris de l'Alliance scientifique universelle, à Paris.

Vincent (Docteur), inspecteur principal, délégué du Ministère de la Marine (France), à Paris.

Vinson, professeur à l'Ecole des Langues orientales, à Paris.

Warnotte Daniel, docteur en droit et en sciences politiques et administratives, à Bruxelles.

Wilson (Thomas), conservateur en chef du Musée national de Washington, délégué officiel du Gouvernement des Etats-Unis.

Zuylen (Colonel Van), ancien chef du Génie aux Indes Orientales Néerlandaises, à La Haye (Pays-Bas).

# RÉCEPTION A L'HOTEL DE VILLE

## DES MEMBRES DU CONGRÈS INTERNATIONAL

### *Des Sciences Ethnographiques*

---

Le samedi 1er septembre 1900, à trois heures, a eu lieu la réception, par la Municipalité de Paris, des membres du Congrès international des sciences ethnographiques, dans les salons de l'Hôtel-de-Ville, où un lunch a été offert.

**M. Ch. Lemire**, président du Congrès, a prononcé le discours suivant :

« Monsieur le Président,

« J'ai l'honneur de vous présenter les membres du bureau du Congrès international d'ethnographie, les délégués étrangers et les délégués des sociétés, ainsi que les membres du Comité d'organisation.

« Après M. Carnot, après M. Léon Bourgeois, je répéterai que l'Exposition de Paris est ethnographique, « en ce qu'elle nous offre un tableau comparatif des peuples et de leurs relations sociales et économiques. » Le Conseil municipal représentant une population dont la place dans le monde est à l'avant-garde du progrès, nous avons tenu à honneur et considéré comme un agréable devoir de venir vous adresser nos hommages. Nous envoyons notre salut respectueux à M. le président Grébauval, absent.

« Nous avons à vous exprimer nos plus vifs remerciements pour le gracieux accueil que vous nous faites, pour les facilités qui nous ont été données d'ap-

-puyer nos études en visitant les musées ethnographiques de la capitale. Ces musées sont au Louvre, au Trocadéro, place d'Iéna, à Cluny, à l'hôtel Cernuschi. Ils sont disséminés. Permettez-nous d'émettre ici un vœu : Cette grande leçon de choses, ce musée des sciences ethnographiques qu'est l'Exposition, tout cela est menacé de dispersion. Ne serait-il pas possible de réunir ces documents précieux en un établissement national et municipal d'ethnographie, comme en possèdent les autres capitales. Si vous partagez notre sentiment et nos vues, nous aurons ainsi associé le Conseil municipal à notre Congrès et c'est un honneur auquel nous attachons un grand prix.

« La ville de Paris consacrerait ainsi nos travaux ; elle en assurerait les résultats présents et le futur développement. Paris, la France et les nations vous seraient redevables de la fondation d'un tel centre d'études ethnographiques.

« Ces études ont pour objet : « les conditions d'existence des sociétés humaines, l'influence des milieux sur les progrès de la civilisation ». Or Paris, par ses établissements d'enseignement, des arts, des sciences, des lettres, des industries, est le milieu le plus favorable à ce développement progressif. C'est là que cette influenec se fait le mieux sentir sur « l'évolution intellectuelle et morale des sociétés humaines », but de l'ethnographie, comme l'a dit M. Léon Bourgeois. La Société d'ethnographie est donc une école et, en ce moment, l'Hôtel-de-Ville de Paris est en quelque sorte son université, son « alma parens ». C'est, du reste, la tradition municipale parisienne depuis le moyen-âge.

« Donc, au Conseil municipal de Paris, nos hommages les plus cordiaux et nos remerciements les plus reconnaissants pour l'accueil qui nous a été fait partout au cours de cette période d'études internationales. Le souvenir en restera gravé dans nos cœurs, en France et à l'étranger. »

M. Paul Escudier, vice-président du Conseil municipal, a répondu en ces termes :

« Messieurs,

« Cette réception modeste traduirait imparfaitement nos sentiments, si je ne disais pas que la présence à l'Hôtel-de-Ville de tant de professeurs distingués et de savants illustres de toutes nationalités, honore le Conseil municipal plus qu'il n'est en son pouvoir de les honorer.

« Les sciences nouvelles, Messieurs, sont comme les hommes de génie; elles risquent d'être incomprises si elles devancent leur temps : l'ethnographie a la chance de venir à son heure.

« Vous étudiez, en effet, les organisations sociales anciennes, les formes sociales primitives, et les problèmes sociaux sont à l'ordre du jour dans le monde entier. Les faits, moins compliqués, de la vie des nations de l'antiquité et des peuples incultes, éclairent les manifestations plus complexes de notre civilisation : vous découvrez dans le passé les raisons du présent et les moyens de préparer l'avenir.

« Avant la publication des premiers travaux ethnographiques, l'historien, le philosophe, l'économiste, l'homme politique qui voulaient prendre une vue générale de l'évolution des sociétés, étaient dans la situation d'un spectateur qui, pour juger une pièce, arriverait au milieu de la représentation : il admirerait peut-être la mise en scène, il pourrait être ému par la force tragique ou comique des situations; il ne saurait démêler ni le nœud de l'action, ni le caractère des personnages, n'ayant pas assisté à la première partie de la pièce.

« Maintenant, il est loisible aux penseurs et aux hommes d'Etat d'assister au commencement du spectacle : en collaboration avec l'anthropologie, vous avez écrit le premier acte de la comédie humaine, et s'il vous reste des scènes à faire, du moins par ce que nous savons déjà du rôle social de l'homme primitif, pouvons-nous pénétrer davantage son personnage contemporain.

« Un jour peut-être, grâce à vos investigations, la

sociologie poussera ses ambitions jusqu'à prétendre au rôle d'institutrice des nations, non pas que la solution des questions sociales appartienne jamais à la science seule et qu'il devienne possible d'endiguer dans des formules rigides les flots mouvants de l'humanité. Cela fût-il, d'ailleurs, que l'empirisme d'un Mirabeau pourrait toujours avoir raison de la philosophie d'un Condorcet ou de la science d'un Lavoisier. Mais il est vraisemblable que vous parviendrez à découvrir les principes de l'évolution humaine et à distinguer, sous le réseau des volontés particulières, l'action des lois générales qui commandent à la marche de l'humanité.

« Ce jour-là, Messieurs, les hommes assisteront-ils à l'avènement d'un système de gouvernement rationel, si incomparablement supérieur qu'il s'imposera à tous les citoyens; si libéral, si bienfaisant, si impartial que d'elles-mêmes s'éteindront les discordes qui consument nos forces et qui n'épargnent même pas les savants?

« Verront-ils s'édifier des formes sociales où le douloureux problème du paupérisme sera résolu? En un mot, hommes et peuples communieront-ils jamais dans la même vérité et dans la même justice? Je ne sais si ces beaux rêves ne risquent pas de demeurer des rêves, mais nous avons foi dans la science.

« Déjà, Messieurs, vous avez établi que l'anarchie, le communisme, sont des états inférieurs de l'humanité. A vivre dans les ténèbres de certains sophismes, les hommes, comme les poissons des cavernes, deviendraient aveugles; ils ne verraient plus où sont la liberté et la raison : vos libres enquêtes leur apportent la lumière.

« Oui, nous avons foi dans les résultats de la science. Et s'ils doivent transformer la figure des sociétés, cette métamorphose ne s'accomplira que par l'amélioration matérielle, intellectuelle et morale de la condition humaine, et c'est précisément parce que nous sommes convaincus de votre rôle essentiel dans cette élaboration d'une humanité meilleure, que nous avons tenu à honneur de vous recevoir et de vous féliciter.

« Messieurs, j'adresse mes souhaits aux membres français et étrangers du Congrès international des sciences ethnographiques, rassemblés par la communauté d'un travail désintéressé pour une œuvre de lumière et de progrès. »

# LES CULTES CHEZ LES ANNAMITES

PAR Ch. LEMIRE

*Résident Général de France*

---

*Religion et culte.* — Les Annamites ont-ils une religion ? Si l'on entend par religion la croyance en un Dieu unique et défini, basée sur un ensemble de dogmes, sur une doctrine, sur des articles de foi obligatoirement imposés à ses adeptes, il n'existe rien de semblable.

Cependant tout culte implique une religion plus ou moins définie, dont il est la conséquence et l'application, la manifestation extérieure. D'autre part, tout culte comporte des ministres ou des prêtres, intermédiaires entre l'homme et la divinité ou même chargés de pouvoirs de la Divinité qu'ils représentent sur terre.

En Annam, nous sommes en présence d'un culte et même de plusieurs cultes ; mais aucun ne repose sur des dogmes précis, sur une doctrine rigoureuse admise par tous les adeptes. De plus, aucun de ces cultes n'a de ministres ou de prêtres revêtus d'un sacerdoce à l'exclusion de tous autres. Il n'existe pas de classe spéciale d'hommes auxquels des pouvoirs spirituels, portant effet dans ce monde et dans l'autre, sont dévolus par d'autres hommes au nom de la Divinité pour sauver leurs semblables. Ce sont les fonctionnaires, le roi en tête, et les chefs de famille qui sont les ministres de ces différents cultes.

*Collectivisme familial.* — Chez les Annamites, le culte n'est pas seulement basé sur ce que M. Le Myre de Vilers appelait judicieusement « le collectivisme familial », sur les sacrifices aux ancêtres prescrits par les lois et les traditions venues de la Chine. Il vise plus haut.

*Les esprits du ciel et de la terre.* — Des sacrifices sont offerts officiellement aux esprits du ciel et de la terre, à l'esprit protecteur de l'État, à celui de la dynastie et aux ancêtres du souverain régnant, par ordre de l'Empereur, qui est le grand pontife, « l'infaillible », a-t-on dit, jouissant d'une autorité absolue.

*Le Fils du ciel, mandataire du ciel.* — Il est le « Fils du ciel » comme l'empereur de la Chine. En vertu du droit divin, sa personne est sacrée. On ne doit même pas prononcer son nom. Il a reçu le « mandat du ciel » et par suite, il a seul qualité pour offrir au nom du peuple le sacrifice au souverain du ciel (Thuong-De) dont il est une émanation directe et avec lequel il est le seul qui soit et reste en communication, comme un mandataire avec son mandant.

Dans les calamités publiques, il doit l'implorer et l'apaiser par des prières, des humiliations, une confession publique. S'il est Fils du ciel, il est aussi le « père et mère » du peuple, il est donc doublement qualifié comme grand-prêtre.

*Les religieux boudhistes (bonzes).* — Nous verrons que les religieux boudhistes (les bonzes) ne sont pas des prêtres, parce qu'ils n'agissent que pour leur propre personne et n'ont pas charge d'âmes. Ils ne s'occupent pas du salut des autres. Ils n'exercent pas un sacerdoce. Leur caractère religieux leur est personnel et il est tout à fait temporaire.

*Culte officiel : Les grands sacrifices.—Devoirs religieux des fonctionnaires.* — Un ordre du roi, pontife suprême, prescrit l'époque fixée pour les sacrifices, le recueillement et l'abstinence, que tous les fonctionnaires doivent observer pendant trois jours. Il leur est défendu, sous peine d'un mois de retenue de solde, d'assister à des funérailles, de visiter des malades, de signer des pièces relatives à des condamnations capitales et d'assister à des festins. Ils doivent coucher dans la salle du prétoire.

Leur attention et leur esprit ne doivent pas être distraits, autrement ils ne seraient pas dans les conditions requises pour se mettre en communication avec les esprits célestes.

Les militaires, comme les civils ne peuvent ni boire de vin, ni manger d'oignon et d'ail, ni entendre de la musique, ni cohabiter avec aucune femme, légitime ou non. Ils doivent se purifier par un bain et changer de vêtements, mesures auxquelles ils ne sont pas astreints pour les sacrifices des quatre saisons, aux mânes des ancêtres du souverain, ni aux esprits protecteurs de la dynastie et de l'État.

Les animaux, buffles, bœufs, porcs, etc., destinés aux sacrifices, sont choisis soit trois mois, soit trente jours à l'avance et soignés à part. Leur peau doit être sans tache. Comme chez les Israélites, ils doivent être tués d'une certaine façon : c'est le ministre des cultes ou des rites (Bô lé) qui est chargé d'assurer ces détails.

Ce sont là les grands services, le culte solennel.

*Sacrifices moyens.* — Les sacrifices moyens sont ceux qui sont offerts au soleil et à la lune à leur lever, au vent, aux nuages, à la foudre, à la pluie, aux montagnes hantées par des esprits, à la mer, aux torrents, aux esprits des rois et empereurs des anciennes dynasties, des anciens maîtres (en littérature et en morale), des agriculteurs célèbres, et aux drapeaux. Ce dernier hommage a également lieu dans plusieurs régiments de France.

*Petits sacrifices.* — Les petits sacrifices sont ceux offerts à tous les esprits mentionnés dans les statuts sur les rites. Ceux offerts à la mémoire de Confucius (Không tû) donnent seuls lieu à un ordre royal.

Le sacrifice le plus solennel a lieu à la capitale tous les trois ans avec une pompe extraordinaire. Il est célébré la nuit par le jeune roi Thanthai, environné de toute la cour et de délégués de toutes les communes de la province de Hué, rangés autour de l'aire des grands sacrifices.

*Le Nam giao.* — *L'aire des sacrifices.* — Celle de Hué où se fait la cérémonie dite Nam giao, est véritablement imposante. Elle est entourée de quinconces de grands pins portant chacun sur une tablette le nom de celui qui l'a planté, c'est-à-dire d'un membre de la famille royale.

En général et dans chaque chef-lieu de province, c'est un ensemble de terrasses carrées, quelquefois rondes, formées de terre rapportée, soutenues par un mur en maçonnerie avec balustrade. Ces terrasses diminuent de grandeur à chaque étage. On y accède par deux ou quatre escaliers ornés de pylones et orientés suivant les points cardinaux. Près de ces aires et dans les terres qui sont consacrées aux frais du culte, le roi, à la capitale, et les gouverneurs, dans les provinces, ouvrent un sillon et célèbrent la fête de l'agriculture. Les grands sacrifices au ciel, à la terre, à la dynastie, ont également lieu dans toutes les provinces par les soins personnels du chef de la province.

*Sacrifices illicites.* — Quant à ceux qui par des sacrifices demandent la félicité à des esprits non reconnus par les rites, ils sont punis de quatre-vingt coups de bâton, afin de réprimer les excès et le désordre en matière de religion. Le roi et son représentant dans chaque province ont seuls le droit de faire des invocations au ciel, aux époques et aux endroits déterminés. Ceux qui se livrent au culte des esprits ou qui saluent la Grande Ourse dans des habitations privées font preuve d'irrévérence et de présomption et sont sévèrement punis.

On salue la Grande Ourse en allumant sept lanternes sur chacune desquelles est une étoile. Pour invoquer les esprits du ciel, on leur adresse un mémoire écrit en caractères jaunes sur papier bleu. On le brûle ensuite et les parcelles s'envolent vers le ciel.

*Évocations diaboliques.* — Le code punit de la strangulation avec sursis, parce qu'ils troublent le peuple crédule et ignorant, ceux ou celles qui évoquent les esprits diaboliques, écrivent des charmes ou font avec de l'eau des cercles en proférant des paroles magiques qui empêchent les mauvais esprits d'y pénétrer. On voit que ces formules sont les mêmes que celles de nos sorciers du Moyen Age.

C'est ainsi que les sorciers du maréchal de Rais le faisaient entrer dans des cercles tracés au phosphore (1).

*Interdiction pour les femmes de prendre part au culte extérieur.* — Il n'est pas permis aux femmes ni aux filles de faire des sacrifices, de fréquenter les pagodes. Les femmes ne doivent pas sortir sans nécessité ; ce serait pour elles une cause de dépravation de fréquenter les temples, ce qui indiquerait que les réunions dans les temples sont peu édifiantes. En outre, « elles ne connaissent pas les choses », dit le législateur, plus catégorique que le concile où l'on discutait si elles avaient une âme.

L'interdiction faite aux femmes d'entrer dans les temples et d'offrir des sacrifices contraste avec l'obligation imposée aux femmes devenues chrétiennes de fréquenter les églises et les cérémonies.

*Les quatre cultes : Les trois catégories d'esprit.* — De tout ce qui précède. Il résulte qu'il y a en Annam quatre religions ou cultes reconnus :

1° Le culte des esprits divisés en trois catégories :

La première comprend ceux du ciel, de la terre, de la dynastie, de l'État, des ancêtres du souverain régnant ;

La seconde, ceux des astres, des éléments, des anciens rois, des anciens lettrés, des anciens agriculteurs et des drapeaux ;

La troisième, les esprits protecteurs de la commune, auxquels les notables ne peuvent offrir dans l'année que cinq sacrifices, les esprits des ancêtres, etc.

2° La religion boudhiste ;

3° La doctrine de Lao-tû (Lao-tsé) ou culte de la raison ;

4° La religion chrétienne reconnue, ou plutôt dont le libre exercice a été imposée dans tout le royaume depuis le traité de 1862.

*Le boudhisme.* — *La secte de Lao-Tsé.* — *Culte de Kong-tû.* — Le boudhisme et le culte de Lao-tsé ne sont

---

(1) Voir le Barbe-bleue de la légende et de l'histoire, Leroux, édit., 28, rue Bonaparte.

que tolérés. Les lettrés, c'est-à-dire la classe dirigeante, ne pratiquent que le culte de Kong-tû et celui des esprits, comme culte ou hommage public, officiel et national. Mais tous, individuellement, depuis le roi, les fonctionnaires, les religieux boudhistes, les paysans observent avec la plus grande fidélité le culte des ancêtres. Si le culte des esprits est la religion officielle, la religion d'État, le culte des ancêtres est la religion nationale et populaire.

*Les hommages officiels à la tablette royale.* — On a rattaché à tort au culte officiel les cérémonies que tous les fonctionnaires et lettrés gradés sont tenus d'accomplir périodiquement et publiquement devant le palais royal improprement appelé pagode royale.

Il existe dans chaque chef-lieu de province une vaste habitation, entourée de murs et de portes monumentales, et réservée au roi. On y voit l'estrade du trône, sous un dais, le fauteuil ancestral, sculpté, laqué et doré, une table, un guéridon, les insignes du pouvoir, la châsse ou le tabernacle destiné à recevoir les lettres royales, des sentences fixées aux colonnes. L'esprit du roi est supposé résider dans ces palais devant lequel s'étend une courdallée, décorée d'arbustes.

Le gouverneur, le trésorier général (Quan-Bô), le chef de la justice (Quan-An), le directeur de l'enseignement (Doc-Hoc), s'avançent devant le palais où ils ne doivent pas pénétrer. Des deux côtés sont rangés tous les mandarins et lettrés.

En avant du trône sont placés les deux parasols, le brûle-parfums, les cierges allumés, et autres attributs de la royauté. Le tout est laqué en rouge et doré.

Les prosternations ont lieu cinq fois de suite.

Ces cérémonies se font, tantôt solennellement et tous les mandarins réunis, tantôt isolément.

Les fonctionnaires doivent aller saluer la tablette où est censé présent l'esprit du roi deux fois par mois. Celui qui est promu ou qui vient prendre un service doit revêtir son costume bleu, pantalon rouge, turban noir, et, pieds nus, se prosterner devant le palais.

*Les salutations à genoux.* — L'usage étant dans ce pays, comme en Chine, de saluer à genoux, les mains jointes, le front courbé vers la terre, on a pris ces salutations pour des adorations. Ce ne sont que des hommages de soumission, de fidélité rendus au roi, comme s'il était présent, et analogues à ceux que nous rendons au chef de l'Etat, aux préfets des départements, à l'époque du 1er janvier, du 14 juillet, et lorsqu'un haut fonctionnaire prend ou quitte son service.

*Prières et humiliations publiques.* — Dans le cas de disette, d'épidémie, le chef de la province, en grand costume de cour, le chapeau à ailes garni d'or, la robe brochée d'or, en bottes de satin, se rend soit à l'aire des sacrifices, soit dans une pagode, et il implore le Ciel en s'accusant de ses fautes, qui ont pu motiver la colère du Ciel et causer les maux dont souffre le peuple.

J'ai vu faire ces cérémonies par de grands mandarins, des vieillards, agenouillés, pieds nus, en grand costume, sous la pluie et le vent, en présence de tous.

La reine d'Angleterre et le czar prescrivent également dans leurs états, au sujet d'événements graves, des prières publiques et un jeûne général, à l'observation desquels tous leurs sujets sont moralement tenus de se soumettre.

Mais quel est le ministre ou le préfet, en France, qui consentirait à se rendre en costume brodé sur la place publique pour s'y prosterner, y faire, comme les hauts fonctionnaires annamites, sa confession publique après avoir gardé l'abstinence trois jours ? Quel est le magistrat qui consentirait à implorer publiquement et à genoux le Ciel en faveur de ses administrés ? Les adeptes des différents cultes et surtout les gens qui ne reconnaissent aucun culte, et qui sont hostiles à toute liberté religieuse, ne s'opposeraient-ils pas à cette cérémonie religieuse publique ?

*Liberté de croyance et de pratique.* — Ici, au contraire, les fidèles des cultes des esprits, de Boudha, de Corpicius,

de la Raison, ne trouvent rien à reprendre à cette cérémonie. C'est la tolérance absolue et l'entière liberté de
conscience, liberté de pratique.

*Restrictions édictées par la doctrine chrétienne.* — La
doctrine chrétienne interdit à ses disciples de prendre part
à ces cérémonies. Il leur est également défendu d'offrir des
sacrifices aux ancêtres et d'entretenir dans leur maison
l'autel laraire où sont les tablettes des ascendants.

Les lettrés étant tenus de rendre ces hommages aux
ancêtres du souverain régnant, de saluer officiellement, à
l'occasion de leurs fonctions, la tablette du roi régnant, on
voit que cette interdiction fait litière des lois rituelles du
royaume, rompt toutes les traditions, entrave la vie publique et brise la carrière des intéressés.

De même, dans chaque commune, on offre des sacrifices
au génie protecteur de la commune. Les produits de certains champs communaux sont affectés à ce culte et tous
les habitants y prennent part.

Les liens rattachant la famille à sa souche semblent
rompus par l'abstention des cérémonies rituelles.

Ainsi du plus petit au plus grand, du haut mandarin au
dernier paysan, les obstacles sont insurmontables. C'est ce
qui a fait dire à Luro qu'à la suite de la querelle des
jésuites et des dominicains relativement au culte des ancêtres, la bulle du pape, lancée de Rome en Chine en 1774,
avait plus entravé les conversions au catholicisme que tous
les édits de persécution.

Les Cambodgiens sont fervents disciples du boudha
Somana-Cudôm dont ils suivent absolument la doctrine.
Aussi les missionnaires catholiques n'obtiennent-ils que
de bien rares conversions.

L'Annamite porté aux idées religieuses n'est adonné
qu'à des pratiques vagues sans doctrine et sans articles de
foi. Leur esprit est donc tout préparé pour recevoir la pure
doctrine du Christ.

Sans les restrictions que nous avons cités, cette doctrine
se serait répandue dans toute la Chine et dans l'Annam-

Tonkin. Son adoption aurait eu d'incalculables avantages pour ces races crédules et intelligentes, dont l'état moral aurait pu être modifié, comme le christianisme a transformé le monde ancien en succédant au paganisme et au culte montrueux des dieux et des génies de l'olympe mythologique. Le pape Benoit XIV a cru devoir sacrifier à l'abolition d'un rite symbolique séculaire la propagation de la religion de Jésus, si consolante et si vivifiante dans ses préceptes et ses pratiques générales. Le peuple chinois et le peuple annamite sont restés livrés au culte des esprits, au culte fondamental et raisonnable des ancêtres et au culte superstitieux de tous les génies qu'ont pu enfanter leur imagination.

Les chrétiens se prosternent devant les images des saints et des saintes Il font offrir le sacrifice de la messe en leur honneur ; cependant ils n'adorent pas les saints, pas plus qu'on adore Boudha, ni Confucius. On honore les uns et les autres par des cérémonies qui ne sont que des formes, des rites, des symboles. Il eût paru sage d'attendre que la foi chrétienne se soit propagée partout et alors on aurait pu modifier ces rites et les rendre conformes à la doctrine et à la liturgie boudhiques.

*Procession du grand Dragon.* — La procession du grand Dragon en lutte contre la lune du printemps n'est autre que la procession des Rogations, qui au Moyen Age, était accompagnée également du grand Dragon. Les rogations chinoises ou européennes n'ont pour but que de demander au Ciel une bonne récolte, la fin de la sécheresse, ou des pluies, selon le cas.

*Pratiques religieuses privées.* — Au cours des actes de la vie ordinaire, à tout instant, on rencontre des gens adressant une prière adaptée à la circonstance. Les bateliers avant de se mettre en route, avant de franchir un obstacle, invoquent les esprits des eaux, leur offrent des papiers d'or et d'argent qu'on brûle et qui sont supposés être des lingots ; des baguetttes d'encens, du riz qu'on jette à l'eau en faisant une prière avec salutations les mains jointes.

Les voyageurs et les bateliers ne font-ils pas leur prière avant de s'engager dans les montagnes ou sur les fleuves?

En pays moï, ne voit-on pas ces gens qu'on appelle des *sauvages*, parce qu'ils vont nus et sont dépourvus de tout, s'arrêter en route, au sommet des montagnes, pour déposer une branche d'arbre, une pierre, en invoquant les esprits des forêts?

Les marchands n'allument-ils pas devant leur porte des cierges et des baguettes pour se rendre les esprits favorables?

Du plus pauvre au plus riche, l'esprit de l'homme se tourne vers les esprits supérieurs. Les formes d'invocation sont matérielles, mais le fond est spiritualiste. Dans ces conditions peut-on se croire fondé à dire que ce peuple n'a aucune religion, ne croit à rien, a peur de tout et qu'il est déiste ou panthéiste, ou seulement superstitieux, et qu'il ne pratique d'autre culte que celui du diable?

*Croyance aux bons et aux mauvais génies, aux bons et aux mauvais anges.* — Évidemment, les superstitions tiennent plus de place dans ses pratiques que la doctrine et les dogmes; mais, à mon sens, il est profondément religieux et dans tous ses actes, officiels, privés, publics, nationaux ou sociaux, il invoque naivement et sans aucun respect humain, le Ciel, le suprême auteur et maître des âmes et des choses, les esprits, les mânes, les génies. Il a une religion officielle, celle des esprits du ciel; un culte national, celui des ancêtres; des pratiques locales et privées, celle des saints, des hommes illustres, des génies, bons et mauvais. Les chrétiens n'invoquent-ils pas aussi les anges, qui sont, d'après la doctrine, des esprits purs, tandis que Dieu est un pur esprit? Ces anges ne sont-ils pas classés en neuf chœurs ou théories : les anges, chérubins, séraphins, trônes, dominations, etc., comme on a réparti les démons ou plusieurs catégories : Lucifer, Béelzébuth, Bélial, etc., etc.?

Quant aux superstitions du vulgaire, elles descendent jusqu'à Monseigneur le Tigre qu'ils redoutent, au Dauphin qu'ils vénèrent, parce qu'il les aide à la pêche en poussant vers la plage les bancs de poissons. Les Grecs avaient la même affection pour ces poissons qui prenaient sur leur dos les naufragés.

*Les dix enfers.* — Dans les pagodes nous trouvons la représentation des cieux et des enfers (Luc dîên). Il y a comme dans l'antiquité quatre juges principaux (Tù Dien) et six secondaires. Ils mandent à la barre les âmes des morts et avec l'aide de ses secrétaires lettrés, chaque juge examine les mérites et les fautes du défunt. Si la somme des fautes l'emporte, les âmes sont saisies par les satellites, des juges qui les conduisent dans celui des enfers où s'expient les fautes commises. Elles sont en effet divisées en dix catégories correspondant aux dix enfers. Les châtiments que reproduisent les peintures sont analogues à ceux que représentent les peintures, sculptures ou images en usage dans le christianisme.

Il y a l'enfer du char de feu et l'enfer de glace, l'enfer de la montagne des épées, l'enfer des scies où les femmes adultères, liées entre deux planches verticales, sont sciées en deux longitudinalement. Des diables horribles saisissent les coupables et leur mettent la cangue. Aux unes on arrache les entrailles, d'autres sont broyées dans un pilon à riz. Les voleurs sont écrasés entre deux portes massives. Les cruels sont livrés aux fauves. Les assassins sont transpercés avec des épées.

La description de ces enfers a été faite par M. Dumoutier.

*Les purgatoires.* — Les peines subies dans les enfers ne sont pas éternelles. Elles peuvent être évitées par le culte que les descendants rendent à leurs ascendants défunts. C'est identique aux prières des chrétiens en faveur des âmes du purgatoire.

*Les âmes des morts.* — Les Annamites ont des idées plus larges que les nôtres sur la destinée des âmes après la mort. Croyant, comme nous, à l'immortalité de l'âme, ils admettent que si le défunt reçoit et accepte les sacrifices et les prières en faveur de ses mânes, son âme est divinisée et acquiert, quelle qu'ait été sa vie sur la terre, un pouvoir surnaturel. Elle devient même un esprit protecteur né de sa famille qui l'honore. C'est là vraiment un culte religieux et spiritualiste. Tous les Annamites pratiquent ces cérémonies : j'ai toujours été frappé de voir le dernier des paysans et des domestiques accomplir les rites, recevoir ses parents, ses invités et les étrangers, avec la même dignité, la même politesse que les riches et les lettrés. Un coolie en haillons, père de famille, revêt la robe noire de cérémonie ou la robe blanche de deuil et il se trouve transformé en chef de maison, égal à tous ses concitoyens. Du reste, le costume privé est national. Il est le même pour tous.

*Temples des hommes illustres.* — Comme nous, les Annamites honorent la mémoire de leurs grands hommes ; mais au lieu de leur élever des statues, ils leur élèvent des temples, des chapelles (miêu), des panthéons.

Qu'est-ce que peut faire à un homme illustre, disait un jour Pierre Véron en passant devant une statue, que la postérité reproduise en bronze ou en marbre son image sur laquelle viendront se poser les oiseaux en la souillant ? Evidemment, l'érection d'une statue n'a qu'un but : c'est de donner en exemple constant à la postérité les actes de celui dont on a représenté les traits.

*But et avantages de cette commémoration.* — Or, les Annamites se reportent toujours vers les mânes de celui qui a disparu. Ils pensent que son âme revient sur terre, qu'on peut se mettre en communication avec elle. Ils étaient spirites bien avant nous. En adressant leurs hommages à cette âme, en célébrant la commémoration d'un esprit illustre, ils s'inspirent des exemples du personnage et réclament sa protection et son concours, comme nous implorons les saints de toute antiquité.

La mémoire des grands personnages est donc honorée à

un double point de vue : social et religieux. N'ont-ils pas autant raison que nous ?

*La maison commune ou mairie.* — Les maisons communes ou mairies (dinh) servent de lieu de réunion pour les séances du Conseil communal et aussi pour les cérémonies religieuses en l'honneur du génie protecteur de la commune. Il y a de plus une installation pour les passagers de marque et dans les dépendances, comme celles des pagodes, où les voyageurs dénués de ressources trouvent un abri, mesure que nous n'avons pas encore su réaliser dans les campagnes de France, malgré la rigueur de nos hivers.

*Culte rendu à Confucius.* — Le culte de Confucius est suivi par tous les lettrés du royaume. Chaque chef-lieu de province possède un grand temple, entouré de murs, et appelé Van Miêu, pagode des lettrés, servant à deux fins ; on y rend l'hommage aux tablettes du grand philosophe et de soixante-douze de ses principaux disciples. En outre, on y conserve les tablettes des lauréats des examens, des docteurs. (Tan si.)

*Camp des lettrés.* — D'autres enclos voisins, appelés « camp des lettrés », servent aux examens triennaux où des centaines d'étudiants viennent concourir pour les grades de bacheliers (tu tai), de licenciés (cu nhon) et de docteurs (Tan si).

On a ainsi conservé leurs noms depuis plusieurs siècles.

Devant la porte du temple, une inscription en caractères dorés indique que c'est là le « temple de la littérature ». Des avis sur pierre rappellent aux passants qu'ils doivent, par respect, descendre de cheval.

*Temple de la littérature (Van Miêu).* — Le temple principal comprend deux bâtiments parallèles élevés sur de hautes colonnes. Le premier est ouvert sur le devant ; le second est clos par une rangée de petites portes sculptées à jour. Il n'y a pas de fenêtres. Au milieu est un autel en bois sculpté, laqué et doré et de chaque côté une grue sur une tortue.

La grue et la tortue signifient force et longévité, la grue

étant supposée vivre dix mille ans et la tortue mille ans. En outre, le dos de la tortue figure la voûte du ciel et son ventre figure la terre qui pour les asiatiques est plate.

Sur un trône doré, en forme de fauteuil, est placée la tablette de Confucius avec cette inscription : « Au très saint et premier ancêtre Khong-tu. »

Au fond du jardin, le temple des ancêtres des philosophes contient la tablette de la mère de Confucius avec ces inscriptions : « Elle enfanta le saint : » et au-dessus : « Le monde fut ouvert à la lumière ».

*Le patron des étudiants.* — Les étudiants invoquent en outre le génie Van Xuong qui a un temple dans l'île du petit lac à Hanoï. Son esprit plane dans la constellation de la Grande Ourse qu'on appelle le Palais des étoiles de Van Xuong. De là les invocations â cette constellation. Confucius est le phiiosopophe, le moraliste : Van Xuong est l'inspirateur des compositions littéraires.

*Temple des Mandarins militaires (Vô Miêu).* — Les mandarins militaires ont leur temple spécial, orné de chevaux, d'éléphants, en bois ou en pierre, de sabres, d'épées, de lances, de drapeaux et de bannières. — C'est le Vô-Miêu.

*Temples boudhiques.* — Les édifices élevés en l'honneur d'un héros, d'un sage, se nomment *Dên* ou Miêu. Ils se distinguent des temples boudhiques dont le caractère est exclusivement religieux. Ceux-ci sont désignés par le mot chua (temple). Ces derniers renferment les statues de Boudha, de la vierge Quan-Am, le génie du sol (Tho Dia), le génie Hô-phap, le guerrier nègre, le porteur de la boîte aux cachets, etc.

*Titres et grades décernés aux génies.* — Il est défendu d'offrir des sacrifices aux esprits ou aux génies non reconnus par les règlements sur les rites. Cependant le roi, usant de son droit divin, élève en grade des génies protecteurs des communes auxquels on attribue d'importants bienfaits. Le roi leur délivre des brevets (Bang Cap) relatant ces titres et grades.

Les notables de la commune viennent recevoir en grande pompe au chef-lieu ces brevets qui sont enfermés dans une boîte laquée déposée à la maison commune ou au temple. De même le Fils du Ciel dégrade des génies qui ont été jugés malfaisants ou impuissants. Ce sont là des superstitions consenties par le Ministère des rites pour donner satisfaction au vulgaire et lui rappeler que les génies sont subordonnés au souverain en sa qualité de fils du Ciel.

*Bonzes et Bonzesses.* — Près des pagodes boudhiques sont quelquefois installés des bonzes et même des bonzesses ; mais autant ces religieux sont nombreux et appréciés au Cambodge, autant ils sont rares et peu considérés en Annam et au Tonkin où par dérision on les appelle des « têtes chauves ».

Le Gouvernement annamite a eu l'habileté de ne pas laisser le nombre des bonzes s'accroître démesurément et prendre dans l'État une place trop importante. En Annam, le trône et l'autel ne font qu'un, tandis qu'au Siam ce sont deux puissances se prêtant un mutuel appui. Il y a à Bangkok et aux environs plus de cent pagodes dont l'entretien coûte par an des millions de francs. Les bonzes sont au nombre de dix mille. La dépense de chacun etant d'environ 400 francs par an, le peuple leur distribue en aumônes 4 millions. Ce sont dix mille paires de bras perdus pour le pays. Les sommes annuellement affectées aux bonzes de tout le royaume s'élèvent par an à 80 millions de francs. Cependant le Siam ne compte que 6 millions d'habitants dont 2,000,000 Siamois seulement, et 4 millions d'étrangers ou tributaires. On comprend dès lors la sage prévoyance de l'administration annamite en évitant à ses nationaux un pareil gaspillage des ressources et des forces individuelles, un semblable excès de bouches à peu près inutiles, sauf pour l'instruction primaire, et une si grosse atteinte à la fortune publique.

On ne parviendra pas à déraciner chez nos voisins ces antiques et onéreux usages. Au Siam et au Cambodge ce sont, en effet, les bonzes qui offrent les sacrifices et officient dans les cérémonies publiques ou privées.

Pour la prestation de serment des fonctionnaires, ce sont eux qui lisent préalablement les formules du serment et les malédictions réservées au parjure. Les chefs du Laos annamite étaient astreints à prêter serment au Siam deux fois l'an avant la restitution de ces territoires au Protectorat de l'Annam.

*Les ministres du culte en Annam.* — En Annam, le rôle de ministre du culte d'officiant, de sacrificateur, est dévolu à la fonction ou à la qualité de l'individu. Ainsi le roi seul peut offrir à la capitale les grands sacrifices, les gouverneurs de province pour leur département, le principal notable d'une commune pour la commune, le lanh binh (chef de troupes) pour les esprits des vents, de la foudre, des montagnes et pour les drapeaux, le chef de la police pour l'esprit protecteur de ceux qui meurent sans parents ou sans ressources destinées à leur sépulture.. Enfin tout père de famille exerce les fonctions du culte des ancêtres et autres cérémonies religieuses au nom de toute sa lignée qui se réunit à lui. Tout Annamite est donc appelé à présider à ces cérémonies et à les célébrer suivant sa condition, à des époques fixes et à la suite du décès de ses ascendants ; mais il ne peut exercer d'autre ministère et offrir d'autres sacrifices que ceux qui sont attribués à sa fonction officielle ou à son état social.

*Culte de Lao tu.* — Si le culte de Confucius est universellement observé et vient après le culte des esprits du Ciel, de la dynastie et des ancêtres, il n'en est pas de même pour les sectateurs de la raison et de la doctrine de Lao tu. Elle est généralement ignorée et ses adeptes passent inaperçus.

Il est à remarquer que c'est lors de l'apparition de cette secte chinoise dite de la Raison et de la Vertu que les superstitions se mélangèrent au boudhisme. Les livres de la doctrine du grand réformateur apportés de Ceylan à Pékin sur un cheval blanc par l'envoyé de l'Empereur

furent abandonnés et méprisés. Lès préceptes de Çakia-
mouni étaient trop rigoureux. Mieux valait s'accommoder
de génies complaisants. C'était une manière de multiplier
les fétes joyeuses, les festins, les réunions, dont les abus
durent être réprimés par des lois. Ce n'était plus le culte
ni de la raison, ni de la vertu ; c'était le matérialisme et
l'athéisme érigés en doctrine et la négation de tout culte et
de toute croyance.

*Le Boudhisme.* — Si aux lettrés la morale de Confucius
suffit, au vulgaire le boudhisme devait suffire. Mais nous
avons exposé ailleurs comment les boudhistes annamites
diffèrent de leurs coreligionnaires de Ceylan, du Siam, du
Cambodge, de Birmanie et du Laos. Là, on connaît et on
observe la doctrine de Boudha. Les bonzes lisent au peuple
les livres sacrés chaque semaine.

*Superstitions.* — Ici le boudhisme n'est qu'un mot et le
culte de la majorité des habitants du peuple n'est, en
dehors du culte des esprits et de celui des ancêtres qu'un
tissu de superstitions, de simagrées, de sortilèges, de vaines formules. Tous les génies, bons et mauvais, sont invo-
qués pour en obtenir le bonheur matériel ou leur protection ou pour éviter des fléaux et des malheurs. Mais la superstition naît d'un excès de dévotion, d'un abus du culte,
d'une aberration du sentiment religieux divinisant toute
force naturelle ou surnaturelle.

. Le fait même de l'abus de ces invocations prouve que les
Annamites ont l'esprit porté vers les pratiques religieuses.

*Conclusions.* — Nous croyons avoir démontré qu'ils ont
une religion d'État, officielle, celle des esprits du Ciel, de la
dynastie émanée du Ciel, des ancêtres dont les âmes pla-
nent dans les espaces célestes. Ils sont non-seulement spi-
ritualistes, mais spirites.

Non seulement chaque individu fait sa prière dans la
rue, sur les fleuves, dans les montagnes ; mais les hauts
fonctionnaires font des prières publiques en costume officiel pour le bien-être de leurs administrés. Ils sont les

chefs de la religion, dans leur province, comme le roi est le souverain pontife du royaume. De même qu'en Russie et en Angleterre, la direction des cultes appartient au chef de l'État. Les dogmes, ou la doctrine, ou les grades religieux, sont centralisés entre ses mains et ne donnent pas lieu à une intervention extérieure. Il n'y a pas de prêtres subordonnés à un pontife étranger au royaume. Les rites s'accomplissent en langue nationale et non dans une langue abandonnée et inconnue de la grande majorité des sujets.

Il n'est pas sans intérêt pour l'administration du Protectorat de se bien rendre compte de cet état de choses, des croyances religieuses, des rites et des usages de ce peuple pour le diriger et le gouverner. Il est profondément attaché à ces usages, cérémonies officielles nationales, sociales, ou privées, et en tout cas généralement pratiquées dans tout le royaume depuis bien des siècles.

Dans ses idées et ses pratiques religieuses, l'Annamite montre ses qualités et ses défauts. Ce serait une grave erreur de le prendre, comme on essaie de le faire, pour un sceptique sans foi ni loi. En laissant de côté ses grossières superstitions, il restera encore à son avantage un idéal et des principes religieux qui doivent relever à nos yeux le moral de cette intelligente population.

Nous allons en donner un exemple dans un fait dont nous avons été témoin. Ce fait montrera le rapprochement des liturgies boudhique et chrétienne et la croyance dans le souverain Seigneur du Ciel.

# LA MORT D'UN BONZE EN ANNAM

A un kilomètre à peine de la Résidence de France à Qui Nhon, derrière le village annamite et le quartier chinois, au milieu de la plaine des tombeaux, sablonneuse, aride, dénudée, désolée, surgit une oasis de sombre verdure. Des haies vives flanquées de bambous encadrent un verger de superbes manguiers, de pruniers aux odorantes et blanches fleurs, qui parfument le thé (Cay mai), et d'aréquiers au panache élancé. Sous ces dômes verdoyants s'abritent les bâtiments d'une bonzerie composés d'une pagode, de l'habitation du bonze, des petits autels dédiés aux génies et des tombeaux des religieux qui s'y sont succédé.

Ces tombeaux sont en forme de pyramides octogonales à clochetons, avec des peintures sur chaque face. L'entrée en est gardée par des chimères qui roulent de gros yeux ronds et étincelants, en porcelaine bleu pâle.

Le chef de cette bonzerie était un frêle vieillard à la figure ascétique, aux façons distinguées et gracieuses. Il était aimé et respecté de tous.

L'occupation française le trouva dans cette retraite. Il ne s'en effraya pas autant que bien des notables annamites et ne la repoussa pas comme les lettrés. Lorsqu'il vit qu'il restait le gardien fidèle et incontesté de sa bonzerie, il se mit en relations avec la résidence de France. Il fit visite, fut bien accueilli et on la lui rendit. Les officiers allèrent le visiter ; ils furent satisfaits de lui. Ils échangèrent des politesses. Le bonze envoyait des fleurs et des fruits ; on répondait par l'envoi de liqueur de menthe qui réconfortait son estomac affaibli. Un commissaire de la marine, habile dessinateur, fit son portrait.

Je conduisis chez lui ma femme et mes filles. Il leur fit les honneurs de ses divinités, de ses autels, de sa demeure, de son jardin.

Les rebelles, ses compatriotes eurent l'audace, dans les premiers mois de 1886, de venir troubler sa pieuse quiétude. Ils voulaient, comme au temps de la révolte sous Gia Long, il y a un siècle, emporter ses gongs, ses cloches, ses braseros en fer et en cuivre pour en faire des canons et des biscaïens. Il protesta énergiquement et son autorité morale suffit pour faire respecter sa personne, sa demeure et son culte.

Je lui en savais beaucoup de gré. Lors de la fête du 14 Juillet, il arriva dans un modeste palanquin, malade et languissant, revêtu de sa robe de cérémonie, et portant à la main les fleurs sacrées du lotus et de l'Hibiscus, soutenant les grappes odorantes du Cay-mai. Je le reçus avec empressement. Je le félicitai de son courage, de ses attentions et je lui dis que je le voyais apportant dans ses mains un présage de paix, les fleurs de lotus servant de trône à la vierge Kouang-Yn, la créatrice et la protectrice.

Peu après, il tomba malade du béri-béri, maladie étrange qu'éprouva, en 1886, l'armée anglaise en Birmanie. Cette maladie se guérit par un déplacement, un changement d'air. Je lui conseillai d'aller passer quelque temps dans la grande bonzerie de Thap-Moi au nord de la citadelle de Binh dinh et près de la route mandarine.

Cette bonzerie avait toujours été respectée par nous, plus que par les rebelles. Elle est fort riche ; mais elle est dans une région qui se trouvait alors exposée en plein aux coups des deux partis.

Et puis, le vieillard etait débile ; il était entouré d'amis et de serviteurs attentionnés. Il aimait sa retraite. Son tombeau était préparé à l'entrée de l'une des tours voisines de sa demeure.

Il fit prévenir de sa maladie un des missionnaires catholiques français qui s'occupe des malades annamites et leur distribue des remèdes. Le missionnaire lui indiqua la nature de la maladie, les adoucissements qu'il pouvait y apporter et l'entrevue fut de part et d'autre, empreinte de courtoisie et d'aménité. Le prêtre français estimait et respectait ce vieillard qui emportait dans les plis de sa robe, rapiécée selon les rites, tout un passé national et religieux.

Le bonze sentait qu'on lui était sympathique ; il n'était pas question des doctrines et, sans rivalité comme sans appréhension, il acceptait le secours médical d'un religieux étranger, dont les adeptes venaient d'être en partie massacrés et les temples détruits ; mais qui parlait sa langue, qui connaissait les usages, qui soignait les infirmes et les horribles plaies annamites et qui était d'une affable réserve.

Nous fîmes ensuite une visite au vieillard. Ma femme lui fit prendre dans la microscopique tasse de thé, quelques gouttes d'alcool de menthe. Son estomac oppressé témoigna de son soulagement physique par quelques éructations, aussi polies en Annam qu'en Espagne et dans l'Amérique méridionale, en même temps que sa figure et son geste exprimaient sa satisfaction morale.

Ce fut la dernière fois que nous le vîmes. Sa fin fut hâtée par le typhon d'octobre 1886 qui avait abattu plusieurs géants de son verger, dénudé les branches, brisé les tiges des grands bambous s'entrechoquant au-dessus de son toit et tombant sous les coups de l'invisible faucheur qui le feappa lui-même. Il s'éteignit doucement à la lueur des lampes brûlant devant ses autels silencieux. Il fut mis dans un épais cercueil façonné sans un clou et dont le couvercle très lourd s'adaptant dans une rainure est scellé par un mastic très adhérent.

Je fus convié aux obsèques. J'y allai seul. Il était onze heures du matin. Une pluie torrentielle inondait les chemins. Je dus patauger dans l'eau pendant que le vent et l'eau me fouettaient la figure. « Le ciel tombait », comme l'on dit ici. Le catafalque et les autels étaient dressés au dehors, en face d'un bassin orné de plantes, de petits rochers, de têtes de poisson et de sphynx vômissant une eau limoneuse Les nattes disparaissaient sous la pluie. On fit rentrer tout cet appareil. Les présentations et salutations d'usage eurent lieu et je me retirai. L'assistance était un peu en désarroi.

Trois mois et dix jours plus tard, eurent lieu les funérailles solennelles. Je m'y rendis.

Je visitai la maison, la pagode et la tombe. Le chef de la cérémonie nous présenta le bétel, les cigarettes, les confiseries, l'eau-de-vie de riz et le thé, pendant qu'un orchestre criard faisait entendre derrière nous des modulations lamentables.

La pagode était parée comme aux jours de fête. Une grande déesse dorée trônait dans la niche sculptée du milieu sur un bouquet de lotus.

A sa droite, une déesse assise dans un fauteuil laqué, tenait le coffret cerclé d'or contenant le livre des sorts. On y trouve l'interprétation des signes formés par les nœuds de la racine courbe de bambou fendue en deux, des lignes que le feu met en relief sur l'écaille de la tortue sacrée, lançant des spirales de fumée odorante. Ces sorts sont la vaine satisfaction du vulgaire. Pour les lettrés, le coffret rappelle les actes et les prescriptions principales des anciens rois. Généralement, la statue qui garde le coffret est elle-même gardée par un guerrier fantastique. En effet, à sa gauche se tenaient un Dieu assis au visage noir et un hallebardier debout, le visage également noir et les yeux menaçants. De l'autre côté, le sanctuaire était occupé par les statues de Quan Am, la Vierge voilée, au pigeon symbolique, en porcelaine blanche.

Auprès d'elle étaient les statues de Hó-Pháp, les gardiens des amis des morts, bardés de leur armure, coiffés du casque à pointe, et campés sur la poignée de leur épée.

Quan Am ou en chinois Kouang-Yn est le principe *femelle* au dessus duquel est le principe *mâle*, *Yuong*. De ces deux principes sortent tous les êtres et toutes les choses créées. Après la mort, l'ombre, la forme, la matière anéantie, erre autour des tombeaux. L'âme remonte vers le principe mâle, la lumière, le soleil, l'émanation suprême de la nature et de la création, la source impalpable de vie.

Quan Am est la déesse principale des Chinois. C'est en son honneur qu'ils font la procession nationale et religieuse du Grand-Dragon qui mange la lune. Pour cette procession, les chinois de Saïgon et Cholon dépensent cent mille francs. S'il y a sécheresse, le Dragon ramène la pluie ; s'il y a inondation, il ramène la sécheresse. C'est la Tarasque asiatique. C'est le Dragon d'osier que promenaient en France aux premiers siècles les cornards (ou confrères sonneurs de cor) de Saint-Michel. Cette procession s'est perpétuée jusqu'à nous sous une autre forme et a lieu encore à travers nos champs, mais sans Dragon. Quan Am est en outre une incarnation du Boudha.

Les esprits mauvais, les revenants et les démons, accourent aux cérémonies funèbres. C'est un rite de tous les lieux et de tous les temps. Il s'agit de les éloigner. La Balón (1) Quan Am s'incarne sous la figure de l'Ong Lon (2) *Tieu Dien*. Celui-ci est chargé d'éloigner les diables qui troublent les cérémonies faites aux portes et *en dehors* des maisons et des temples,

D'autres démons viennent s'opposer aux cérémonies *du dedans* et entourer les tables d'offrandes, les sacrifices et les autels. Le Boudha *Gi-da* s'incarne sous la figure de monseigneur Hô phap, le Saint Michel de l'Annam. C'est ce guerrier qui prie et qui combat. Il porte les bottes, l'armure, le pavillon, l'aigrette, le casque des mandarins militaires. Il est armé de la précieuse épée, le *Buu-Xu*. Il en appuie la pointe sur la tête du Dragon qui sort des flots de la mer. C'est l'esprit tutélaire, le Protecteur de la pagode. Il défend l'accès de l'intérieur aux diables et aux revenants.

---

(1) Grande dame.

(2) Monseigneur.

Ce serait une erreur de croire, en voyant cet appareil du culte externe que les lettrés soient matérialistes ou athées. Ils ont reçu des lettrés chinois la doctrine et les rites. Ils ont le même « catéchisme de morale, de religion et de politique à l'usage des gouvernants et des gouvernés; » Ils admettent « des êtres incorporels d'essence divine, minis-« tres du ciel, préposés par le souverain Seigneur à la « garde des montagnes, à la direction des éléments, à la « distribution des récompenses et des peines entre les humains; mais toujours les mandataires du Dieu unique tout « puissant. » Ce sont nos bons et nos mauvais anges, nos archanges, etc,

« Le caractère désignant les *esprits* est le même que ce-« lui qui représente idéographiquement les *mânes des* « *morts*, l'âme dégagée du corps. »

Lors des cérémonies en l'honneur des morts, « les assis-« tants se tournent, dit le texte sacré, vers la tablette où « est inscrit le nom de celui qui réside maintenant dans le « ciel. Il est à *leur droite* présentement, approuvant le « sacrifice que l'on offre et que le ciel, le souverain sei-« gneur, accepte. »

« Le mort est pour toujours à la droite et à la gauche « du souverain seigneur qui a créé l'homme et qui est « maître du monde et terrible en ses jugements. » Le « mort (comme nos saints) intercède pour les siens auprès « du ciel, du souverain Seigneur, aux ordres duquel il « faut obéir. »

« Les enfants doivent s'acquitter pieusement des devoirs « dus aux parents; une vie longue et heureuse en sera « leur récompense dans ce monde et dans l'autre. »

Nos livres saints disent aussi ; Un seul Dieu tu adoreras. Tes père et mère honoreras afin de vivre longuement. Et ailleurs : Sedet ad dexteram Dei omnipotentis. Dixit Dominus Domino meo sede a dextris meis.

Après l'apparition de la secte de Lao-tse, les sorciers,

les génies, les diables, les revenants, éclos sous l'influence de la vie contemplative et ascétique dans les solitudes sauvages, se mêlèrent aux anciens rites.

Puis vinrent, il y a 2.500 ans, les transformations légendaires du Boudha. Au culte officiel resté universel, intact, obligatoire, national, se joignit dans la vie publique du vulgaire et dans la vie privée des lettrés, le culte des génies, les croyances aux revenants et aux diables. De sorte qu'on a dit justement que le mélange de la doctrine de Confucius (Khongtù), de la doctrine de Tao-Tse, de la doctrine de Boudha sont la « Triple corbeille » ne renfermant qu'une religion, dominée par les anciens et immuables rites du culte des morts dont nous célébrons également en France la commémoration annuelle. En Indo-Chine le culte est la plus haute manifestation du *collectivisme familial*, base de l'édifice social, comme l'a dit M. Le Myre de Vilers.

La comparaison des textes et des rites peut même conduire à penser que les doctrines de l'Extrême-Orient et celles de l'Occident n'en font qu'une, sous des dénominations, des origines et des pratiques diverses appropriées à la différence des climats et des tempéraments.

Ainsi, de même qu'ils offrent le riz, le vin de riz et l'encens, nous avons l'offertoire du pain sans levain, du calice de vin et de l'encens. Nous avons les autels, les salutations et prières à droite, à gauche et au milieu, les versets alternant, les cierges, les fleurs, les bons et mauvais anges, les images nimbées d'auréoles, des textes presque semblables, le Dragon terrassé, la colombe virginale, les orgues et autres instruments, les transmigrations au ciel, les apparitions, etc., les statues, les bannières, les hallebardes, le globe du monde, la main de justice, la robe d'humilité, les bonnets carrés, la mitre, le bâton pastoral, les processions, l'eau consacrée, l'imposition des mains, etc.

Si les dominicains n'avaient pas poussé le pape à interdire ce culte traditionnel, national et obligatoire des ancêtres, que les jésuites, plus sagaces, conservaient en le transformant, la doctrine chrétienne se serait propagée rapidement dans ces pays de tolérance et de plus elle eut compté parmi ses adeptes les lettrés et les mandarins.

La Bulle du pape Benoît XIV a été, depuis 1774, pour le christianisme en Chine et en Indo-Chine un coup plus funeste que les édits de persécution qui visaient bien plus l'ingérence politique des missionnaires dans le pays que leur influence religieuse et la nature de leur doctrine.

C'est ce que constataient les évêques du Tonkin et de l'Annam dans leurs écrits publiés en mai et en septembre 1885 : « Les rebelles ont commencé par tuer les chrétiens afin de » se débarrasser d'abord de ceux qu'ils appellent les *Fran-* » *çais du dedans*, avant de lutter directement contre » les *Français de l'extérieur*. La population annamite » traitait les chrétiens européens et indigènes en bons » frères. »

Les lettrés annamites rebelles ont exprimé la même opinion en janvier et en septembre 1886 : « Les chrétiens sont » nos ennemis parce qu'ils ont introduit furtivement les » Européens dans ce royaume et leur ont fourni des ren- » seignements. »

Et ailleurs : « Certains missionnaires ont la confiance de » tous, chrétiens ou non. Les chrétiens ont indiqué aux » Français les routes et les fleuves. Ils sont les auxiliaires » dévoués des Français. Il faut donc exterminer ces chré- » tiens, afin que les Français privés de leur concours » soient condamnés à l'immobilité, comme les crabes aux- » quels on a cassé toutes les pattes ».

Donc, de l'aveu des missionnaires et des lettrés annamites, il n'y a pas eu de lutte religieuse ; il n'y a eu qu'une lutte politique. Les disciples de Boudha ne repoussaient pas les disciples du Christ. Les Tao-tse ne craignaient ni plus ni moins nos mauvais anges et nos diables que les leurs ; les lettrés plaçaient à côté de leurs livres sacrés le catéchisme d'égalité, de charité, apporté par les chrétiens. Pourquoi la paix morale ne s'est-elle pas faite ? C'est ce que nous n'avons pas à rechercher. Mais il nous fallait constater ici la tolérance et les analogies qui se rencontraient dans les idées et dans les rites.

Revenons à la cérémonie. Dans le fond du sanctuaire les tablettes dorées indiquaient les noms et les titres des anciens dignitaires de ces lieux. Un grand portrait de religieux était accompagné de saints personnages peints sur papier, la tête *entourée d'une auréole*, assis sur le *dragon terrassé*, dont la légendaire origine remonte dans la nuit des temps, des peuples et des cultes.

Les statues et les tablettes étaient, comme aux grandes cérémonies, encapuchonnées d'étoffe rouge, sous laquelle ressortait la dorure remise à neuf, grâce aux modestes dons des fidèles et du visiteur. J'espère ne pas encourir pour cela les bûchers de l'autre monde et de celui-ci, comme au Moyen-Age. J'étais assis près d'une table ornée d'une couverture rouge et sur laquelle brûlait un brazero.

Tout autour de moi, les murs étaient tapissés de grandes images annamites et chinoises ; mais j'avais à ma gauche une pancarte couverte d'insignifiantes gravures découpées dans l'*Illustrated London News*, et représentant des usines anglaises, des inaugurations industrielles, une revue des higlanders sans-culottes, un fancy-ball, etc. A ma droite, j'avais sous les yeux, en évidence, le tableau de Detaille : « La rencontre d'une patrouille, près d'Orléans, avec les Uhlans. » Et le chancelier, de la Résidence qui m'accompagnait, me disait : « Puisque vous n'avez pas emmené d'interprète, parlez pour vous et pour moi. »

J'étais muet et pour cause D'abord, dans ces cérémonies, on voit, on comprend, on salue impassible et cela suffit.

Et, dans l'espèce, qu'eussè-je pu dire ? qui eût compris mes paroles, même si elles avaient été intelligibles ? qui eût pu partager mes pensées se reportant, à la vue de ces images, en France et en Annam, aux tristesses du passé, aux difficultés du présent, aux sombres espérances de l'avenir.

Je fus rappelé à la réalité par des coups de tam-tam, de gong, de cloche, et les sons nasillards de la clarinette. La cérémonie allait commencer.

En avant de chaque autel décrit plus haut se trouvait une table sculptée, ornée d'un carré de vives broderies à franges dorées. Sur un piédestal à jour, les braseros et leurs accessoires, les chandeliers en bronze, les vases de fleurs, les papiers dorés et argentés, les baguettes d'encens, les bols de riz, les confiseries, les gâteaux, les objets destinés à être offerts aux images du Boudha, aux génies, aux mânes des anciens bonzes et à celles du défunt, formaient un curieux étalage.

Mais la chapelle spéciale au défunt était beaucoup plus ornée et plus chargée que les autres. Au fond, ses tablettes et, au milieu, sur un socle sculpté, le portrait à la mine de plomb que l'officier français avait fait et qui avait été pieusement recueilli.

A chaque pilier, des bandelettes multicolores pendaient du toit encadrant les tentures en l'honneur des vertus du mort. Tout autour de l'autel flottait une large bande d'étoffe rouge rehaussée de grosses *coques tricolores*. Je fus touché de cette attention qui avait en la circonstance une haute portée à cause du caractère des assistants, comme on le verra.

Je contemplais ces emblêmes nationaux, français, dans une bonzerie annamite, devant des autels boudhiques, en présence de deux chefs de bonzerie et de douze religieux, venus exprès de l'intérieur de la province, alors que la révolte était à peine apaisée.

Et je regardais le uhlan tué sur le chemin d'Orléans et l'officier français, le sabre au clair, en avant de la patrouille qui flairait l'ennemi et s'apprêtait à le bien recevoir.

Et ce contraste m'ôtait toute idée de parler. J'étais cloué sur mon escabeau de bambou devant les personnages fantastiques qui s'avançaient, austères et solennels :

Ces hommes tout à l'heure vêtus d'une robe gris sale

s'étaient ajusté par dessus une chape ample et flottante. Elle était en soie plissée à fleurs pour le chef qui avait sur la tête une mître violette à globule rouge et à pendentifs sur la nuque. Le bonze titulaire du lieu l'assistait couvert d'une robe en soie jaune faite de carrés rapportés comme le veulent les règlements, et comme symbole de pauvreté et d'humilité. Les autres s'enveloppaient dans une robe d'un jaune passé, en étamine. Le pan de ces vêtements passe par dessus l'épaule et se rattache sur la poitrine au moyen d'une agrafe plus ou moins ouvragée à un crochet qui retient l'autre pan.

Le chef portait des chaussures et une culotte chinoises. Les autres étaient pieds nus. Le premier avait les mains jointes. Les assistants tenaient de petites clochettes ou des timbres et accompagnaient en rythme les psaumes que le chef entonnait et que le chœur chantait.

Les livres de prières reposaient sous des étoffes de soie sur des tables placées à droite et à gauche du Maître Autel. Les génuflexions se faisaient en face, à droite et à gauche, dans trois directions successives.

Puis on récita une litanie dont chaque phrase était suivie de la réponse en chœur : Namvô yi da, gloire à Boudha.

Yi da, « la bonne figure » est le nom familier que les dévôts donnent à Phat (le Fô des chinois, le Pouta des cambodgiens).

Il est l'unique fils de l'auguste Maïa de race royale. Maïa vit en songe venir à elle une resplendissante étoile du ciel (1) qui pénétra jusqu'en son flanc droit. Bientôt cent mille mondes tressaillirent. Les montagnes se soulevèrent (montes exultaverunt sicut arietes). Les prophètes du roi époux de Maïa annoncèrent que l'enfant qui venait de naître dominerait le monde. Un mage vint de loin se prosterner devant l'enfant et le vénérer. Le modeste enfant étonnait ses maîtres, sachant tout sans livres.

On alluma sur un socle trois bâtons d'encens. Le chef des

_______

(1) Stella matutina.

bonzes se prosterna, puis s'avança, tournant la paume de la main vers l'autel, frappant de l'autre main sur une clochette. Il dit d'une voix grave, lente, solennelle et rythmée : « Aujourd'hui est l'anniversaire du bonze (suivent les noms et titres). J'invite tous les religieux décédés à « venir avec ce bonze prendre part à la réception que nous « leur offrons de tout notre cœur et respectueusement ».

Puis, il prit et répandit du thé.

Il éleva au-dessus de sa tête le socle sculpté portant les bâtonnets d'encens et dit :

« Ces bâtons parfumés engageront son âme retournée au « principe mâle, à venir accepter ces offrandes et à étendre « sa protection sur ce temple et sur ses successeurs ».

Puis, il prit une petite coupe de vin qu'il répandit et il continua ainsi pour la troisième fois : « Aujourd'hui est « l'anniversaire du bonze de cette pagode. Nous prions son « ombre, retournée au principe femelle, de venir accepter « nos offrandes et d'être favorable à ses successeurs ».

Tous se prosternent, se recueillent, et s'efforcent d'entrer, comme les spirites, en communication idéale avec l'esprit du mort. Ils se figurent, en pensée, l'ombre de celui-ci planant sur l'autel et participant aux offrandes. On lui verse le thé, le *vin*, on lui présente le *riz* et la paire de bâtonnets, comme s'il était présent. Enfin, on se prosterne quatre fois dans les trois directions.

On ne peut s'empêcher de rapprocher les paroles de l'offertoire et du sacrifice avec les nôtres. Elles sont identiques : « Incensum istud ascendat at te Deus. Oblationem (le pain), suscipe hanc quam offero tibi pro vivis et defunctis offerimus tibi, Domine calicem (le vin) ut in *conspectu tuo* ascendat. »

« Sic fiat sacrificium nostrum in *conspectu tuo* hodiè ut placeat tibi, Dominus Deus. Orate fratres, ut hoc sacrificium acceptabile fiat apud Deum, ad utilitatem nostram, ut proficiat ad honorem sanctorum in cœlis quorum memoriam agimus in terris, ut illi pro nobis intercedere dignentur in cœlis ».

On ne peut nier que les formules ne soient les mêmes.

Cela fait, on apporta un papier renfermé dans un étui jaune, placé dans une boîte sculptée. Le chef se plaça à droite de l'autel, l'assistant en face avec la boîte élevée au-dessus de sa tête. Un jeune bonze prit le papier, le déploya et, se mettant à deux genoux, chanta la *Notice nécrologique* de celui dont on célébrait les obsèques.

Un violon accompagnait en sourdine sa voix rendue chevrotante à dessein. Les gongs, les tams-tams, les cloches, les castagnettes, les clarinettes retentirent aussitôt.

Alors, les membres de la famille du défunt, y compris les femmes, les uns et les autres en costumes et turbans blancs, couleur de deuil en ces pays, s'approchèrent et se prosternèrent également dans les trois directions.

La première partie de l'office était terminée à la pagode.

Dans l'habitation même du bonze étaient dressés des autels. Un autre chef de bonzerie, portant la mître et les parements à reverts violets, s'avança suivi du bonze titulaire. Ce dernier avait quitté la robe jaune d'or et portait un large pantalon blanc, une robe blanche effilée, et sur la tête une cagoule blanche, comme le font nos moines, sauf ceci que le visage était à découvert.

La récitation des prières, les génuflexions, les offrandes recommencèrent. On rechanta le panégyrique du mort, après qu'on eût allumé les bâtonnets d'encens et les chandelles de cire brune. Alors on brûla le texte du panégyrique, les papiers argentés et dorés, afin que le tout parvienne sans retard aux mânes du bon vieillard.

Voici le texte authentique de la notice nécrologique ou oraison funèbre.

### PREMIÈRE PARTIE

« Prosternons-nous. Il nous est très difficile de rendre convenablement hommage à vos bienfaits. Nos offrandes ne sont pas en rapport avec le respect que nous donnons à notre supérieur.

Nous, bonzes de la pagode de Long-Khanh au village de

Cam-Thuong, arrondissement de Tuy-Phuoc, préfecture d'An-nhon, Province de Binh-Dinh, Royaume d'Annam.

Nous venons tous faire des offrandes à notre maître en religion de Boudha, fleur bénie du 40ᵉ siècle, nommée Chithanh du titre de Boudha, omniscient, omnipotent, (Giac linh bô tat). Vous nous avez fait la faveur immense de nous enseigner et de nourrir notre esprit; nous ne savons comment vous le rendre. Nous vous regretterons toujours et nous ne savons plus sur qui nous appuyer.

La religion du Boudha (dao Phât) est comme *celle du ciel*. Les bons saints sont comme les bons pères. On prie pour la rémission de vos péchés afin que vous puissiez aller directement sur *la route de la résurrection* (renaissance) (1). La vie de notre maître a été de soixante-dix ans. La mort date de cent jours. Il est retourné *dans l'Inde* (patrie de Boudha) (2) (Tay phûong-phât).

Nous nous souviendrons toujours de vos bienfaits. Nous vous aimions. En versant des torrents de larmes, nous ne voyons plus votre image et, pensant à vous, nous sanglotons. Nous voudrions vous offrir nos devoirs de chaque jour, mais nous ne savons pas où vous êtes.

Aujourd'hui nous faisons la cérémonie des cent jours. Nous vous prions d'accepter nos offrandes. Montez sur le cheval précieux avec les bannières de la pagode pour aller contempler le ciel et le Boudha. Posez les pieds sur les fleurs de lotus pour atteindre à la félicité. »

### Deuxième Partie

Hélas ! Le bâton de Phi-thiêt (bâton de Bonze) reste encore devant l'autel. Pensant que la ferveur pour la religion durera encore longtemps, pourquoi vous en aller si vite tout droit vers l'Inde ? — Nous conserverons le souvenir de notre ancien maître. Sa moralité était pure et il avait une bonne réputation dans le monde. Il prit l'eau consacrée (ma-ha) pour laver la souillure des fautes, il récitait toute la journée la pièce boudhique (bat-nha ?) Sa vie s'est passée comme une ombre : il respectait toujours la religion. Il évitait le mal. Il faisait le bien. Il vivait en paix. Votre cœur était tourné vers Boudha ; Boudha était

---

(1) Et expecto resurrectionem mortuorum et vitam venturi seculi (Nouveau Testament).

(2) Comme nous disons : La Jérusalem céleste.

en votre cœur. Vous portiez un pauvre habillement pour donner l'exemple de la vie humble.

Sur votre nomination a été mis le cachet rouge, pensant que vous resteriez cent ans dans ce monde ; mais voilà : votre nom a été inscrit dans la patrie de Boudha. Vous vous êtes séparé de nous un instant.

Pleurons. Vous nous avez quittés trop vite sur votre barque alors que la mer est difficile à traverser pour rejoindre Boudha.

Sur les fleurs de la pagode est tombée une froide rosée et les montagnes se sont couvertes de nuages. Ce lieu est devenu solitaire, car vous n'étiez plus là pour nous donner des leçons et vous n'étiez plus là pour faire la prière Le jour et la nuit sont silencieux. Nous ne vous voyons plus désormais, alors qu'on vous offrait du thé et des fruits, alors que vos biens sont encore là.

Vous pratiquez la vertu et l'abstinence pour entretenir la pagode; vous avez rassasié Boudha de riz et d'offrandes. Nous vous regretterons toujours. Chaque jour nous pensons à vous. Pourquoi n'êtes-vous plus ici pour faire le service de Boudha ? Nous n'oublions jamais les devoirs des élèves envers leur maître. Une semaine finit et une autre revient sans que votre enseignement soit jamais oublié.

Aujourd'hui sont accomplis les cent jours.

Les chrétiens ont apporté des objets comme cadeaux d'amitié; nous nous conformons aux usages des anciens temps et nous n'oserions pas y déroger.

Nous demandons à lever trois fois le calice de vin pour rendre hommage à votre mérite. »

Le rapprochement des livres chinois de Confucius, des livres indiens de Boudha, des textes bibliques anciens et nouveaux provoque un pressentiment et un retour vers cette *vérité* une, qui domine toutes les races et tous les siècles, vers cette unité qui a présidé au développement religieux de l'humanité.

Aujourd'hui, les philosophes et les penseurs ont été amenés à se préoccuper des corrélations qui existent entre ces enseignements antiques. L'histoire des sources religieuses du genre humain a pris sa place officielle dans le cours des hautes études. Passant de la théorie a l'application, la ville de Paris a secondé les recherches de M. Guimet, en élevant un palais pour y placer ses collections que le ministère de l'Instruction publique s'efforce chaque jour de compléter.

Pour l'édification de ceux qui sont appelés à voir ces

4

doctrines, vieilles de vingt-cinq siècles, mises en pratique chaque jour, bien que sous des formes très dégénérées et à entretenir des relations avec les représentants d'un culte abâtardi par de vaines superstitions, j'ai cru utile d'ajouter à l'édifice entrepris par tant de savants orientalistes une modeste pierre prise sur les lieux mêmes où le Boudhisme compte encore des adeptes, sinon fervents, du moins très nombreux. Les conséquences à tirer de cette étude ne sont pas seulement rétrospectives ; mais, elles peuvent encore exercer une certaine influence sur le présent et sur l'avenir de l'Indo-Chine française.

24 *Juillet* 1902.

Ch. LEMIRE.

# LA DÉMORALISATION

## *des Conquis par les Conquérants et des Conquérants par les Conquis*

(Mémoire par M. Adhémard LECLÈRE)

---

Les rapports officiels, les statistiques, les relations des voyageurs, nous disent les changements matériels qui s'accomplissent chaque jour au sein de nos colonies. Ils nous font savoir que la pacification est faite, que des travaux publics importants sont étudiés, entrepris ou achevés, que les statistiques ont enregistré la mise en valeur d'une quantité plus ou moins grande de terrains autrefois incultes, que des concessions nombreuses ont été données à des Européens, que le commerce d'importation et celui d'exportation se sont accrus dans telle et telle proportion, que les impôts sont payés avec facilité et que leur rendement sera de ceci et de cela supérieur à celui de l'année précédente.

On énumère les rues tracées dans les villes, les canaux ouverts dans les campagnes, les belles maisons élevées là ou émergeait à peine du sol, il y a douze ou quinze ans, d'affreuses chaumières, et, si tout ce qu'on dit n'est pas d'une exactitude absolue, on doit convenir qu'il y a quelquefois du vrai et qu'il suffit de faire la part des exagérations intéressées pour avoir une idée assez juste de ce qui a été fait, ou de ce qui se fera.

Mais où sont les rapports, les documents officiels, les études qui devraient nous dire ce qui se passe dans l'âme des peuples conquis, ce qui croule en eux, ce qui est remplacé, ce qui se transforme et ce qui résiste à l'action délétère de notre civisation, trop rapidement mise en contact avec la leur ? Qui nous fait pénétrer dans la mentalité des races vaincues pour nous montrer les ruines que nous y préparons et les germes des notions nouvelles que nous y jetons ? Qui nous dit les changements profonds qui se préparent en leur conscience et qui menacent du même coup leur foi, leur moralité et leur respectabilité, c'est-à-dire tout ce qui constituait leur individualité nationale.

C'est cette lacune que je voudrais combler en partie. Le tableau ne sera pas beau, et j'hésite en ce moment même à le tracer, parce que je sens quelle est la responsabilité des conquérants, la nôtre en face de ces peuples conquis, que notre civilisation, bonne pour nous peut-être, lance dans un inconnu de faits nouveaux, où leurs races risquent de s'affaiblir, de s'épuiser et de s'éteindre.

Je sais bien que la vie des races et des peuples est faite d'écrasements et de misères infligés et subis, de ruines amoncelées et de sang répandu à flots ; je sais que c'est sur les champs de bataille que se créent les nationalités, que naît le patriotisme, que s'affirment la puissance et la gloire et que les peuples valeureux conquièrent l'amrita d'immortalité et l'élixir de longue vie ; je sais bien que c'est de la haine de l'étranger qu'est faite la grandeur nationale ; je sais bien encore que ce n'est pas par la pratique de toutes les vertus que la race blanche est parvenue à dominer les autres et que c'est parce que nos ancêtres avaient les dents longues, l'estomac large, les appétits féroces qu'ils sont devenus forts, entreprenants, supérieurs et créateurs d'empires. C'est la loi de l'écrasement pour la vie entre les peuples et les races ; c'est peut-être la loi de la vie elle-même.

Mais alors c'est la loi cruelle, armée du glaive constamment rouge de sang humain. Or, ce glaive, cette loi vivante et agissante, cruelle et peut-être fatale, c'est en nous qu'elle se personnifie pour les peuples que nous dominons, c'est nous qui, son arme, marchons menaçants et qui détruisons des empires qui naissaient du sang répandu comme nous en sommes nés nous-mêmes, — le Dahomey et Madagascar, — ou des empires anciens qui, comme les nôtres, vivaient de violences destinées à maintenir un certain ordre de choses, une masse de préjugés et certaines conventions sociales, — l'empire d'Annam, le Cambodge, le Laos, la Tunisie et l'Algérie.

Malgré cela, je sens en moi la conscience crier et j'entends en mon cœur s'élever les voix de cent races vaincues qui se sont éteintes dans le sang, de mille peuples étouffés et de vingt civilisations qui se sont résorbées après avoir été défaites sur les champs de bataille.

Et voici qu'à l'heure d'écrire ce que je vois, de dire ce que j'observe, les symptômes que j'ai notés, je me sens ému de pitié, honteux de l'œuvre entreprise par ma race, et écrasé sous le poids des responsabilités que nous encourons

Et, pourtant, j'ai espoir que la fin dernière de notre action sera bonne pour les peuples même aux dépens desquels elle s'exerce actuellement et je veux croire que c'est pour une idée généreuse mal définie en nous que nous agissons ; que c'est pour élever l'humanité tout entière audessus de ce qu'elle est encore aujourd'hui, que nous conquérons et dominons des peuples, que c'est, finalement, pour fondre toutes les races en une seule ayant les qualités de toutes celles qui auront disparu que nous cherchons par le commerce, la propagande religieuse, la guerre et la domination à transmuter l'humanité d'aujourd'hui faite de races si diverses en cette humanité idéale des rêveurs doux que notre âge ne verra pas mais que cent générations espèrent et qui, peut-être, cessera un jour d'être une utopie.

En attendant cette belle œuvre finale, cette création nouvelle de l'être humain, fort, juste et beau, — aujourd'hui
encore à l'état de conception, — il convient de regarder
dans le creuset où, depuis mille ans nous sommes et où
tour à tour tombent les peuples et les races réputées inférieures, pour essayer de comprendre comment se fait la
fusion, comment se mélangent les races et comment se
transforment les cerveaux et les mentalités.

On ne met pas deux races en présence, une race attardée
en face d'une race active, des primitifs en face de civilisés,
sans qu'il se produise dans les deux races et surtout dans
la race conquise, asservie ou dominée, des ébranlements
terribles, des régressions mentales, et sans que quelque
chose se brise ou soit détruit,

On a dit que la présence des blancs tuait les négritos du
Pacifique et que des peuples conquis, mais non opprimés,
repoussés seulement, et qui ont gardé leur indépendance
meurent de consomption parce que les Européens sont de
venus leurs voisins, et tendent à disparaître. Un vieux
marin me disait un jour : « Ils meurent de nous voir...
nous leur donnons la fièvre. » Eh ! non ! ils ne meurent
pas de nous voir, et notre haleine de civilisés ne tue pas
les primitifs comme l'haleine humaine tue certains insectes,
nos corps ne répandent pas le poison de mort.

Ce n'est pas de nous voir qu'ils meurent, encore moins
de la civilisation que nous portons avec nous et qui
trouble leur quiétude, que des produits que nous leur ven-
dons, des changements que nous apportons dans leurs
mœurs et des habitudes nouvelles et dangereuses qu'ils
prennent à notre contact.

La neutralité des primitifs est faible, celle des demi-civilisés et des régressés est très basse, leur raisonnement à
tous est court, leur conscience à peine née et le ressort
moral qui, en nous, soutient l'homme physique, la nation,
la race, leur fait défaut.

Un ébranlement de la société tout entière. une guerre qui a mis la nation à deux doigts de sa perte, qui a tout arrêté, tout compromis, laisse l'occidental debout, le front levé, l'œil ardent, face à l'avenir ; le même événement aux pays primitifs écrase, affaisse, détruit et tous s'abandonnent; l'âme primitive ou régressée supporte aussi mal l'adversité que les corps des demi-civilisés supporte la fièvre ; de suite les liens sociaux se rompent et les liens moraux se relâchent. C'est que la masse des préjugés religieux ou superstitieux, la masse des croyances sottes, la masse des terreurs ridicules, la loi civile, si simple qu'elle soit, et les préceptes enfantins, la peur des revenants, celle des génies, la crainte d'offenser les ancêtres et de faire une chose qui ne se fait point, remplace pour ces pauvres gens la conscience perdue ou qui n'est pas née, maintient la moralité. défend l'ordre social établi et plie à une règle de conduite.

Nous venons chez eux, et, en riant, nous soufflons sur tout cela, nous affichons du mépris pour cette armature de folies qui dure depuis des siècles et soutient ce peuple.

Nous rêvons de tout détruire ou de tout plier, de tout refaire à notre mode ; nous sommes fiers d'être chrétiens et fils de la révolution ; la Bible, les Evangiles, le Code civil nous paraissent des œuvres de génie et *des articles d'exportation* et nous rêvons de les faire admettre au Cambodge, par exemple, et de les substituer aux livres sacrés du Boudhisme, aux lois civiles et aux coutumes des peuples conquis. Nous sommes fiers, orgueilleux de tout notre passé, encore plus d'être les maîtres des peuples que nous avons conquis et notre orgueil nous empêche de bien voir et de bien comprendre ce qui se passe là où nous allons porter la civilisation et ce qu'on appelle ses bienfaits.

Alors notre œuvre de conquérants se poursuit, et, sans que nous y prenions garde, tout se désagrège au sein du peuple conquis : la moralité faiblit alors que la mentalité s'accroît, les gens sont moins crédules ou commencent à

cacher leur naïveté, ils perdent leurs scrupules, et leur respectabilité relative de pauvres gens s'abaisse.

On ne change pas impunément de forme sociale ; on ne
voit pas sombrer toutes les autorités nationales qu'on avait
l'habitude de respecter sans choir dans la licence ; on ne
change pas de foi religieuse sans changer de morale et
comme on redoute moins les défenses de la foi nouvelle
qu'on ne redoutait avant de la rejeter les défenses de la foi
ancienne, on sent que le frein est moins serré, moins fort,
et que le libéralisme de la conscience devient plus large.

Un évêque d'Extrême-Orient me citait un jour les paroles
d'un autre évêque : « Ne nous reprochez pas trop de ne
pas assez faire pour augmenter le nombre de nos prosé-
lytes : la qualité vaut mieux que la quantité en matière de
croyance. Il faut quatre générations pour faire, malaisé-
ment, d'une famille indigène une famille chrétienne : la
première génération ne vaut rien, la seconde ne vaut guère
mieux, la troisième est meilleure, la quatrième est relativement bonne ». L'évêque avait raison.

Il faut quatre générations au minimum pour amener une
famille à retrouver dans sa foi nouvelle la ligne de conduite qu'elle avait perdue en abandonnant la foi ancienne,
c'est-à-dire ses principes de moralité ; quatre générations,
pour remonter au point de moralité d'où on était descendu
en changeant de croyances religieuses et de frein moral.
Il ne semble pas, en effet, que les annamites chrétiens
soient d'une moralité et d'une mentalité supérieures à celles
des annamites restés boudhistes, païens, comme disent nos
missionnaires. Les jeunes filles annamites élevées dans la
religion chrétienne, quand elles quittent la maison pour
rentrer dans leurs familles ou pour épouser un boudhiste,
oublient l'enseignement religieux, et, retournant au culte
national, croient aux esprits et ne se distinguent point, par
leur tenue, des autres femmes de leur race.

D'autres sortent de la maison, se mettent à la recherche
des français célibataires et roulent de chute en chute, tou-

jours plus bas, jusqu'au dernier degré de la prostitution, près d'autres qui n'ont pas été élevées par nos religieuses et qui n'ont pas appris les travaux de couture, de reprisage qu'on leur a enseignés. C'est que la foi chrétienne, nouvelle pour elles, ne les a point pénétrées et qu'elle n'est pas efficace, c'est que la grâce ne les a pas touchées et j'ajouterai — pour celles, hélas ! nombreuses, qui tournent mal, — c'est que nous les avons dévoyées, déracinées, sans les convaincre, sans les changer ; c'est que les soins que nous avons pris d'elles, que les idées que nous leur avons données ou qui sont nées en elles, — malgré nos religieuses. mais parce qu'elles les avaient approchées, — les ont perverties dans l'école même et, tout au moins, préparées pour la chute. Je ne veux pas incriminer nos religieuses, si dévouées, si bonnes, car elles ont fait tout ce qu'elles savent faire pour moraliser ces jeunes cœurs, pour y implanter leur foi, pour y semer les germes des vertus qu'elles ont, dont elles leur donnent l'exemple ; mais comment empêcher de se produire le mal qui naît du contact de deux races de développement inégal.

Comment empêcher de se produire dans les consciences, lentement formées par une civilisation très ancienne et nationale, le trouble moral que des mœurs, des coutumes étrangères, qu'une religion nouvelle doivent forcément produire avant de l'emporter sur tout un passé respecté ? Par quels procédés pourra-t-on aviver ce trouble pour en profiter, pour ruiner une croyance sans miner toute la morale qu'elle comporte ; et la remplacer par une autre foi en conservant de l'ancienne ce qui se trouve dans la nouvelle ? Comment faire pour assez dominer la conscience afin d'amener les simples qu'on entreprend de convertir à apporter dans leur vie un peu de ce stoïcisme chrétien qui seul peut remplacer les scrupules religieux ou superstitieux qu'on a ruinés en eux ?

Il faudrait une habileté que nos religieuses et nos prêtres n'ont point, qu'ils pourraient peut-être avoir pour quelques sujets dignes d'eux, mais qu'on ne peut leur reprocher de n'avoir point avec la foule de leurs convertis ou soi-disant convertis. Les religieuses indigènes elles-mêmes doivent être surveillées, tenues de près par les religieuses françaises ; alors même qu'elles remplissent en apparence tous leurs devoirs, on sent qu'elles n'en sont point pénétrées et qu'elles obéissent non à leur foi, mais aux ordres reçus, tout au plus à l'ordre établi dans la maison. Comment en serait-il autrement, comment pourrait-on croire qu'au moral elles sont devenues chrétiennes alors qu'il est visible qu'elles sont restées indigènes de cœur, de raisonnement et de mœurs domestiques, qu'elles n'éprouvent, pas plus que les femmes non chrétiennes, le besoin d'être propres, ordonnées et d'inspirer le respect de soi-même par la correction, non seulement de la tenue, du costume et du langage, mais des pensées.

Il en est de même ailleurs. Les villages catholiques ou chrétientés ne sont pas mieux tenus que les villages bouddhistes ; les maisons ne sont pas plus confortables, pas plus coquettes, pas plus propres que partout ailleurs et le bien être des habitants chrétiens n'est pas plus apparent que celui des habitants soi-disant païens. On ne reconnait un village indigène catholique qu'à son église et on ne distingue point un annamite catholique d'un annamite bouddhiste. On sent que la mentalité des premiers est restée ce qu'elle était avant leur conversion et qu'ils ne sont pas supérieurs à leurs compatriotes demeurés fidèles à leur foi. Quant à leur moralité je ne puis la croire supérieure car leur respectabilité, je le dis avec ennui, est certainement inférieure à celle de la masse annamite. Il ne faut pas en faire un reproche à nos missionnaires, car ils n'ont pas les moyens moraux de créer cette respectabilité. Les annamites qui viennent à eux ne sont pas ce qu'il y a de meilleur dans la population ; il s'en faut de beaucoup.

Nos prêtres comptent les mandarins qu'ils ont convertis ; les notables qui ont abjuré entre leurs mains sont rares et les inscrits au rôle de la commune qui changent de religion ne se rencontrent guère. Ces annamites qui viennent à la foi nouvelle, ce sont les déclassés, les gens qui ont fui leur village à la suite de quelque faute, les vagabonds, les sans famille et sans foyer, ceux par conséquent qui ont rompu avec l'ordre établi, qui n'ont plus de relations avec leur village, avec leur famille et qui n'ont d'autre culte que celui des ancêtres... et encore.

Comment faire naître en ces pauvres êtres le sentiment de respectabilité qui ne se trouve pas au fond de leur cœur ; comment les relever ? Par la foi chrétienne ? Non, car cette foi même, parce qu'elle est étrangère, les éloigne des gens respectables de leur nation, et parce qu'au fond de leur cœur, ils ont le sentiment qu'ils ont déchu en changeant de culte, en se groupant autour d'un français, en priant un dieu qui n'est pas celui du passé annamite, en ne rendant plus aux ancêtres le culte qu'on a l'habitude de leur rendre. Ils savent que le Père les considère mieux qu'il ne considère leurs frères restés païens, qu'il prendra leur défense devant les mandarins et devant les chefs français, qu'il les aidera de ses conseils et même de sa bourse quand il le pourra, mais alors même qu'ils se sentent aimés par le prêtre chrétien — ce qui est rare — cela ne suffit point à leur rendre la respectabilité perdue ou à leur donner le désir de la reconquérir.

Quant aux Annamites attachés à la personne des Européens, nos domestiques, on peut affirmer que leur moralité est encore plus basse. Sauf quelques exceptions, ils ne respectent ni les coutumes annamites, ni les traditions nationales, ni les notables de leur pays, ni les Français. Ils sont joueurs, souvent fumeurs d'opium et toujours proxénètes ; quelques-uns descendent plus bas encore, jusqu'à l'ignominie des mœurs contre nature. Ils n'ont aucune règle de conduite et vivent, au jour le jour, sans souci du lendemain, jouant l'argent du marché puis empruntant à l'un et à l'autre quelques sous afin de pouvoir acheter les provisions qu'ils doivent rapporter, ou mendient ici un chou, là une salade, aux camarades rencontrés afin de ne pas rentrer le panier vide à la maison. Ils méritent cent fois la mise à la porte quand le maître ou la maîtresse, fatigués d'eux, les renvoie, mais on a ignoré les neuf dixièmes de leurs fautes et, de plus, on n'a jamais su la provenance des rogatons qu'on a mangés. Ils se soutiennent entre eux au marché, mais se trahissent facilement. Avec cela ils sont voleurs, menteurs, débauchés et depensiers.

Ceux qui sont mariés conformément aux rites du pays deviennent plus rares de jour en jour et ceux qui changent de femme tous les deux ou trois ans, plusieurs fois même dans une année, sont de plus en plus nombreux. L'idée du mariage pour la vie a faibli chez les meilleurs et on se marie de moins en moins selsn la coutume. Beaucoup vivent en état de concubinage et les femmes qu'ils choisissent valent rarement mieux qu'eux ; ce sont d'anciennes concubines de Français vieillies et tombées dans la misére ou dés prostituées fatiguées de la rue. Quelquefois, parmi elles, on rencontre des filles pauvres, sorties de la famille, démoralisées par les mœurs nouvelles. Les Annamites en général ne sont pas jaloux, mais ceux qui nous approchent le sont encore moins ; si les premiers, pour sauver la face, punissent ou répudient la coupable. les seconds, n'ayant rien à sauver, laissent faire.

Nos domestiques font souvent semblant d'ignorer, quand ils ne les autorisent pas, les relations que leurs femmes ou leurs sœurs ont avec des Européens. Des pères et des mères n'hésitent pas à vendre leurs filles soit aux Européens, soit aux Chinois, qui, eux, les paient plus cher. Ces mœurs sont nouvelles au pays Annamite et nées de la conquête ; les vieillards le disent avec chagrin et nous accusent. sinon de les avoir créées, du moins de n'avoir rien fait pour maintenir la moralité d'autrefois, compromise par notre arrivée. Cette moralité n'était pas très élevée,

mais enfin elle était plus haute que maintenant et la Cochinchine, par exemple, n'avait pas le grand nombre de
prostituées qu'elle posséde ; elle n'avait pas cette population de domestiques en place ou sans place, de coolies à la
recherche de quelques sous, qu'on trouve partout à Saïgon
et qui sont un danger pour la sécurité publique.

Les vols étaient moins nombreux et les meurtres très
rares avant la conquête ; aujourd'hui les seconds ne sont
pas rares et les premiers sont fréquents ; leur nombre augmente tous les jours parce que la population dangereuse,
qui est née du nouvel ordre de choses créé par notre domination, devient de plus en plus graade.

Les interprètes annamites et cambodgiens, les premiers
surtout, sont aussi d'une moralité de quelques degrés plus
basse que celle des indigènes non occupés par nous ou
qui n'ont guère avec nous que des relations de contribua-
ble à percepteur ou d'administré à administrateur. Je dois
dire cependant que leur foyer est plus digne qué celui des
domestiques, que leurs femmes sont le plus souvent légitimes et que leurs enfants sont relativement et en apparence bien élevés. La correction de la tenue, la politesse
du langage et des manières peuvent tromper sur eux mais
ceux qui savent observer et réfléchir ne se laissent pas
abuser par le dehors ; ils savent que tout est ruse et trom-
perie chez ces auxiliaires indispensables et qu'on ne peut à
aucun donner toute sa confiance. La conscience n'est pas
encore née en eux et, en leur for intérieur, ils se croient
en droit de tirer de leurs fonctions certains bénéfices sans
lesquels, avouent-ils quelquefois, ils ne sauraient vivre
dignement et faire vivre leur famille.

Ils savent le prix d'un mot dit à propos, d'un renseignement fourni à l'administrateur, comme en passant ; et ce
mot, ce renseignement, ils ne le disent pas gratuitement.
Apprennent-ils que l'administrateur a l'intention d'élever
tel indigène en grade, ils vont trouver celui que la fortune
favorise et lui font croire qu'ils sont en état de lui faire

avoir la fonction qui lui est déjà attribuée. Devant les tribunaux. ils interprètent selon leur intérêt, la main ouverte au plus offrant. En outre, ils sont prêteurs sur gage ou bien c'est leurs femmes qui prêtent pour eux. Beaucoup sont devenus riches, très riches, et possèdent 25, 50 et 60.000 piastres, qui ont débuté aux appointements de 10 piastres par mois ; ils sont propriétaires de vastes rizières qu'ils louent à mi-récolte et qui leur rapportent des sommes considérables par an. Certains sont sortis de l'administration bureaucratique et sont devenus chefs de centres, très dévoués en apparence, d'ailleurs intéressés à ce que les choses ne changent point ; la fortune de ceux-là s'accroît rapidement.

Cette classe d'indigènes jouit d'une mentalité assez développée, mais sa moralité a faibli d'autant parce qu'elle a dévié ; elle sait se donner une apparence de respectabilité qui peut tromper, qui trompe quelquefois les naïfs, qui impressionne favorablement les nouveaux venus et les voyageurs pressés, mais qui n'abuse pas les vieux administrateurs, les vieux résidents, qui, pris dans leur ensemble, sont en vérité un corps admirable de gens instruits, habiles, actifs et soucieux de laisser des traces indélébiles de leur bonne administration. C'est en vérité à ce corps d'élite qu'il faut attribuer tous les progrès matériels réalisés en Indo-Chine, en Cochinchine surtout, et qui, de cette colonie, ont fait en 40 ans un pays bien gouverné et d'apparence très policé. Ils sont les représentants de la France sur lesquels pèsent le plus de responsabilités et tout ce qu'ils ont pu faire de bien ils l'ont fait. S'ils n'ont pu maintenir la moralité des masses qu'ils gouvernent alors qu'ils développaient leur bien-être et leur mentalité, il ne faut pas s'en prendre à eux non plus, parce qu'il ne dépend pas d'eux d'empêcher le mal qui naît du rapprochement de deux races appartenant à des civilisations très différentes. Ce que les missionnaires n'ont pu faire dans leurs chrétientés si petites pourtant, les administrateurs n'ont pu le faire dans leurs arrondissements, dans leurs provinces, quelquefois très vastes et très peuplées.

De même que dans les Gaules après la conquête romaine, la moralité en Indo-Chine a baissé après la conquête française, comme elle a baissé dans les Indes partout où les Anglais sont allés et jusque dans les royaumes indigènes où leur action est pourtant souvent très limitée, comme elle a baissé partout où sont allées les Européens. C'est là un effet de la conquête, de la domination étrangère.

La Grèce et les Grecs sont tombés dans l'avilissement aussitôt après leur défaite ; les Italiens étaient tombés si bas, lors de la domination autrichienne et sous leurs princes étrangers, que lors de la guerre de l'Indépendance ils n'ont pu fournir plus de 8,000 volontaires aux deux armées alliées. Les Irlandais sont si gravement démoralisés par la domination anglaise qu'ils ne peuvent retrouver leur mentalité, leur énergie que loin de leur pays, en Amérique, en Australie, c'est-à-dire très loin de l'Angleterre.

Il n'est pas dans nos moyens à nous, conquérants, d'empêcher que notre action soit corrosive et que le bien matériel que nous faisons ne soit contrebalancé par le mal moral, qui naît de ce que le peuple que nous administrons est un peuple vaincu moins avancé que nous en civilisation.

Les changements apportés par nous sont trop graves pour que le moral des peuples qui les ont subis n'en soit pas affecté.

Tout se relâche autour de nous parce que nous avons changé quelque chose, beaucoup de choses à l'ordre ancien et tout remis en question, tout, même ce que nous entendions conserver et ce que nous ne voulions pas même discuter.

On ne voit pas s'étendre la démoralisation des masses du peuple parce qu'elle se produit lentement, parce qu'on n'est guère porté à étudier les nations d'aussi près, à chercher à connaitre la psychologie des masses. Elle n'exerce pas moins ses ravages.

Si, par exemple, j'examine ce qui se passe au Cambodge en ce moment, là où nous sommes effectivement depuis douze ans où nous commençons à peine à administrer le pays, je vois se produire des changements qui ne sont rien quand ils sont pris isolément mais qui sont considérables dès qu'on les considère dans leur ensemble.

Les femmes, hier encore, timides avec les Européens à ce point qu'il était presque impossible à eux de s'en attacher aucune, sont maintenant plus hardies, plus accessibles, moins honnêtes. Il y a dix ans, il y avait cinq prostituées de race Khmêr à Phnôm-Pénh, elles sont maintenant cinquante. Les concubines de Français étaient trois, elles sont maintenant tribu. En même temps, la moralité, depuis six ans, a baissé dans la masse féminine tout entière ; les dignitaires ont constaté que le nombre des adultères est plus grand maintenant que dans le passé, que les fuites de femmes mariées et de filles avec leurs amants sont beaucoup moins rares.

Il y a aussi plus d'ivrognes et plus de gens qui, à l'occasion, se grisent. Les Malais, qui ne buvaient ni alcool ni boisson fermentée, ont cédé pour la bière il y a quelques années et maintenant les jeunes gens, les jours de fête, boivent de l'alcool de riz, sans que les anciens osent intervenir. Les chefs de leur village ne leur refusent plus l'entrée de la mosquée comme il y a dix ans et ne les condamnent plus aux dix-mille coups de baguette qu'on leur donnait sur le dos, publiquement, avec un balai qui en contenait plus de 200, quand on les avait vus buvant de l'alcool ou rencontrés ivres. Ces mœurs sont nouvelles et les manquements à la religion de moins en moins rares ; les célibataires sont plus nombreux, les unions moins fécondes, les femmes plus libres.

Un homme, autrefois, n'osait guère parler à une femme dans la rue si ce n'est en passant, quand il la connaissait et sans s'arrêter. Aujourd'hui, il l'accoste.

Un homme n'osait pas entrer dans une maison en l'absence du maître, il demeurait assis sur l'échelle de la porte,

un pied à terre quand il avait besoin de parler à la femme ;
maintenant il entre, s'assied sur la natte, la porte ouverte
et bien en vue, mais enfin il entre et on ne s'en étonne plus
guère.

Les unions libres, les répudiations sont beaucoup plus
fréquentes qu'autrefois parmi les Cambodgiens. On se passe
maintenant facilement de la cérémonie du mariage que les
anciens jugeaient indispensable. Bien des mariages qui,
autrefois, n'eussent pu être dissous que par le juge sont
rompus sans son autorisation ; la femme réclame un billet
de répudiation afin de pouvoir contracter un autre mariage
sans risquer d'être citée en justice par son premier mari et
rentre chez ses parents. Ces choses-là étaient rares autrefois et la loi, l'opinion publique les condamnaient ; maintenant elles sont si fréquentes qu'il n'y a pas un village où
on ne puisse trouver au moins un cas de divorce libre.

Les unions défendues par la loi, mais que les juges auto-
risaient quelquefois entre parents sont fréquentes aujour-
d'hui : les mariages d'anciens religieux avec des filles
voisines de leur monastère, ou qui leur faisaient l'aumône,
ou qui sont parentes de celui qui les a reçus ou de celui
qu'ils ont reçu dans l'assemblée de moines, très rares il y
a vingt ans, tendent à devenir très fréquents. L'opinion est
moins sévère maintenant qu'autrefois pour toutes ces
fautes et les défenses de la loi plus souvent transgressées.

Les veuves qui se remariaient avant d'avoir brûlé les os
de leur premier mari et d'avoir porté le deuil pendant trois
ans, très rares il y a cinq ans et toujours poursuivies en
justice, sont plus nombreuses aujourd'hui, et les juges se
montrent très débonnaires à leur égard. Les gouverneurs
les poursuivent de moins en moins parce qu'ils ne se
sentent plus soutenus par l'opinion publique : « Nos coutumes se perdent, me disait un jour l'un d'eux, et nos ancêtres ne sont plus avec nous. »

Les temples sont maintenant moins fréquentés aux jours
saints qu'il y a vingt ans, et même dix ans ; mais comme

le pays est plus riche, qu'il y circule plus d'argent, les temples nouvellement construits sont souvent plus beaux qu'il y a trente, quarante et cinquante ans. Les religieux sont moins nombreux dans les monastères, restent moins longtemps dans les ordres ; les novices, autrefois aussi nombreux que les bonzes, sont rares et bien des monastères n'en comptent pas un seul. Les écoliers, qui jadis étaient trente, quarante et cinquante par monastère sont cinq, dix, quinze au plus et le nombre des hommes sachant lire et écrire a diminué. Les moines sont vêtus de soie plus souvent que par le passé, mais ils sont moins instruits dans les lettres et connaissent moins bien la doctrine religieuse du Bouddha que leurs devanciers. Ils ne pratiquent plus guère les exercices de méditation que la règle recommande et n'étudient plus le pali que dans le grand monastère de Phnôm-Pénh, où son enseignement est devenu absolument insuffisant. Les lectures religieuses sont plus rares dans les salles de conférences ; on a presque perdu au Cambodge le souvenir des prédications et même des exhortations verbales.

Les principes de politesse sont moins observés que dans le passé ; on salue moins bas les mandarins, non parce qu'on possède une mentalité plus haute mais parce qu'on se sent moins discipliné, moins respectueux. D'autre part on se salue moins correctement qu'autrefois entre égaux, ce qui indique moins de civilité. On ne voit plus guère des égaux s'approcher l'un de l'autre et soit s'agenouiller, soit demeurer debout face à face pour se saluer en élevant les mains jointes à la hauteur du visage, en prononçant quelque formule de politesse. On se salue de loin et d'un mot poli, et cette manière, autrefois considérée comme inconvenante, tend à passer dans les mœurs.

Les vieillards sont moins considérés : on passe devant eux sans s'incliner plus souvent qu'il y a vingt ans et cette injure, grave autrefois, n'est plus considérée que comme une impolitesse ; c'est à peine maintenant si les vieillards la relèvent.

La politesse exigeait jadis que tout objet présenté le fut avec les deux mains et nul n'aurait osé contrevenir à cet usage ; aujourd'hui les manquements sont nombreux, le geste moins exact ; souvent c'est à peine si la main gauche s'avance sur le bras droit.

En revanche, on ne croit plus aux gens qui courent le pays pour assassiner les isolés et s'emparer de leur fiel, et les villageois ne se rassemblent plus en armes la nuit pour veiller sur leurs femmes, leurs enfants et les défendre contre les preneurs de fiel humain ; personne ne croirait plus aujourd'hui que deux français de Pnôm-Pénh paient très cher cette substance pour l'expédier en France où elle était, dit-on, employée à la confection de médicaments d'un prix très élevé. On se moquerait de ceux qui viendraient dire que nous mangeons de la chair humaine et que nous ne sommes venus au Cambodge que pour nous procurer des hommes qui sont vendus en France comme viande de boucherie.

La foi dans les présages diminue aussi ; celle dans les jours fastes et néfastes, dans les heures favorables ou non, est moins ardente ; la confiance dans les sorciers, dans ceux qui prétendent annoncer l'avenir ou dire les choses inconnues diminue légèrement. On croit encore aux génies locaux, mais on leur fait moins d'offrandes qu'autrefois ; en fait, on a moins peur. La crainte de mécontenter les ancêtres qui sont au paradis ou en enfer, de leur donner des motifs de colère ou de vengeance est moins grande ; on a moins peur des anges gardiens du monde, qui notent toutes les bonnes et les mauvaises actions, et on redoute moins de forniquer hors la loi et la coutume. La mentalité s'accroît donc, mais la moralité diminue parce que le frein fait de superstitions, de croyances et de coutumes anciennes est moins fort.

C'est ainsi que tout se désagrège et que la moralité de tout un peuple s'abaisse au contact d'un peuple plus civilisé qui le domine et le commande. Ces semi-civilisés,

refrénés par leur foi, leurs superstitions, la crainte de la
loi et des magistrats, s'émancipent parce qu'ils voient près
d'eux des gens qui ont une autre foi, d'autres mœurs, une
autre loi et d'autres idées, commander ceux qui les com-
mandaient, punir ceux qui les punissaient.

Nos procédés administratifs sont moins durs, moins certains, quoique nous fassions. que ceux de leurs nationaux
parce que nous ne savons pas tout, parce qu'on nous cache
beaucoup de choses, parce qu'il y a complicité de tous
pour nous tromper ou nous laisser dans l'ignorance des
faits, tout au moins dans une demi-ignorance. La discipline à cause de cela se relâche, la police est moins exacte
et, par suite, notre joug, très lourd pour les mandarins,
est léger pour les pauvres gens, et cette légèreté du joug
pour quelqu'un qui est habitué à le sentir très lourd, le
jette hors de la voie qu'il a toujours suivie et où le main-
tenait, moral mais peu mental, un frein très ancien, fait
de superstitions, de puérilités, de crédulités, de peurs
sottes, de respect pour les lois et coutumes du passé.

Sans le vouloir, sans le savoir, malgré lui, ce peuple
prend quelque chose aux étrangers, quelque chose que
ceux-ci ne songent pas à lui donner, et ce quelque chose
est un germe de démoralisation, de désorganisation morale
et familiale. Alors, ceux des indigenes qui vous approchent, qui vivent près de nous, avec nous, prennent nos
vices et perdent leurs vertus, leur respectabilité surtout.
Ils cherchent à nous plaire quand même, à nous bien servir en apparence, à monter en grade et, sans parvenir à
être au moral ce que nous sommes, cessent d'être ce qu'ils
étaient; ils ne parviennent pas à être nous, ils ne sont plus
eux, mais ils deviennent des mal-hybridés sans conscience
et sans orgueil car ils ont perdu la fierté de leur race sans
avoir trouvé le point d'honneur de la nôtre.

Maintenant que j'ai dit combien est désorganisatrice et
démoralisante l'action inconsciente mais fatale d'un peuple
civilisé sur un peuple inférieur, dois-je m'arrêter là et cloré

ce mémoire sans montrer qu'il y a réciprocité; sans dire qu'elle est l'action qu'exerce un peuple inférieur sur les membres d'une nation plus civilisée qui s'établissent chez lui pour le gouverner. Je le voudrais, mais comment être complet sans montrer cette action réflexe qui désorganise les cerveaux et compromet la moralité, la respectabilité des conquérants, sans donner des exemples de cette régression morale qui peut-être est notre punition, la punition des races conquérantes.

(L'auteur du mémoire, pour abréger son travail et pour des raisons de hautes convenances surtout — il est fonctionnaire — a cru devoir supprimer les exemples qu'il annonce ici et qu'il avait tout d'abord indiqués.)

L'usage du pouvoir, l'habitude de manier et de gouverner les hommes, les manœuvres de la politique mettent en Europe les hommes d'Etat, les politiques et les administrateurs, en relations avec tant d'intérêts, de passions et d'hypocrisie, que le scepticisme les gagne, les envahit et s'attaque à leur moralité comme l'oxygène de l'air s'attaque au fer. Leur enthousiasme de jeune homme diminue, disparaît; les principes sont moins fermes, exigent moins d'inflexibilité, et l'esprit finit par admettre certaines faiblesses qu'il repoussait jadis avec horreur ; enfin l'homme cède à ces faiblesses par lassitude, par ennui. par dégoût et s'abandonne. Heureux s'il ne les a pas pour lui-même et si sa moralité diminuée de sceptique, ne fait que le porter à la misanthropie et ne l'entraîne pas à profiter de son scepticisme pour tirer lui-même profit de sa démoralisation, de sa manière *plus large* de voir les choses et les hommes.

C'est ainsi que s'expliquent les faiblesses des terroristes sous l'Empire et les changements d'opinion qu'on observe sous tous les régimes; l'intérêt personnel n'en est pas toujours la cause principale, le mépris des hommes gouvernés, mépris gagné à les manier est souvent la cause vraie des changements de front.

Or donc, si le maniement des hommes produit ces effets

démoralisateurs chez des gouvernants appartenant à l'élite de la société, quand leur action s'exerce légalement sur un peuple de leur race, je laisse à penser jusqu'à quel point le maniement d'un peuple inférieur et vaincu, dominé et gouverné, plus souvent hors la loi que légalement, peut démoraliser des gens qui sont loin d'avoir la valeur intellectuelle de ceux qui gouvernent la métropole? La certitude qu'ils ont, à bon droit, que les peuples qu'ils gouvernent comme administrateurs, ou qu'ils exploitent comme commerçants est inférieur à leur nation, les porte fatalement à croire que chacun des individus qui composent le premier sont inférieurs à chacun des individus qui composent le second. Alors la raison qui, en Europe, les porte à avoir tels préjugés, tels principes, les porte ici à n'avoir plus ces mêmes principes, ces mêmes préjugés avec la race dominée.

L'opinion publique qui, quoiqu'on en dise, est le meilleur gendarme, n'existe pas dans les colonies, ou bien s'y rencontre absolument faussée ou beaucoup trop tolérante ; elle ne réfrène pas les passions, ne flétrit pas les coupables et ne maintient pas les dirigeants du peuple vaincu et soumis dans une ligne de conduite inattaquable. D'autre part, l'opinion publique du peuple vaincu sur les vainqueurs est méprisée de ceux-ci quand elle n'est pas complétement ignorée d'eux; on sourit du blâme que l'on voit dans l'œil des indigènes, de celui qu'on devine dans le silence ou la tristesse des inférieurs. L'opinion de ces gens-là ne compte pas plus pour les vainqueurs que nous sommes, qu'autrefois chez nous l'opinion du peuple pour la noblesse et la cour. On croit de la meilleure foi du monde que notre morale, à nous conquérants, ne peut pas, ne doit pas être aussi sévère que celle des petites gens et que les défenses de la conscience doivent être plus nombreuses et d'une autre nature pour les peuples vaincus.

Vous devinez quelles sont les conséquences de ces belles idées de supériorité, de ces manières de voir aristocratiques.

Le mépris que nous marquons pour l'opinion publique des indigènes démoralise ceux-ci et, parce que nous ne voulons pas en tenir compte, et parce que l'opinion publique de nos compatriotes est faussée, nous nous démoralisons. C'est à cette cause qu'il faut attribuer le « laissez-faire », le « fermons les yeux », qui autorise tant de choses mauvaises. Un administrateur me disait un jour, avec un mauvais rire : « C'est étonnant comme l'esprit est plus large ici qu'en France ; il y a certaines choses courantes ici qu'on ne sait pas trop comment dire en France et qu'il vaut mieux ne pas dire pour ne pas faire pousser des cris de paon. »

Et, de fait, on se sent dans les colonies les coudées plus franches et la conscience plus large. Que voulez-vous ? L'opinion publique des uns est tellement sans portée et l'opinion publique des autres est si consolante. Ajoutez à cela que le climat, l'absence des plaisirs intellectuels, des divertissements publics, des occupations mondaines, le désœuvrement et l'ennui, beaucoup plus grand qu'en Europe et, pour la majorité, l'absence de famille affaiblissent, quand ils ne les usent pas, les instincts de moralité, et vous comprendrez les causes de démoralisation, démoralisante pour le peuple conquis et pour ceux qui le gouvernent, que je vais essayer de dire ici.

L'orgueil des vainqueurs a pour premier effet de rendre plus lourd le joug qu'ils font peser sur les épaules du vaincu. Dès qu'on part de cette idée que la race à gouverner est inférieure, on est porté, presque malgré soi, à trouver que les moyens employés pour mener les animaux sont bons aussi pour conduire les masses qu'on rapproche d'eux. Les individus s'arrogent alors le droit de punir, qui, partout en Europe, est réservé à l'autorité et rétablissent pour leur personnel les peines corporelles que la loi a réprouvées en France.

Cet orgueil de race doublé du désir de poser pour l'homme d'énergie, puis l'habitude qu'on prend d'être violent, endurcit le cœur, démoralise et déshumanise. Homme civilisé retourne à la brute, mais à un genre de brute spéciale que la nature ne produit pas d'elle-même et toute seule la brute qui est l'œuvre des sociétés imparfaites, la brute qui trouve du plaisir à voir souffrir, à faire trembler, à inspirer l'effroi et à poser pour un homme de main de fer. Petites gens en somme, grisés par le pouvoir, dont la tête s'est emballée, dont la moralité a faibli sous le poids des fonctions, dont la personnalité s'est gonflée de toute leur impuissance à demeurer calme et de toute leur ignorance, pauvres insuffisants bouffis de suffisance, que le hasard a portés trop haut et que le vertige rend fous. On comprend que cet orgueil même les démoralise, que l'usage du pouvoir ruine leur humanité. La race qu'ils dominent est trop faible pour résister et sa faiblesse démoralise ceux qui la méritent, parce qu'elle les incite à oser toujours davantage et à abuser plus encore.

Tels sont les régressions morales que nous devons aux indigènes et qui naissent du régime inhérent à l'état de conquête.

C'est ainsi que s'accomplit la loi des conséquences inéluctables qui, dans le cas présent, fait que la conquête démoralise les vaincus, que les vaincus et l'état de démoralisation qui suit la conquête démoralisent et démentalisent les vainqueurs. La moralité s'abaisse partout et chez tous, les individus de la race vaincue sont seuls à gagner à cet état de choses, car leur puissance de concevoir s'augmente. Mais cet avantage n'est qu'apparent car tout ce qu'ils gagnent individuellement en valeur débrouillarde, leur race le perd en cohésion. En résumé, l'état de conquête crée, malgré l'ordre administratif apparent, un état d'anarchie morale très dangereux tout à la fois pour la race vaincue et pour le peuple qui l'a soumise. Cette anarchie morale est une conséquence inéluctable, temporaire peut-être, mais certainement d'une longue, très longue durée.

Regardez autour de nos colonies et dites-moi si la race

des Tagals a retrouvé sa moralité perdue avec sa liberté,
et si jamais le contact des Espagnols a pu la lui faire retrouver ; les Arabes sont-ils aussi respectueux de la loi civile et
religieuse sous notre domination qu'ils l'étaient sous leurs
princes? Non. Il faut des siècles pour rétablir dans les cerveaux d'un peuple vaincu la discipline morale que la conquête et le contact de mœurs nouvelles, nées d'elles ou
apportées par les vainqueurs, ont troublée et très souvent
détruite. Si, au mal moral produit par les changements
apportés dans la politique, dans l'administration du pays,
par la destruction plus ou moins complète de l'édifice
social et son remplacement par d'autres institutions, vous
ajoutez la propagande religieuse et la conversion des vaincus, l'œuvre de démoralisation est si grande qu'elle peut
être un désastre pendant plusieurs siècles.

C'est pour cette raison qu'il n'y a point sagesse à désirer
que les nations vaincues par nous qui ont une religion
l'abandonnent pour se convertir à la nôtre, car ils aban-
donneraient avec la foi nationale les principes de morale
qui sont le trésor que les ancêtres leur ont laissés, et se
trouveraient perdus au milieu de leurs compatriotes avant
d'avoir été vraiment adoptés par leurs nouveaux coreligionnaires, dévoyés avant de pouvoir suivre la route que
nous suivons : « Je crains bien, me disait un jour un missionnaire oblat, que notre foi religieuse ne convienne point
aux Extrême-Orientaux. »

Je ne suis pas de cet avis parce que je pense qu'une religion d'origine juive, orientale par conséquent, qui a conquis en Europe les esprits peut aussi les conquérir en Asie,
que partout la foi chrétienne a su vivre près de mille superstitions contraires à son enseignement. qu'elle a su élever
ses temples sur l'emplacement des temples détruits, mettre
ses saints à la place des dieux vénérés par les païens, c'est-
à-dire laisser les populations venir prier un dieu nouveau
à l'endroit même où, depuis un long passé, elles étaient
habituées à prier les anciens dieux. Il n'y a pas de raison

de croire qu'elle ne puisse aussi dominer les indigènes de l'Extrême-Orient et asservir leur esprit à des croyances nouvelles pour eux, mais ce ne sera pas sans couvrir le pays de ruines morales, sans ruiner la conscience des populations converties mais non convaincues et pénétrées.

La foi nouvelle, après avoir détruit le frein des consciences en quelques années de triomphes apostoliques, devrait le tresser de nouveau et le consolider sans cesse ; mais alors il faudra deux, trois et quatre siècles, et même, qui peut dire aujourd'hui que les populations catholicisées seront plus morales, et que leur moralité sera égale à ce qu'elle est maintenant ? Personne.

Alors à quoi bon ces efforts pour convertir une population qui, dans sa foi religieuse, trouve un frein capable de contenir ses passions ? Pourquoi l'autorité civile appuierait-elle les missionnaires catholiques ou protestants, français, américains, anglais ou espagnols, dans leur œuvre évangélique, alors qu'il est démontré que leur action ne peut être, quoiqu'ils fassent et quoiqu'ils soient, que subversive de l'ordre moral établi, et démoralisante ?

L'autorité n'a à intervenir ni contre ni pour eux ; elle ne peut que laisser faire sans formuler aucune opinion, car elle n'en peut avoir d'officielle ; mais ses membres peuvent, en vue de l'ordre matériel, lié à l'ordre moral, faire des vœux pour que l'œuvre des convertisseurs religieux ne détourne personne des anciens devoirs et ne crée point, au sein de la population restée fidèle à la foi des aïeux, une caste d'apostats ayant tourné le dos à la foi antique et aux principes de morale et d'ordre moral dont elle était le meilleur soutien.

Adhémard Leclère.

# LES COUTUMES MATRIMONIALES

## chez les Kurdes d'Arbaïdjan

Par M. ARAKÉLIAN

*(Extrait)*

---

Les Kurdes d'Arbaïdjan habitent la Perse septentrionale.
Chez ces Kurdes, notamment dans les tribus Mangour,
Mamache, Débokri, Mikri, Chakak, Bavande, les fiançailles, le mariage et le divorce, s'accomplissent selon des
traditions vénérées de tous et des coutumes rigoureusement observées.

Bien que, comme mahométans, ces Kurdes aient le
droit d'avoir quatre femmes légitimes, ils n'en ont d'ordinaire qu'une seule. Quand un jeune homme veut se
marier, il n'a qu'à acheter une fille à ses parents, celle-ci
représentant un capital que l'on ne peut céder à un autre
sans compensation. Il envoie donc chez le père de celle
qu'il désire des délégués (altchi) qui marchandent longuement ; quand les deux parties sont tombées d'accord les
fiançailles ont lieu. Le prix se paie en espèces et en chevaux, bestiaux et objets divers.

Si le marché ne se conclut pas, le jeune homme doit
enlever la jeune fille, car ce serait une grande honte pour
lui si un autre devenait l'époux. La jeune fille consent
d'ordinaire au rapt, un tel mariage étant très honorable
pour elle ; si cependant elle refuse, l'amoureux fait appel à

la force brutale, accomplit avec l'aide de ses amis un rapt
réel, sinon il serait à jamais déshonoré.

Si la jeune fille enlevée et le ravisseur sont de même
race, les parents de la première réclament à ceux du second le versement du prix d'achat, mais les anciens de la
communauté interviennent et on finit par tomber d'accord
sur un prix et le mariage a lieu.

Si la jeune fille appartient à une autre tribu et surtout à
une tribu ennemie (les tribus Kurdes sont toujours en querelle), ses parents poursuivent non seulement le ravisseur
et sa famille, mais aussi toute sa race ; une guerre achar-
née s'engage et souvent il y a de nombreux morts ; et cette
vendetta doit être conservée par leur génération jusqu'à ce
que l'accord pour le prix d'achat soit fait.

Parfois au lieu d'acheter on échange ; on échange les
sœurs et les femmes ; ainsi un Kurde prend la sœur ou la
femme d'un autre et lui donne sa femme ou sa sœur ;
dans ce troc on évalue la beauté, la noblesse, et l'un des
deux hommes peut avoir une soulte à payer à l'autre ; il y a
encore ici rapt, mais rapt simulé.

Si, quand le prix d'achat est arrêté, le fiancé n'a pas
l'argent nécessaire, ses amis et ses parents doivent l'aider,
le mariage ne pouvant avoir lieu qu'après versement de
toute la somme ; pour patienter, le jeune homme, aidé par
sa future belle-mère mais à l'insu du beau-père, rend
visite chaque nuit à sa fiancée ; il peut dormir avec elle
et même la posséder ; si après cette entrevue un désaccord
naît entre les fiancés, le mariage peut être rompu, pourvu
que la jeune fille ne soit pas enceinte, car dans ce dernier
cas il est obligatoire. Lorsque la rupture est voulue par la
fiancée, le jeune homme rentre en possession des fonds
déjà versés. Le mariage est prononcé chez le Kazi, qui lit
le Kiabine ou le Siga.

Le Kiabine kurde se compose de trois parties (talaga). Le
Kurde qui veut divorcer prend trois pierres qu'il jette une

à une sur le sol en disant à sa femme : « J'ai dissous les trois talagas », et la répudiation est ainsi faite. Les Kurdes sont d'un tempérament fougueux, emporté, et au moindre sujet de colère contre leurs femmes ils les répudient, mais ils s'en repentent bientôt, se désespèrent ; un moyen de reprendre celles qu'ils ont chassées leur reste cependant : la femme épouse un autre homme qui divorce trois jours après et alors, mais alors seulement son premier mari peut la reprendre. Ce procédé ne plaît guère cependant à beaucoup de Kurdes ; plus d'un ne peut se faire à l'idée qu'un autre possède même un jour sa bien aimée, surtout si elle est belle, et il arrive aussi que le second mari, faussant parole, refuse de divorcer. Pour échapper à ces ennuis on a recours à une coutume bizarre : on prend pour deuxième époux un homme qui dans chaque village demeure chez le kazi et est appelé l'âne du kazi, et c'est lui qui moyennant une légère indemnité se charge d'épouser et de répudier en trois jours. Certains ânes s'étant permis d'entrer en relations intimes avec celles qui n'auraient dû être leurs épouses que de nom, on emploie un procédé plus bizarre encore. La femme épouse un *louléinne* ou pot d'eau qu'elle conserve pendant quelques nuits amoureusement pressée sur son cœur. Cette cruche ne pouvant divorcer, son épouse est obligée de devenir veuve, mais pour cela il faut tuer la dite cruche ; or un Kurde veut bien tuer un ennemi, mais verser le sang innocent, serait-ce celui d'un pot de terre, jamais ! Il faut donc, pour éviter de commettre soi-même un crime aussi affreux, avoir recours à des intermédiaires, à de pauvres diables qui, moyennant une minime rétribution ont l'héroïsme d'accomplir un tel assassinat, et l'ex-divorcée, maintenant veuve, peut redevenir la femme de son premier mari.

Une autre cause de divorce est le serment faux sur le mariage. Si un Kurde jure par son mariage que tel fait est vrai, par exemple qu'il a déjà payé telle dette que lui réclame un créancier obstiné, et qu'il soit prouvé qu'il a menti, sa femme peut se considérer *ipso facto* comme divorcée et retourner chez ses parents : bien entendu, l'âne ou la cruche serviront encore si la femme se repent de son indignation. Pour prêter serment sur le mariage un homme jette sur le sol trois pierres en disant : « que mes trois talagas soient nulles dans les sept religions (il n'y en a que sept dans le monde, croit-on), si tel fait est faux. » Ce rituel nous explique pourquoi le divorce est la conséquence d'un tel faux serment. D'ailleurs les Kurdes répugnent à jurer sur leur mariage et préfèrent de beaucoup jurer par le Koran.

# LES RESTES ILLYRIENS EN BOSNIE

PAR LE Dr CIRO TRUHELKA

*Conservateur du Musée de Bosnie-Herzégovine*

La population actuelle de la Bosnie et de l'Herzégovine
appartient en général à la race slave méridionale, qui,
établie ici depuis près de mille cinq cents ans, forme un
groupe ethnique compact et homogène. Le caractère slave
y est peut-être aussi clairement marqué que chez tout autre
peuple de la même famille, au centre ou au sud de l'Europe.
Le peuple vit encore aujourd'hui selon ses antiques traditions, et l'ethnographe attentif trouvera ici, à chaque pas,
des souvenirs qui remontent aux époques lointaines où le
peuple vivait patriarcalement, où toute la vie sociale
découlait du principe fondamental de la famille, où les
jugements étaient rendus d'après les droits du peuple
depuis longtemps en usage, où, enfin, toute idée religieuse
reposait sur une certaine intuition primitive d'une religion
naturelle qui peut être considérée comme une abstraction
des phénomènes cosmiques. Ce caractère slave, nous le
voyons, en effet, conservé avec la plus grande piété dans
toutes les actions de la vie publique ; toutes ses manifestations viennent d'une tradition nationale ; et cependant,
au point de vue ethnographique, nous observons ici des
phénomènes que l'on doit considérer comme des restes
d'une époque primitive depuis longtemps disparue ; ils
doivent leur existence à ce phénomène d'infiltration auquel
est soumise toute la nature.

Il va de soi qu'on retrouve les traces d'importants phénomènes ethniques, qui, dans les derniers siècles, eurent

de l'influence sur le peuple bosniaque. A ce point de vue, nous avons comme exemples vivants les nombreux « turcismes » qui furent accueillis dans la langue et dans les mœurs pendant les quatre siècles que dura la domination des Osmans ; divers « germanismes » et « romanismes » nous indiquent la sphère d'influence à peine sensible de la civilisation occidentale sur la péninsule des Balkans. Mais il faut remarquer à ce propos que le Slave du sud sut s'assimiler ces éléments étrangers au point qu'ils s'adaptèrent parfaitement à son genre de style et qu'il ne les reconnaît plus du tout comme éléments étrangers.

Or, nous remarquons non-seulement ces éléments que le peuple doit à ses contemporains respectifs, mais d'autres encore qui, dans la Bosnie et dans l'Herzégovine, remontent à une époque beaucoup plus ancienne, où aucun Slave n'avait mis le pied dans la péninsule des Balkans, où celle-ci était habitée par des tribus d'un peuple puissant, très répandu, qui, d'après nos connaissances positives, peut être considéré comme l'un des plus anciens de l'Europe. Je veux parler des *Illyriens*, qui, dans les anciens temps, occupaient presque toute l'Europe centrale et méridionale et dont les monuments nous apparaissent toujours plus nombreux comme des documents d'une civilisation très importante quant à l'étendue et à l'intensité et identique à celle de Hallstatt.

Ils furent refoulés par les guerriers celtes de plus en plus vers le sud, subjugués par les Romains et réduits par les Slaves à habiter ce territoire maintenant si petit qu'on appelle l'*Albanie* (Arbnia Sgüpnia), où ils passaient leur vie sous le nom de *Sgüp, Sgüptar* (= Aigle) dans des montagnes rocheuses, inaccessibles et fermées même aujourd'hui à la civilisation moderne.

Ces Illyriens, qui étaient autrefois les autochtones de la Bosnie, sont disparus depuis plusieurs siècles sans laisser de traces dans le pays, sans laisser dans la mémoire du peuple même le souvenir de leur existence ancienne. Mais, quelque grande que soit la force destructive du temps, elle n'a pu étouffer en Bosnie toute réminiscence de ce peuple primitif de la vieille Europe.

Même le nom actuel du pays, — dérivé du fleuve *Bosna*. — est d'origine illyrienne, et, de plus, nous trouvons de tout temps une série de dénominations de localités qui ont la même origine.

Parmi les noms désignant des tribus ou des localités aux époques antiques et que la littérature classique nous a conservés, nous en trouvons en Bosnie un grand nombre dont l'origine illyrienne se reconnaît à première vue sous la forme « grécisée » ou « romanisée ».

Le nom général de ces groupes de races *Illyr* (= i — lir) veut dire « *libres* » ; et dans les noms de races particulières, comme ceux des *Delmates*, *Ardiéens*, *Vardéens*, *Vénètes*, *Liburniens*, *Ditions*, *Besses*, *Narésiens*, *Malkomans*, *Dardaniens*, *Scirtares*, *Dérétiens*, *Déramastes*, *Derriens* et *Derriopes*, la racine primitive illyrienne s'est conservée.

C'est encore le cas dans les vieux noms de villes : *Antivari*, *Skodra*, *Butua*, *Baloia*, *Bersumon*, *Fusciana*, *Ulcinium*, *Ulcissa castra* ; dans les noms de rivières : *Drinus*, *Oinaeus*, *Vadasus*, *Basante*, *Narenta*, *Ulco*, *Ulcaea palus* ; et même quelques attributs de divinités locales découverts sur des autels romains, comme *Bindo*, *Uridua*, *Frombos* et *Latra*, ne peuvent être expliqués positivement que par un rapprochement illyrico-albanais.

Que pendant la domination des Romains dans l'Illyrie des éléments illyriens se soient conservés, cela n'a rien que d'ordinaire, car les Romains remplissaient leur mission civilisatrice en se plaçant à un point de vue plus élevé que celui de l'intolérance nationale. Mais il est plus surprenant que des restes particuliers illyriens aient survécu en Bosnie même aux *Goths* qui détruisaient tout lors de la migration des peuples, et se soient conservés jusqu'à nos jours.

Comme signe caractéristique de l'origine illyrienne, je puis citer deux exemples, *Vlah* et *Chokac*, noms par lesquels se désigne la population orthodoxe et catholique du pays.

La dénomination des orthodoxes, *Vlah*, est dérivée de l'albanais *vla* : frère, mais *Chokac*, qui sert à nommer les catholiques, vient de *sok* : ami, compagnon, avec le suffixe diminutif slave AC. Aujourd'hui ces deux dénominations sont considérées comme des sobriquets, mais elles sont cependant caractéristiques de la condition où se trouvèrent les descendants des vieux Illyriens en face des émigrés qu'ils appelaient « frères » et « amis ».

Si nous considérons les noms actuels des rivières les plus importantes de la Bosnie et de l'Herzégovine, nous trouverons que la plupart d'entre eux viennent, non pas du slave, mais de l'illyrien.

C'est le cas dans *Bosna*, *Narenta*, *Drina*, *Vrbas*, *Rama*, *Pliva*, *Usora*, ainsi que dans les noms de montagnes, comme *Otomal*, *Maltoket*, *Majevika*, Prenj, et dans les noms de localités, comme *Batovo*, *Batuni*, *Batingrad*, *Sgipet*, *Skoplje*, *Krupa*, *Krupac*, *Duvno*, *Berek*, et beaucoup d'autres.

Encore plus intéressants que ces restes linguistiques d'un peuple depuis longtemps disparu sont des restes folkloristiques qui, étrangers au caractère slave de la population et même en quelque sorte en contradiction avec lui, se sont pourtant conservés par la tradition jusqu'à l'époque la plus récente.

Avant tout, je mentionne le *tatouage*, coutume tout à fait étrangère aux autres Slaves et qui est en grand honneur chez les catholiques bosniaques. Ces tatouages, qui sont faits aux bras et à la poitrine, plus rarement au front, se distinguent par une riche ornementation conventionnelle dont le dessin est souvent si serré que le teint primitif est à peine visible sous les belles colorations ; ces tatouages ne peuvent être considérés dans aucun cas comme des jeux

purs et simples ou comme une parure bizarre de la peau.
Dans ces opérations douloureuses, on observe certains mo-
ments où apparaît comme une émanation d'une religion
naturelle maintenant oubliée, car on ne s'y soumet que la
veille du *solstice du printemps* et quand on entre dans
l'âge de la *puberté*.

Les garçons et les filles se laissent graver les signes inef-
façables par une femme, experte dans cet art, qui dessine
l'ornement, avec de la couleur, sur la peau, ou bien, d'après
un modèle fait d'écorce de saule, pique la chair et frotte
avec de la suie et de la poudre à canon. Quelque douloureuse que soit l'opération, on l'attend avec plaisir et le jour
en est célébré par la jeunesse comme un jour de fête. Ces
motifs ornementaux des tatouages sont généralement rédi-
gés dans le style conventionnel; leurs dessins représentent
des corps célestes — le soleil, la lune, une étoile, l'étoile
du matin — et chaque motif particulier est exécuté à la
place conventionnelle. La présence d'un premier motif usité
dans tous les tatouages, la croix, fait considérer ces tatouages
comme une marque distinctive du catholicisme. Mais cela
n'a rien de commun avec le catholicisme, car cet usage
était répandu généralement dès l'époque antérieure aux
Romains parmi les peuplades thraco-illyriennes de la péninsule des Balkans. C'est chez eux un signe de la race, le
symbole d'une noble naissance qui s'est transmis aux
générations, d'après Pline lui-même. C'est ainsi que la
coutume passa aux immigrants slaves, et si ce symbole a
acquis aujourd'hui la valeur d'un signe religieux, il était
autrefois la marque caractéristique d'une race.

Dans le costume, nous trouvons aussi quelque chose qui
peut passer pour la tradition d'une époque antérieure aux
Slaves. Tout d'abord, je ferai allusion à ce plastron pittoresque composé de boutons en argent à ronde-bosse, *toka*,
avec lequel les hommes ont coutume de se parer aux occasions solennelles. Des plastrons tout semblables, qui con-
sistaient en boutons de bronze, ont été souvent découverts

dans les sépulcres préhistoriques de Glasinac, et ils sont, comme échantillons du costume spécifique illyrien, au nombre des objets les plus importants de notre période de Hallstatt. Le costume de la femme a conservé un autre échantillon intéressant d'avant les Slaves, sous la forme d'un capuchon tressé avec des brins de lin imitant tout à fait le soi-disant bonnet phrygien; c'est l'ornement des paysannes dans les environs de Srébrnica. Au bonnet phrygien, qui était chez les Grecs le symbole de la barbarie, on a ajouté ici quelque chose de spécial, un chignon courbé sur le front, en forme de faucille, et, pour prouver l'antiquité de cette coiffure, nous pouvons citer une petite tête en plomb trouvée dans les ruines de Stolac ; faite évidemment par un artiste barbare, cette tête est couverte d'un pareil bonnet avec chignon.

Même dans le domaine de la superstition populaire, nous trouvons des échos de motifs isolés qui remontent à la plus haute antiquité. Il est certain que nulle part en Europe la croyance à la fatale influence du *mauvais œil* n'est aussi développée que dans la péninsule des Balkans et en Italie, deux pays dont les premiers habitants appartinrent autrefois à la race illyrienne ; et Pline rapporte, d'après le témoignage de Isogonus, à propos des Triballiens d'Illyrie, que ceux-ci avaient un regard fascinateur qui, lorsqu'il se fixait longtemps sur les jeunes gens, leur était funeste. Comme autrefois, le peuple croit au mauvais œil et s'en préserve par toutes sortes d'amulettes et de philtres.

Dans l'Albanie aussi règne cette superstition avec tout autant de vigueur, et c'est un fait bien caractéristique que là-bas le mot *msüe :* regarder, est presque l'équivalent de « *jeter un sort* ».

Je voudrais terminer la série des réminiscences illyriennes en Bosnie par un souvenir ayant trait au droit commun populaire: Il n'y a que quelque dix ans encore que régnait en Bosnie un usage qui heureusement n'est plus que du domaine du souvenir et d'après lequel, dans un meurtre, le droit de la vengeance revenait au plus proche parent.

Que cette coutume soit d'origine illyrienne, je le déduis, malgré le défaut de preuves écrites, de cette circonstance, qu'elle s'est maintenue notamment dans des contrées où s'étaient établies aux temps préhistoriques des tribus illyriennes.

Je n'ai qu'à rappeler l'Italie méridionale et l'Albanie où la vendetta a encore de nos jours un caractère sacré ; et, bien qu'elle ait décimé le peuple, elle n'a pu être extirpée.

Cet usage n'est sans doute pas slave, mais il fut accueilli par des races voisines albanaises et on l'honora notamment sur la limite de l'Herzégovine et du Monténégro.

Les considérations dont on partait étaient ici les mêmes que dans l'Albanie ; on délimitait l'étendue des prétentions à la vengeance selon qu'il s'agissait d'un meurtre ou d'une blessure, laquelle autorisait à une vengeance proportionnelle, qu'il s'agît d'hommes ou d'animaux utiles.

Toute la nomenclature de la vendetta est traduite directement de l'albanais dans la langue slave.

C'est un fait caractéristique que l'Albanais n'ait pas de mot pour l'idée de vengeance ; il l'appelle tout bonnement « *sang* » (ghak), et son voisin slave, bien qu'ayant des expressions suffisantes pour cette idée, l'appelle également « *krv* » (sang) (1). Or, un mérite du Bosniaque, c'est d'avoir trouvé, malgré cette coutume sanguinaire, un terme de réconciliation, mot que cherchent encore les Albanais, c'est « *Krvni mir* » (la paix du sang) et cette paix du sang, dont le but était de restreindre les luttes sanglantes, a réussi à bannir peu à peu cette commune cruelle de Bosnie.

---

1. Alb., *ghak* ; croat., *Krv* : sang et vendetta.
Alb., *me-ra n'ghak* ; croat., *u Krv pasti* : être exposé à la vendetta (proprement au sang).
Alb., *ghaksur* ; croat., *Krvnik* ; le meurtrier.
Alb., *me pas ghakun* ; croat., *imati hrv* ; être sous le coup de la vengeance

Dans l'âme populaire se trouvent encore maintes vieilles réminiscences de cette sorte qui réunissent comme des liens solides les peuples éloignés les uns des autres et les siècles espacés, et qui prouvent que même dans la vie des peuples il n'y a pas de mort subite. En effet, de même que les phénomènes isolés de la vie du peuple se forment d'abord petità petit de l'âme de ce peuple et se groupent en un tout harmonique qui embrasse tous les attributs individuels du peuple, ils ne peuvent pas être subitement anéantis par les catastrophes ethniques les plus terribles.

Certains éléments se conservent même quand le peuple a cessé d'exister comme tel ; ils sont recueillis malgré eux par les nouveaux habitants du pays, adaptés aux vues particulières et transmis à la postérité comme un héritage du peuple. Semblable à l'écorce terrestre, la vie du peuple s'édifie par couches, et, de même que dans l'architecture terrestre les couches particulières ne peuvent être séparées par des lignes absolument nettes, de même, dans la vie d'un peuple, la ligne de démarcation des phases isolées ne peut jamais être précise, car des éléments particuliers passent constamment de l'une à l'autre.

## APPENDICE

Pour épargner à la présente esquisse les lourds développements étymologiques, je me borne à reproduire en peu de mots les plus importants. La série suivante ne fait qu'épuiser en partie le matériel énorme qui attend encore une enquéte plus ample, mais même les petits résultats qu'elle nous livre prouvent que, de même que l'élément celtique chez quelques peuples isolés de l'Europe occidentale laissa des restes, l'élément illyrique dans le domaine où il s'est répandu autrefois n'est pas disparu sans laisser de traces.

*Illyrius, Illyrios, Hilluricum, Illyria*, nom du peuple et du pays, de l'alban. : *lir ;* sous sa forme précise masc.,

*i* — *lir.* fémin ; *e* — *lira* : *libre ;* par suite *I* — *Ilyr*
signifie : *le libre, Illyria* : le *pays de la liberté.*

*Dalmatae, Delmatae* (d'où *Dalmatia*), une race puissante qui résista longtemps aux conquérants romains et ne
fut vaincue que par Auguste.

Dérivé de l'alb. *djal.,* plur. *djelmt ; djelmat* : *garçon,*
*héros.*

*Ardiaei, Ardiaioi,* c'est la race la plus anciennement
connue de l'Illyrie, qui fut battue dans des guerres réci-
proques avec les Autariates, ses voisins, et plus tard par
les Celtes qui envahirent le pays. La racine *Ardh* : *venir,*
*arriver* (dh : δ) paraît donc indiquer que les Ardiéens
furent la première race illyrienne qui émigra dans l'Ilyrie
et qui en disparut.

*Maezaei, Mazaioi,* de *madh,* plur. *madhaia* :
*grand ;* donc un peuple de haute taille, ce dont les écrivains romains ont souvent félicité les Illyriens; l'alban. DH
a le même son que Δ et celui-ci sera transformé en z par
les langues auxquelles ce son manque. C'est ainsi qu'on
dit encore aujourd'hui en Bosnie *Zavid* pour *David,* d'où
aussi le nom de lieu Zavidovic.

*Vardaei, Vardaioi,* de *vard, vardar* : fleuve. C'était
donc un *peuple des bords des rivières,* et, en effet, ils
habitaient la Narenta inférieure.

*Bessi, Bessoi,* de *bes* : *fidélité.* Aujourd'hui encore,
tout Albanais loyal s'appelle avec orgueil *besnik, bestar,*
c'est-à-dire un fidèle ou bien un homme noble.

*Dardani, Dardanoi,* de *darh* — *a* : poire ; *dardhan* ·
paysan qui cultive des fruits.

*Naraseii,* de *nar* : près, *nares* : voisin.

*Malkomani, Malkomanoi,* un nom composé de *mal* :
montagne et *kom, komb* : peuple, c'est-à-dire un *peuple*
*des montagnes.*

*Veneti, Vendi,* dérivé du mot *vend* : endroit, et synonyme de l'albanais actuel *vendes, vendalija,* habitant,
compatriote.

*Liburni* (conf. l'italien Liburnum — Livorno), de *livr* — *ue :* cultiver, et par conséquent laboureur.

*Ditiones, Glinditiones,* semble être en rapport avec la racine DIT : savoir, connaître, et analogue au *Slovjen* des Slaves et signifier *les connus,* les *célèbres.*

La racine *derr :* sanglier, se retrouve dans le nom de race illyrien : *Derretini, Deramastae, Deuri* Δερριοι *Derriopes,* et elle prouve que les anciens Illyriens s'occupaient beaucoup de l'élevage des porcs. *Deramastae* peut très bien être traduit par : éleveurs de porcs, car la deuxième partie du mot composé pourrait dériver de *madh* — *tue :* agrandir, augmenter.

En effet, toutes les fouilles préhistoriques faites en Bosnie se distinguent par des ossements de porcs tandis que les restes des autres animaux domestiques sont plus rares.

*Scirtares,* Σκιρτονες, Σκιρτιοι, de *sküretne,* rechercher, épier, *skürtues, skürtar :* l'espion.

*Paiones, Siropaiones,* de *pai* (pajtue) : paisible, *paia :* la paix, signifie les paisibles.

*Bulini,* de *bul* — *i :* le buffle, les éleveurs de buffles.

NOMS DE VILLES

*Dimalon,* de *di :* deux, *mal :* montagne, donc *montagne double.*

*Antivari,* aujourd'hui *Bari,* comme s'appelle aussi la vieille ville de Barium, en Italie ; je le fais dériver de *bar* — *i :* herbe, prairie.

*Skodra,* de *Kodr :* colline.

*Butua,* aujourd'hui *Budva,* de *but :* apprivoisé, fertile.

*Bersumon, Bersiminium* de *bers* — *ijà,* mot qui indique une contrée malsaine et marécageuse.

*Fusciana,* de *fusa :* plaine. La terminaison *an* — *a :* contrée, est très courante dans les dénominations illyrico-albanaises : Tirana, Toplana, Bojana, etc...

*Ulcinium,* aujourd'hui Dulcigno ; dans les noms de

localités illyriennes nous trouvons la racine *uk*, *ulk* : loup,
et cela assez souvent.

J'ajoute *Ulcianum*, *Ulcissa castra*, le fleuve de Slavonie,
*Ulco* et le marais *Ulcaea-palus*. Ce dernier fleuve s'appelle aujourd'hui encore *Vuka*, un de ses bras *Vucica*
(louve), de sorte que la vieille désignation s'est conservée
non seulement dans le sens, mais encore dans le son.

Dans *Steph. Byzant.*, on trouve quelques noms de localités illyriennes qui s'expliquent aussi par l'albanais. Je
citerai d'abord Ἀρπυια ou mieux Ἀρπνια, car c'est par erreur
qu'on a écrit U au lieu de N, ce qui est attesté par l'accent.
*Arpnia* est, au contraire, l'écriture phonétique de *Arbnia*,
et c'est pour les Albanais d'aujourd'hui le nom populaire
de leur pays.

*Arra*, de *arra* : noix, serait donc un nom de lieu analogue au romain *Nuceria*, à l'allemand *Nussdorf* (villa
des noix) et au slave *Orasje*, *Orahovo*, *Orahovica*.

*Crevenis* de *Krehen — i* : le peigne, la crête. A cela se
rapporte le nom de lieu actuel *Greveni* en Albanie.

*Erona* de *erun* : sombre, obscur : nous trouvons des
anologies dans les noms de lieux slaves Mracaj, Mrakovo.

*Baloia*, composé de *bal* : front, *uj* : eau ; *bal-uj* : source
d'eau

NOMS DE RIVIÈRES

*Basante*, aujourd'hui Bosna. Ce mot est un composé
dont la première partie *bas* est identique à l'albanais *bas*,
*mbas* : derrière, de l'autre côté, pendant que la racine de
la deuxième partie est 'ND, 'NT. Mais 'nd est la désignation
de la *chaîne* que forment les fils d'un tissu et signifie dans
un sens plus étendu une chaîne de montagnes comme le
mot allemand *Kette* ou bien le *brdo* qui a la même signification curieuse dans la nomenclature textile. *Bas enta* ou
*Bas ante* signifie par conséquent le fleuve au-delà de la
chaîne de montagnes, et par celle-ci on entendait la ligne
de partage des eaux entre l'Adriatique et la mer Noire, au
pied de laquelle sort la Bosna-Basante.

*Narenta* ; dans ce mot, nous reconnaissons d'abord la même racine 'ND ou phonétiquement 'NT, que nous avons trouvée précédemment, mais le préfixe *nar* se rapporte à l'albanais *nar* : près ou bien *ner* : entre. En effet, la Narenta sort PRÈS de cette chaîne de montagnes et se fraye une voie dans tout son cours à travers des gorges que surplombent des montagnes à pic.

*Drinus* : *drün* : serrure, clef. La Drina est en général la clef du pays.

*Oinaeus*, de *uj*, plur., *ujna* : eau, eaux.

*Vadasus*. Dans ce nom on pourrait peut-être voir la racine *va* : gué.

### NOMS DE DIVINITÉS

*Bindus*, surnom de Neptune, sur un autel romain de Bosnie, se rattache à *bind-ue* : honorer, adorer. Neptune Bindus, serait donc Neptune digne d'adoration.

*Frombos*, nom de divinité, dans une inscription romaine de Narona. Comp. : *frumb-i* : souffle, vent, *früt-i* : marée basse, marée haute.

*Uridua*, nom de divinité dans une inscription romaine de Pola, vient peut-être de *urd* : sage, juste et de *due* : aimer, donc Uridua : aimant la sagesse, ce qui serait un attribut superbe pour Junon, en grand honneur dans le pays.

*Latra*, nom de divinité dans une inscription de la Dalmatie septentrionale, de *latr-ue* : adorer, *latria* : adoration.

Ici, je voudrais encore parler de deux mots qui sont d'origine ancienne et qui trouvent dans l'albanais une explication frappante. Il est connu que déjà les plus vieilles races d'Europe, les Celtes et les Illyriens, savaient tirer de l'orge une boisson capiteuse, la bière, qui s'appelait chez les Illyriens : *sabaja* (d'où le latin *sabajarius* : ivrogne) et chez les Celtes *zythum* (ζύδος).

Sabaja a un rapport avec *s'bee* : blanchir, *s'bej*, fém. *s'beja* : blanchi et nous reconnaissons dans le mot *zythum* la racine *zü* : noir, sombre. Nous trouvons donc, dès les temps préhistoriques, la différence entre la bière blonde et la bière brune, la première préférée des Illyriens et la seconde des Celtes. Je termine cette série d'étymologies par quelques noms de localités modernes dont on doit également chercher l'origine dans l'albanais. L'étymologie des mots *Vlah* et *Chokac* a été indiquée plus haut et je ne mentionne que ceci : l'*h* finale dans *Vlah* existait à l'origine même dans l'albanais *vla*, car elle revient au pluriel *vlazn* sous la forme d'un z. Pour l'étymologie du mot *Bosna*, qui vient de l'ancien *Basante*, il faut ajouter que ce fleuve s'appelait au Moyen-Age *Bostna*, ce qui est la transition entre la vieille et la nouvelle forme.

Une dénomination typique illyrienne se retrouve dans le fleuve *Rama* dont la racine ra exprime en albanais tout ce qui *fait du bruit, du fracas, tout ce qui est violent.*

Si bien que *ram*, fém., *rama* veut dire écumant, bruyant, et l'une des sources de ce fleuve porte le même nom slave : *buk.*

*Pliva*, au moyen âge *Pleba*, *Pleva*, est dérivé de l'albanais *pleh* : dépôt, stalactite, ce qui répond bien à la nature de ce fleuve déposant en grandes masses.

*Una* a conservé la forme plurielle *Uj*, *Ujna* : eaux, encore plus fidèlement que la dénomination grécisée de ce fleuve : *Oinâus.*

*Zalom*, *Zalomski potok*, une rivière de l'Herzégovine dont le nom est formé de la racine *lom*, *lum* : fleuve, augmentée du préfixe *za* : derriére.

Dans les noms de montagnes *Maltoket*, *Otamal*, nous reconnaissons dans ce *mal* la dénomination d'une montagne.

Le nom de montagnes *Majévica* est identique à l'albanais *maj-a* : sommet, et n'a reçu que la terminaison slave *vica* tandis que le nom des monts *Prenj* qui forment le centre du système de montagnes bosniaques peut être expliqué par le mot *prehen* ; sein, centre. Parmi les noms de localités actuels d'origine illyrienne, nous sommes frappés avant tout par les désignations fréquentes de *Batovo, Batuni, Batingrad. Bato* était le nom de la dignité princière. Ce mot était usité aussi comme nom propre. Ces localités désigneraient donc de vieilles résidences princières comme les mots slaves analogues : *Knezina, Knez-Polje, Kraljévica.*

La parenté du bosniaque *Skoplje* avec l'albanais du même son est évidente et n'a pas besoin de plus amples explications. Ce dernier terme est dans la langue albanaise originale *Skupi* : aigle. De la même racine est aussi dérivé le nom de lieu *Scipet* près de Prozor. Les noms de *Krupa* et *Krupac* trouvent également dans l'albanais une explication suffisante et viennent de *Krüp* : sel. On sait que la Bosnie possède de riches mines de sel qui étaient déjà exploitées dans les temps préhistoriques, et des disputes pour la possession de ces salines furent la cause de luttes terribles entre les Ardéiens et les Autariates.

Les dénominations fréquentes en Bosnie de *Berek* ou *Bérak*, que l'on donne particulièrement à des endroits marécageux, ont été conservées par les vieilles traditions et peuvent être comparées à l'albanais *Berak* : marais.

Le célèbre *Duvno*, enfin, qui dans la forme actuelle corrompue permet à peine de reconnaître l'origine illyrienne, est dérivé de l'ancien *Delminium*, de la capitale des Delmates. Au Moyen-Age, le mot se transforme le *D'lmno*, d'où s'est formé le *Duvno* de nos jours, ou *Dumno*. L'étymologie de Delminium est semblable à celle de Delmatae et de *Djal* : garçon, héros, dont le collectif *djelmenia* signifie l'héroïsme.

# ACHAT ET ENLÈVEMENT DE FIANCÉES

# EN BOSNIE-HERZÉGOVINE

PAR M. Constantin HOERMANN

*Conseiller Aulique, Directeur du Musée National de Sarajevo*

———

En Bosnie-Herzégovine les fiançailles et la noce s'accomplissent conformément à un cérémonial suivi rigoureusement dans tous les cas et par toutes les confessions.

Ce cérémonial, consacré par des traditions séculaires, comprend plusieurs parties, dont la plus importante est celle où la jeune fille quitte la maison paternelle pour entrer dans celle de son futur. Car dès ce moment, elle est considérée comme femme, et la cérémonie du mariage même, qui est postérieure, ne constitue pas, d'après l'opinion populaire, un lien plus étroit que cet acte — et on ne tient pas compte si la jeune fille quitte la maison paternelle, suivant les bonnes mœurs, avec le consentement du père, ou contre sa volonté.

Le caractère tout entier de la jeune fille bosniaque est pénétré d'un lyrisme si évident que la poésie *lyrique* est appelée chez nous, en Bosnie, comme en général chez les peuples Slaves méridionaux, *poésie féminine*, tandis que la poésie *épique* est considérée comme *masculine*. Et pourtant ce lyrisme n'a qu'une importance secondaire dans le sentiment même qui remplit le cœur de la jeune fille au moment où elle s'unit pour la vie à un homme. L'éternelle lutte entre le cœur et la raison, entre le senti-

ment d'une part, anciennes coutumes et convenances traditionnelles de l'autre, devient ici souvent très aiguë. Les
qualités psychiques de la femme et de l'homme étant tellement différentes que d'un côté prévaut le sentiment et de
l'autre la raison, l'homme est tenté, surtout chez les peuples primitifs, d'en déduire l'infériorité de la femme.

C'est pour cela que chez un peuple comme celui de Bosnie-Herzégovine, vivant selon d'anciennes traditions, le
mariage n'a que très rarement comme base l'amour, mais
au contraire la volonté autoritaire du *pater familias ;*
ce n'est qu'un heureux hasard si le choix du cœur concorde
avec la volonté paternelle.

Si nous examinons de près les coutumes populaires nuptiales en Bosnie-Herzégovine, nous trouvons qu'elles datent
sans exception d'une époque où dominaient ces idées primitives qui, en repoussant le côté sentimental, ne regardent le mariage qu'au point de vue physiologique et à celui
des nécessités pratiques de la vie.

Permettez-moi, Messieurs, d'attirer l'attention de cette
honorable assemblée sur deux différentes manières de mariages qui prouveront le mieux ce que je viens de dire :
*l'achat* et *l'enlèvement de la fiancée.*

* * *

*L'achat de la fiancée* aura son origine dans ce fait
que, chez ce peuple agricole, où la communauté des membres de la famille est si grande (cette communauté trouve
chez nous sa plus haute expression dans l'institution nationale de la Zadruga), chaque membre de la famille doit à
la communauté une certaine somme de travail. A ce point
de vue, une jeune fille adulte représente un capital important que perd la maison paternelle dès qu'elle la quitte : il
est donc compréhensible qu'on essaie de trouver une compensation à cette perte. Ce dédommagement s'accomplit
par l'achat de la fiancée.

Déjà la déclaration du jeune homme a quelque chose de
commercial ; car le premier cadeau qu'il fait à la jeune fille

de son choix, autant que possible devant *témoins*, est un cadeau *en espéces*. Ce cadeau s'appelle Kapara (arrhes), ce qui indique clairement l'intention d'acheter.

Ensuite, au cours du cérémonial traditionnel rigoureusement observé, suivant lequel le jeune homme doit faire sa cour à sa bien-aimée, ainsi que pendant tout le temps qui sépare les fiançailles de la noce, le futur est obligé par la coutume (obicaj) d'offrir à sa fiancée des cadeaux (milosce), non seulement en pâtisseries, ornements et choses semblables, mais encore *en espéces*.

Les arrhes et les cadeaux sont destinés *personnellement* à la jeune fille. Leur but est d'acheter les faveurs et la fidélité de la femme. Si la jeune fille retire sa parole, *elle est obligée de restituer en double tout ce que le jeune homme avait dépensé pour elle*, ou, selon l'expression populaire, de *doubler*. Ce n'est qu'après avoir accompli ce devoir qu'elle est libérée de toutes ses obligations envers le jeune homme. Si celui-ci refuse de reprendre ses cadeaux et d'accepter le dédommagement, la jeune fille ne devient libre que du moment où elle a réussi à introduire clandestinement ces objets dans la maison de son ancien fiancé.

L'achat proprement dit s'accomplit *au moment des fiançailles*, de la manière suivante : Si les jeunes gens sont d'accord, et lorsque le jeune homme s'est assuré par un intermédiaire, ordinairement un parent, que le père de sa bien-aimée sera favorable à sa demande, il envoie au père de la jeune fille quelques parents plus âgés afin d'engager des pourparlers (prova), et, en même temps, de discuter les conditions commerciales du marché. Les délégués apportent à la jeune fille la pomme de fiançailles (jabuka), garnie d'une ou de plusieurs pièces d'or, puis la bague (prsten), de la pâtisserie, des clous de girofle et un gland de foz. Ces cadeaux sont symboliques. La pomme symbolise l'achat, même dans les endroits où cet achat de la fiancée n'existe plus. Et la grande importance que le peuple

attribue à cette pomme se manifeste dans ce qu'elle est
gardée devant le foyer de la famille, et, chez les chrétiens
orthodoxes, même à côté des icônes (images des saints,
patrons de la maison), lesquelles nous pourrions peut-être
considérer comme restes christianisés des anciens Pénates.
La bague est le symbole du lien matrimonial; le gland indique la femme mariée et ne peut être porté que par elle;
la pâtisserie et les clous de girofle sont une allusion aux
douceurs et aux agréments que la femme doit apporter à la
vie de l'homme.

Si la jeune fille a accepté la pomme, c'est-à-dire la demande, alors commencent, avec la *buklija* — le vase à
l'eau-de-vie que le père offre — les négociations proprement dites. On fixe le montant en argent à payer au père
pour la jeune fille et les cadeaux que le futur aura à apporter à la parenté de la fiancée le jour de la noce. D'autre
part, on précise le trousseau de la fiancée et les cadeaux
qu'elle devra apporter aux invités de la noce.

On marchande sérieusement des deux côtés, et les intermédiaires du fiancé s'exposeraient à des reproches s'ils ne
réussissaient pas à obtenir au moins une petite diminution
du prix d'achat. Ce n'est pas très facile. Car bientôt les
voisins de la maison de la fiancée accourent, et leur devoir
est d'assister le père afin qu'il obtienne le meilleur prix
possible. Les voisins vantent la jeune fille — qui, bien entendu, est absente — à qui mieux mieux en tâchant de rehausser ses bonnes qualités.

Après qu'on est tombé d'accord sur le prix qui — ce qui
est caractéristique — s'appelle *mir* (la paix), le père retient
à sa table deux hommes comme *témoins*, tandis que les
autres assistants sont invités pour les jours suivants. Ce
festin s'appelle *la grande buklija*. Dans quelques contrées, il est d'usage de stipuler aussi pour la mère de la
fiancée une somme nommée *materinstvo*: c'est, pour
ainsi dire, un dédommagement pour les soins de l'éducation d'une si vaillante fille.

Mais aussi au jour où le cortège solennel de noce, réglé rigoureusement par de vieilles coutumes, vient chercher la fiancée, un simulacre analogue d'achat se répète et, avant que la fiancée soit livrée, la somme stipulée doit être versée. De nouveau les gens de la noce essaient d'obtenir une diminution, mais cette fois-ci le père reste inflexible. D'ailleurs, après avoir touché la somme stipulée, il donne spontanément aux gens de la noce une partie de cette somme pour frais de route.

La cérémonie de l'achat de la fiancée existe d'une manière plus ou moins précise dans toute la Bosnie-Herzégovine et chez toutes les confessions. Elle est la cause de certaines particularités que nous ne pourrions pas comprendre sans ces coutumes. Par exemple, bien que, en Bosnie-Herzégovine, la femme musulmane ne doive se montrer dans la rue et devant des hommes étrangers que sous un voile épais, les paysannes mahométanes de la vallée du Rama (en Bosnie) et des communes limitrophes d'Herzégovine ne suivent point ce précepte. La raison de cette exception curieuse est dans la coutume de l'achat de la fiancee. Etant achetée, la femme n'est pas considérée comme une personne libre, mais comme, dans un sens figuré, esclave de son époux ; or, pour des esclaves, le voile n'est pas obligatoire.

Cette infériorité de la femme s'explique très bien dans le proverbe connu, selon lequel le mari peut dire à sa femme « Ja tvoj sud, ja tvoja pravda » (Je suis ton tribunal, ta justice).

*<br>* *

Passons maintenant à l'autre coutume populaire, dont je veux parler : *à l'enlèvement de la fiancée*. On l'exécute, à l'heure actuelle, presque sans exception avec le consentement de la jeune fille. Autrefois les cas d'un rapt réel (*raptus violentiæ*), où la jeune fille était enlevée et forcée au mariage contre sa volonté et celle de ses parents, n'étaient point si rares. Dans les vingt dernières années, ces

7

rapts de femmes ont cessé, grâce à une législation et une jurisprudence éclairées ; pourtant les tribunaux ont jugé dans cet espace de temps douze de ces cas.

Plus fréquents sont les cas où la jeune fille se fait enlever volontairement par son bien-aimé. Ceci se présente, le plus souvent, quand les parents veulent contraindre leur fille à prendre un homme qu'elle n'aime pas ; ou, plus rarement, quand le jeune homme ne dispose pas de la somme — variant entre 100 et 400 francs — demandée par les parents de la jeune fille.

Le couple amoureux se donne un rendez-vous clandestin, à l'aube, à la source. Dans la nuit, la jeune fille cache les objets qu'elle a l'intention d'emporter avec elle : ordinairement une partie de son trousseau déjà préparé. A l'heure convenue elle sort avec sa cruche en feignant d'aller puiser de l'eau, et en trompant ainsi ses parents, s'ils sont éveillés. A la source attend déjà l'amant ou son frère avec quelques amis. Ils *assaillent* la jeune fille — la coutume l'exige formellement — la montent sur un cheval préparé et les « ravisseurs » s'en vont au galop.

Il arrive quelquefois que les parents de la jeune fille conçoivent à temps des soupçons sur son absence. Alors, tout ce qui est homme dans la maison s'élance après les fuyards, et même les voisins se joignent aux poursuivants ; car l'on considère comme une honte pour tout le village de ne pas rattraper une jeune fille enlevée. S'ils atteignent les fuyard, il y avait autrefois, où chaque homme adulte portait des armes, des luttes sanglantes. La tradition et la chanson nationales racontent des cas où tout le cortège nuptial s'entre-tuait. Un certain nombre d'amas de terre, désignés sous le nom de tombeaux nuptiaux (svatovska groblja) sont considérés encore aujourd'hui comme théâtres de pareilles affaires sanglantes. Le romantisme du Moyen-Age s'est certainement éteint aujourd'hui en Bosnie : les ravisseurs, s'ils sont atteints, ne réussissent pas à garder la jeune fille enlevée.

Pour éviter meurtre et homicide, les ravisseurs musulmans poursuivis avaient coutume, en pareilles circonstances, d'atteindre la maison du plus prochain kady pour y attendre les poursuivants et invoquer le jugement du kadi. Si la jeune fille déclarait devant le kadi être résolue à suivre son bien-aimé « par eau et par montagne » (kroz vodu i goru), le kadi la donnait à celui-ci. Il s'efforçait de concilier les deux partis, ce qui réussissait toujours, puisque la libre volonté de la fille adulte est décisive d'après la loi religieuse à laquelle les parents subordonnaient leur courroux.

Si les ravisseurs réussissent à mener la jeune fille dans la maison de son bien-aimé, sa parenté doit renoncer à elle. Car du moment où elle a franchi *le seuil étranger*, elle est considérée comme appartenant à son nouveau domicile. Il est vrai qu'entre les deux maisons règne pendant quelque temps une certaine aigreur ; mais les bons amis des deux familles tâchent de les réconcilier, ce qui réussit toujours. A la fin, la paix est scellée par des festins.

Il n'est pas rare que l'enlèvement de la fiancée se produise avec le consentement des parents de la jeune fille. Cet enlèvement n'est alors qu'un simulacre. Ce moyen est en usage dans la population pauvre où le fiancé est trop pauvre pour payer un prix quelconque d'achat ; ou bien les deux partis sont hors d'état de faire face aux dépenses considérables pour tous les festins et cérémonies auxquels n'assiste pas seulement toute la parenté, mais encore tout le voisinage, même le village entier. C'est alors qu'on a recours au simulacre du rapt. On en exagère même les apparences, à ce point qu'on semble poursuivre les ravisseurs. Mais les pourchasseurs se laissent de bon cœur dévier, et, finalement, rentrent bredouille. Ainsi satisfaction est donnée à la coutume et tout le monde est content : le mariage est accompli et les deux partis ont évité de grandes dépenses.

*<sub></sub>*

Qu'il me soit permis, Messieurs, de mentionner ici encore une coutume nuptiale, qui est d'un intérêt exceptionnel parce qu'elle démontre qu'au foyer domestique, si sacré chez les Slaves méridionaux, appartenait le «*jus asili*». Si le père du jeune homme refuse son consentement au mariage, et si celui-ci ne veut point renoncer à sa bienaimée ; ou bien si le père de la jeune fille veut la forcer à un mariage contraire à ses sentiments, elle quitte clandestinement la maison paternelle et s'enfuit dans celle de son amant.

Arrivée là, *elle s'accroupit devant le foyer domestique*, en attisant le feu avec un fourgon. Par cet acte la sa modosla (celle qui est venue volontairement) se met sous la protection du foyer domestique. Dès ce moment, elle est considérée comme appartenant à la maison ; le père de son fiancé lui accorde pardon et la reconnait ; bientôt les autres obstacles, s'il y en a, sont aussi franchis, et la cérémonie religieuse couronne le bonheur du couple amoureux.

* * *

Avec l'achat et le rapt de la fiancée, nos coutumes nuptiales en Bosnie-Herzégovine, qui nous charment si singulièrement par leur originalité aussi bien que par leur naïveté enfantine, ne sont nullement épuisées. Depuis les fiançailles jusqu'à la cérémonie religieuse du mariage, les fêtes succèdent aux fêtes, et chacune a sa signification symbolique. Mais il serait trop long d'entrer dans les détails de ces coutumes matrimoniales, si variées chez les différentes confessions.

Je me suis borné ici à l'achat et au rapt de la fiancée, parce que ces coutumes offrent un intérêt général et parce qu'elles appartiennent sans doute aux plus anciens souvenirs du passé si mouvementé des habitants de la Bosnie.

Outre le désir de montrer à cette honorable assemblée cette page curieuse du livre de notre vie nationale, je voulais montrer quel vaste et fertile terrain la Bosnie offre à l'investigateur. Partout où nous regardons, nous rencontrons l'esprit primitif ; tout est basé sur d'anciennes traditions, et pour beaucoup d'elles on pourrait certainement remonter à leur plus lointaine origine.

De même que le sol de la Bosnie-Herzégovine est vierge pour l'archéologie, il l'est aussi pour l'ethnographie. La civilisation moderne, malgré les progrès presque incroyables que ces pays ont fait depuis une vingtaine d'années, ne pouvait point encore ni supprimer ni changer les manifestations de l'âme nationale.

C'est la raison, l'esprit clair et pratique qui fait reconnaître et accepter avec reconnaissance par notre peuple toutes les conquêtes de la civilisation moderne ; mais son cœur reste fidèle aux rêves de son enfance, et ces rêves vivent, sans s'affaiblir, dans ses souvenirs.

Le Musée national de Sarajevo, que j'ai l'honneur de diriger, ne possède pas seulement de riches collections ethnographiques, mais il a soin, déjà depuis douze ans, de publier les résultats de ses investigations sur ce terrain.

Comme preuve de cette activité, j'ai l'honneur, Messieurs, de vous présenter quelques exemplaires du septième volume de nos « Communications scientifiques de Bosnie-Herzégovine », récemment paru. Puisse ce livre trouver le même accueil favorable que ses prédécesseurs.

# SOME INDIAN WORDS OF RELATIONSHIP

# USED BY THE AUSTRALIAN TRIBES

By Mr. John FRASER

---

Sometime ago I turned my attention to the so-called Malayo-Polynesian theory, which alleges that the brown natives of the Eastern Pacific islands are Malays because a
hundred or two of the simple root-words in Polynesian
are almost the same as those used by the Malays, and that
*therefore* these Polynesians must be sprung from Malays
wanderers. Now *primâ facie*, this theory is very hazar-
dous for it assumes that the brown men got these words
from the Malays, whereas it is quite reasonable to main-
tain as I have always done, that in fact the Malays
are the borrowers and the ancestors of the present Polynesians lived in the islands of the Indonesian Archipelago
at a very early time, and that a Mongolian race came and
settled there and adopted much of the language already
there ; for the Malays are a recent race and do not appear
in these localities till about the 13 t$^h$ century of our era.

While examining this Malayo-Polynesian question, I
discovered that one of these loan-words which the Polynesian is said to have taken from the Malay language, viz
*kaka-k* « an elder brother », is everywhere in Australia
used under various forms to denote various degrees of relationship. If the theory be true, then on the same evidence
the tribes of Australia must also be Malayan, which is ab-

surd. In my mind the  fact seems to be that these terms of relationship come originally from India  and that  Austraian, Polynesian  and  Malay got  them  in  some  way  from that source.

I purpose at the present moment  to give  a short outline of  the  arguments  which I  use  in  connection  with  that word kakak, for they may help us to a correct notion of the origin  of  these  races,  and  thus  Linguistic  will  become  a handmaid to Ethnology.

The  wide  distribution of  that word will  best be seen  if I quote some examples of its presence ; (1) *Indian* Panjabi, kaka "an elder brother" ; Marathi  and Hindi kaka "a paternal uncle" ; (2) *Malay*-kakak "an  elder  brother" ; (3) *New-Guinea*—Motu (on the south coast), kaka-na  and elsewhere on the coast a *ana*,  tua-*hana* "an elder brother" where the inverted comma represents an elided k ; (4) *Polynesian*—Samoa, a a (that is kaka) "family relations" and tua-*gane* "a woman's brother", tu-a a "a man's brother, a wroman's sister" ; Maori, tua-ka*na* "the elder  brother of a male, the  elder sister of a  female" ; (5) *Melanesia* ; *Fiji*, ka-sa "a companion" ; *Epi* (New-Hebrides), ko "a brother's sister, a sister's brother" ; (6) *Australia*, kaka " a mother's brother, an elder brother or sister", kaku, kaki "an elder sister"*, kang "an uncle", kan "a cousin".

Or, the extent of this linguistic agreement may be shown in a diagram thus.

Diyéri (Australian).

| | |
|---|---|
| Mothers's brother or father's sister's husband  ..  .. | kaka |
| Father's  brother's  daughter  ..  ..  ..  ..  ..  .. | kaku |
| Father's sister's child or mother's brother's child .. | kami |
| Elder sister  ..  ..  ..  ..  ..  ..  ..  ..  ..  .. | kaku |

---

* These forms *kaka, kaku, kaki*, look like an  instance of sex distinction in Australia.

### MALAY

An elder brother .. .. .. .. .. kàkak

### POLYNESIA

Samoa—A man's brother, a woman's sister .. tua-(k)a
 »  Family relations .. .. (for kaka 'a'a
Maori—An uncle .. .. .. .. matua-keke
 — An elder brother, an elder sister ..  tua-kana

### NEW-GUINEA (Papuan)

Geelwink Bay (N.W. coast). —An uncle ..  ..  kaki
Motu and S. coast).—An elder brother .. 'a'ana kakana
Torres' Straits. — A man's brother, a woman's
 sister .. .. .. .. .. .. kai-mer

### INDIA

An elder brother, a paternal uncle .. .. kaka

### HINDU-KUSH and HIMALAYAS

Maternal uncle .. .. .. .. *kuku*
Grandfather .. .. .. .. .. *kiki*
Grandson .. .. .. .. .. *chacha*
Sister.. .. .. .. .. .. kai

From this list two things are evident (1) that all these forms proceed from the monosyllable ka and (2) that that root must have a very general meaning, for its derivatives cover diverse relationships, as brother, sister, uncle, cousin, companion.

Another thing worthy of consideration is that while the Aryan languages of India have all reduplicated the root ka, so as to express relationship, the earlier languages there and elsewhere retain the original k, adding various formatives to it. This proves that they have developed independant of the Indian Aryans. This is especially of the Australian dialects, which exhibit an extraordinary variety of terminations from that root. For example, the Australian

has k*an*, k*ani*, k*anini*; k*ang*, k*agang*, k*angan*; k*andu*;
k*ati*, t*ati*; *chachee*, k*abo*, k*aping*; k*aku*, k*akuja*, k*ayuja*;
k*ami*, k*amari*, k*amingun*; k*amutch*; k*areti*, k*arugaja*,
k*araugi*, k*arembari*. Now, many of these words must have
been formed on Australian soil for many of the terminations used are peculiarly Australian and others are quite
unlike the Indian k*aka* formations. I argue therefore that
the early Australians brought with them to this continent
only the k*a* form and, if they ever were in India, they left it
before k*a* had developed there into k*aka* as a term of relationship.

The Australian forms given above are only samples, for
anyone who will take the trouble to look through the vocabularies in Curr's volumes on "An Australian Race" will
find numerous other examples of the same kind of words
of Queensland and all the colonies. In fact, in 120 localities
along all the coasts and throughout the interior of this continent, these vocabularies show from 40 to 50 varieties of
words of relationship, all formed from the same root k*a*.

Another notewhorthy fact is this that on the north western
frontier of India the Chitrali of the Hindu Kush say k*ai*
"a sister, a cousin" and with this I compare the Papuans
on the islands of Torres'. Straits, of whose black origin
there can be no dispute who say k*ai*-mer "a man's brother, a woman's sister;" k*ai*-meg "a cousin, a follower, a
comrade"; k*ai*-ed "a grandfather, an ancestor"; to these
add k*o* which. in Epi, an island of the New Hebrides,
means "a brother' ssister, a sister's brother"; in Fiji, k*a*-sa
"a companion",and k*ei*, k*ai* "with", k*ai*,"an inhabitant or
native of a place," with which compare the Australian suffix k*al*, and g*alang*, in the same sense.

Forbes, in his Hindustani Dictionary, says that k*aka* and
k*aki*, as names of relationship, are taken from the aboriginal languages of India. This statement is supported that
a way up among the Himalayas, where many of the aboriginal blacks of India found refuge after the Aryan invasion

the Nepalese Vayu people speak of *kuku*, 'a maternel uncle,' *kiki*, 'a grandfather' and *chacha*, 'a grandson'; while
the Chitrali dialect just mentioned says *kai*, 'a sister, a
cousin'; and the Nager dialect, used to the north of Gilgit
in the same quarter, says *khakin*, 'a daughter-in-law';
the Kolarians also, an aboriginal race in east-central India,
say kako, 'an elder brother'; kaki, 'an elder sister'; kan-
kar, 'a mother-in-law.' Therefore, since these words
belong to the speech of the black races who first occupied
India before the Aryans came in, and since the same terms
in the same sense are used by the present inhabitants of
the Malay Archipelago, it seems to me clear that Indonesia was first peopled by an influx of a portion of those
black races from the mainland, coming probably through
Further India, where the black Samangs are still relics of
their presence; then, I infer that, in the course of time, a
fairer race, like the Khmêrs of Cambodia, settled in Indonesia among the blacks and took up part of their language; and, further on, the Malays probably did likewise;
for it is certain that the Malays came in much later.  Thus
the sequence of population in Indonesia would be—(1)
blacks from India, and Further India; (2) a fairer race
which, partly amalgamating with the blacks, produced the
ancestors of the present brown Polynesians; (3) the Malays, a Mongolian race, take possession and adopt much of
the language and customs of their predecessors.

And the facts which I have already quoted touch the
theory held by some, that our native blackfellows are a
separate creation, and have no ethnic relationship to the
rest of mankind.  If that were so, how does it come about
that in all parts of Australia words of relationship are
found, evidently indigenous, and yet quite as evidently
connected with similar words of relationship in India?
Have they sprung up both here and there by spontaneous
generation, and so much alike?  And yet, our blacks can
not have had contact with India for more than two thou-
sand years past.  It must be that the ancestors of our abo-

— 108 —

rigines were once in India, where, as I have stated, these words belong to the earliest native races, and these are known to be physically akin to our blacks ; indeed, from cranial and skeletal considerations alone, the late Professor Huxley put the Dravidian black races of southern India and the Australians in one and the same class, which he called the Australoid.

I now proceed to show what is the first meaning of the syllable ka and what kindred it has in other parts of the world.

If I say at once that it is the same as the Latin the preposition and prefix *cum, co*, you may be startled and consider me a linguistic visionar ; but before condemning me, listen to the evidence which I can produce.

And, first, it will not be denied that relationship can be expressed by a term derived from the notion of "joining together," for in Sanskrit we have *bandhu* "a kinsman," from the word *bandh* "to fix together, to bind"; *yâmi* is "a sister," yama "twin," where the cognate Latin *gem-ini* shows that the root is *gâm* or *ha-m* ; in Sanskrit also *yu* means "to bind" whence *yu-ga* "a pair" for which the Malay says *gu-kan* "to couple" and *gu* "a pair" which again showing that the original initial letter was *g* or k.

Again, in the Semitic languages, *àmam, cham* is "a kinsman, a father-in-law" (both words begin with a guttural) and the are connected with the verb *àmam* "to collect, to join together" and with the Hebrew preposition *a-im* "with" (Cf. Lat. *cum*) which preposition in its uses denotes conjunction fellowship, equality and nearness. The first letter of *im* "with" is the guttural *ain* and so, if the diacritic point were taken away, the word would be '*am* or *kam* ' with". This brings us to our root ka the row now under discussion, and suggest the cognate (Gr..ἅμα, ὁμοῦ, ὅμιλος) Lat. *cum, com-es, cum-ulare, cop-ula*, Gadhelic *comh* "with," *cabh-air* "to assist (Cf. Lat. *ad-esse*); often the initial palatal is softened into an *s*, as, in the Sanskrit sa, sa-*m*, "with," Gr. συν, Lat. *sim-ul*, Goth. *sama*, Eng. *same*, F. *ensemble*, German *sammeln* and *zusammen* *.

I am aware that Hovelacque and others have declared there is no connexion between Hebrew and the Aryan languages, but against that we have the opinion of Gesenius and other competent scholars that, for the fundamental notions of human speech, the Indo-Germanic languages and the Phœnicio-Semitic have very much in common, all of them proceeding from an original and common source.

At all events, it is certain that our root *ka* « with » is a familiar one in the Melanesian dialects; for the Papuan islanders of Torres 'Straits say *kai*-mil "with" and *kai*-meg « a comrade, a cousin » and *kem*-e « company »; the Fijians say *ka, kei*, '*ai* (for *k'ai*) « with », for which the Torresiaus say *a e* « and, », and Epi says *ko* « a man's sister » ; while, among the brown natives of Polynesia, the Tongans say *kui* « grand parents «, and the Paumotu group says *kui* « an ancestor ». In these words now quoted it is easy to see that the ideas of conjunction companionship and relationship easily run into each other.

If all that I have now written be well-founded, it seems that the monosyllable *ka* with its progeny is spread over the whole field, from the North of Scotland to the remote

---

* I gather together here in a foot note a number of words derived from the root *ka, ka-m, sa-m* for the purpose of showing that its progeny has travelled far and wide in Oceania. And first, for the sake of comparison, I give the meanings of the Sh. *sama* which are even plain. equal, similar, entire, wholefull, complete ; all these meanings are founded on the root *sa, sam* « with ». *Cognate meanings to* ka, sa, sam.

*To collect*; Malay, *kump-ul, kimp-un, menampong*; Fiji, *kum-u.*

*Companion*; Mal. *kaw-an*; Tukisk, *taina* « a companion » (*t* for *k*), *kab-a* « a number of things together »; Motu, *bam-ona* « a companion » (*b* for *g*); Mal. *saku-to* « a companion ».

*Twin*; Motu, *he-kapa* (*he* is a reflexive prefix) ; Samoan, *mâ-sanga*; Maori, *ma-hanga*; New-Britain, *kà-aga*; Mal. *kam-bar.*

*Joint*; Pali, *gan-tho*; Tukiok, *kakana-ua, kaba-kabol* ; Torres'Straits, *kok.*

*And*; Samoan, *ma*; Fiji, *ài, kei*; Torres'St., *a, e* ; Aneytium, *um, im.*

*With*; Mal., *sama*; Samoan, *ma*; Maori, *kei, me, i*; Torres'St., *gom-oa* (suffix); *sama-sama* « together »; Pali, *amâ* « present with, near. »

Paumotu islands in the Eastern Pacific. We also observe that the root *ka* shows little variety in the Indian languages, but much more variety in Australia and Melanesia. And it is further noticeable that the Melanesian languages of Fiji, Epi, Duke of York Island, and the Papuan Islands in Torres' Straits, preserve that root in its simplest form, *ka* or *kai*, and that, on the mainland, Chitral alone, in the Hindu Kush, has the form *kai*. I observe also that the Fiji and Tukiok languages alone preserve what I conceive to be the bare original meaning of this syllable, which is 'with', 'a couple'; and from this idea Fiji gets *ka-sa*, 'a companion,' Tukiok *ka-tai*, *kaka-ga*, 'twins'. and the Torresians *kai-meg*, 'a comrade'. In all these words there is no trace of relationship; for they belong to a very early stage of language—the same which gives the prepositional word *ka*, 'with,' 'together with,' as in Latin, co-ire, vobis-cum, Greek ἄμα, Sanskrit *sa*, *sam*, where the s stands for an older *k*. I think that the development of 'together with' into the idea of relationship would first appear in such a word as the Chitrali *kai*, 'a sister,' the Epi *ko*, 'a brother's sister, a sister's brother. * Such words would thus denote primarily "the brothers and sisters in a family who came closest by birth and are most 'together' in their youth." Then the principle of *atavism*, which the ancients noticed as readily as we do, would apply them to those family relations with whom individuals are most closely connected physically and otherwise; this natural step outwards brings us to 'a grandfather', as in Lat. *avus* for ka-*vus*; 'a maternal uncle', as in Pers. k*ha-lu* ; 'a paternal uncle', as in Lat. a-*vunculus*; 'a husband's sister', as in Gr. γα-λ-ως and Australian *ka-bo*. The next step would be to apply

---

* On the evidence of their daily speech, I imagine that some of these Oceanic people saw a special ' nearness ' of relationship between a brother and a sister; whether a physical or a spiritual connection I cannot at present tell. The practice of *couvade* elsewhere shows a belief in a physical union of father and child. In Samoa, when a high-chief fell ill, a *sister's* curse was at once suspected to be the cause, and she had to exonerate herself. A sister's curse was supposed to be very potent.

these terms to remoter relatives whom choice or sentiment led men to regard as nearer and dearer than any other (as a companion, or a protector, or those protected); here would come in the cousin, male or female, the nephew or grandson, and even an ancestor. I think that in this way these terms of relationship have sprung from the root ka, and that the underlying idea in them all is that of 'kindred,' 'closeness,' 'nearness'—an idea which also finds expression in the Latin term form 'relations,' *propinqui*, that is, 'those near.' Hence it follows that, as the root ka conveys a very general idea, the derivatives from it may be applied—even the same word—to different relations in life. Thus, in the Panjabi of India kaka is 'an elder brother,' but in Marathi kaka is 'a paternal uncle,' while in Samoa 'a'a (that is kaka) means only 'family relations.' Therefore, I do not think that ethnologists are justified in saying, as they frequently do, that native tribes regard a father's or mother's brother as an elder brother. To my mind, the evidence of the terms used here only shows that the parties so named are regarded merely as 'near of kin,' and it is scarcely possible to suppose that a man would look on his aged and venerable grandfather (*kai-med*) as merely an elder brother, especially among tribes so reverent and respectful to age as are the Australians. Moreover in Fiji a very special relation is supposed to lie between a grandfather and a grandson. They are very 'near of kin'.

I will now give a sample list of the terms of relationship within the scope of my inquiry and will then conclude with a few observations on the contents of that list. There still remains the wide field of Polynesian relationship, but I cannot examine that at present.

*Words of relationship from the root* ka.—For conciseness I show the localities where they are used by numbers; thus 1. is Aryan, in India and Europe; 2. Pre-Aryan, in India 3. Indonesian; 4. Melanesian (general); 5. Torres' Straits; 6. Ep-Island (New Hebrides); 7. Fiji; 8. Tukiok, that is

Duke of York Island, in the Bismark Archipelago; 9. New Britain, *ibidem*; while 10. is Polynesian, and 11. is Australian.

Brother (elder).— 1, kaka; 2, kako; 3, kaka, kaka*ng*; 4, kaka, -*hana*; 5, k*ui*; 7. ka; 10. ka*na*; 11, kaka, kaka*ng*, kay*ûga*. A man's brother.—5. ka*i*. A woman's brother.—6, .ko; 10, ·*gane*. Brother (not defined).—*1*, ka*sis*; 11, ku*kka*. A brother's wife.— ka*mari*.

Sister (elder).—2, kaki; 4, kaka, kana; 11, kaku, kamu*j*, kara*ngi*. A man's sister.—6, ko. A woman's sister.—5, ka*i*; 10, ka, kana, *gane*. Sister (undefined).—1, ka*sis*; 2, ka*i*; 11, *chachee*, kat*i*. A sister's husband.—*1*, *galos*. A sister's son.—*11*, ka*nie*. A sister's daughter's son.—11, ka*nini*.

Uncle (paternal).—1, kaka. Uncle (maternal). - 2, k*hal*; 2, kuk*u*; 11, kaka. Uncle (undefined),—10, (*mutuk*)-keke; 11, ka*ngan*, ka*ndu*, kani.

Grandfather.—1, kok*uai* (plural); 2, kik*i*; 5, kai; 10, k*ui*. Grandson.—2, *chacha*.

Mother's mother.—11, ka*ping*. Mother's sister.—11, kak*i*. Mother's mother's sister.—11, ka*ping*.

Father's sister's son.— 11, kam*i* kaka*i*.

Husband's mother.— 2,.kankar; 11, kam*in·gun*. Husband's sister !1, kamari, karembari.

Wife's brother.—11, kareti, kabo, kabukari.

Daughter's husband.—11, karugaja. Daughter's son.—11, kamini.

Son's wife. - 2, k*hakin*; 11, kam*in·gun*.
Cousin (undefined). - 2, kai, 11, kak*uja*.
Relations of family.—10, 'a'a, i.e., kaka.
Companion.—5, kai-*meg*; 7, kasa, 8, *taina*.

With, etc.—5, ka*i*-mil ( with,); 7, kei, 'kai, i.e., kai;; 8, kai ('a couple'); 9, kaba ('a number of persons together') ka(k)aga ('twins'); 10, apa (i.e., kapa), 'a number of workmen together.'

And now, if we pass this list in review, the first thing that strikes the eye is :

1. The great variety of the Australian forms—25 in number—and the wide field of relationship which they cover, while the Indian and Indonesian words apply to only three relations—'elder brother,' 'paternal uncle,' 'maternal uncle.'

2. Nearly all these 25 words have terminations which are distinctly Australian, and therefore the words must have been formed from the root ka on Australian soil.

3. This variety in Australia, contrasted with the paucity of the Indian forms, seems to prove that the ancestors of the Australian race must have left India before ka was developed there into kaka ; for, if they had gone forth later, kaka, would have been the stereotyped rootform for the Australian terminations to be added to, But, on the other hand, the presence of the forms kaka, kaku, kaki in Australia and Oceania as well as in India may be a proof that a second and later stream of immigrants brought these from India. Other considerations, apart from language, make it probable that at least two streams of blacks came into Australia in succession.

4. The simplest forms and the simplest meanings of the root *ka* occur in Fiji (*kai, kei*), in Torres' Straits (*kai, kui*), in Duke of York Island (*kai*), in Tonga and some remote islands of eastern Polynesia (*kui*), in Epi (*ko*), and perhaps in the Australian tribal suffix (*-kal,-gal*-ang). This fact would mean that these regions received the first and earliest portions of the inflowing tide of negroid people. The *kai* of the Hindu Kush plateau is probably a survival from the earliest population there, for the Chitrali dialect is now mostly Aryan.

5, I have already expressed my belief that *ka*, the root of all these words, is the same as the Latin, Greek, and Sanskrit word for 'with,' In this connection I may now mention that the ceremonial language of Java uses *kaleh* 'with,' as an affix to the numeral 'two.' This *kaleh* must be of the same origin as the Melanesian *kai*, and therefore belongs to the language of the pre-Aryan black aborigines of that island.

The Greek κασις (for *kaki-s* ?) also comes near to the root; and here Polynesia throws some light on the Greek language, for Curtius and other Greek etymologists are puzzled to find the origin of κασις Its connection with the words now under question is made the more probable, because it has the same variableness of meaning as we see in the Australian and Melanesian words; it means ' a brother' or 'a sister,' and γαλαος is either *viri soror* or *fratris uxor*.

6. That root *ka* has been very prolific of derivatives in many directions, and, as usual. some of the new forms retain the simple meaning of the root, while others have been specialized and applied to definite relationships in life. For example, *ka* with the syllable *ra* added to it becomes *kara*, which in Urdu, the courtly language of modern Hindustan, appears in the words *kara'in*, 'connections,' and *karib*, 'near' (*cf*. Lat. *propinquus*), but the Sanskrit form is *chara*, 'a companion, a wife,' where the root-meaning of ka 'with, together with' is clearly shown. This same word kara in the sense of 'relationship' has a place in the islands of the New Hebrides; for, on Epi, kara-*ma* is 'a paternal uncle,' kara-*a* is 'a maternal or paternal grandmother'; ku*rua* is (M)* 'a brother,' ku*lue* is (F) 'a cousin,' and *gore-na* is (M) 'a sister' or (F) 'a brother.'

7. I have already said that the Vedic sa-*m* 'with' is the Latin *cum*, the *s* being used for an earlier k; so also the Sanskrit preposition *saha* 'with, united, common, like, complete' (Cf. the meanings of the Heb. *im*) may be for an original sa*ka*, ka*ka*, for the Maithili dialect of Behar still

---

* M indicates that this is the meaning *when a man is using the word*, but F *when a woman is using it*.

says saka-*la* 'all' (in the sense of the conjunction 'with'); *sanga* 'a companion,; and *sama-dhi* 'a relation'—The Pali also, a prakrit dialect of India, has *sabbo; kappo* 'all every'. Now, an exact equivalent to *saha* in form and meaning is the Samoan *soa* (for *soha*) 'a companion, the second of a pair, a mate;' and in the language of Futuna of the New Hebrides—which is a Polynesian, not a Melanesian dialect—*soa* is the word for 'man and wife,' and in Epi (Melanesian) of the same group, *koa* is 'husband or wife,' and so is *ohoa* in another dialect of the same island, while *ko* is (M) 'a sister' or (F) 'a brother;' and *koalo* is 'man and wife,' that is a 'pair,' while *ko-vivine*, that is, a 'female-companion' is 'a sister;' with which compare Maori *ko-hine*, 'a girl.' In Maori *hoa* is 'an associate, 'a husband or wife,' originally 'a companion.'

8. From these examples, I perceive that the more a dia_lect adheres to its *black* ancestry, the more likely is the original guttural k to appear in its words Thus, the Fijian has ka-*sa*, 'a fellow, a companion,' rather than any forms from the root *sa*. Aneityum also (Melanesian) preserves the form ka*i*, which we found among the Papuans of Torres' Straits to mean 'together with,' for *a-kai-na-ga* in Anei·tyumese means 'engaged, connected as cousins' (said of males); Efatese has *na-kai-naqa*, 'a tribe, a collection of things of the same kind;' even the Polynesian Maori has *kai-nga* ' a collection of individuals,' which in Samoan is (k)*ai-nga* 'relations, a family. In Malekulan, *hason* (for *kason*) is 'a wife.)

9. In Samoan, the conjunction *ma* ; 'and' is also the preposition 'with;' and so it may be that the Greek κ*αι* and the Latin *ac* (for *ka*) and the enclitic suffix *que* all come from our root *ka*: 'with.' Certainly in the Latin phrase *cum—tum*, equivalent to *et—et*, the *cum* is used as a conjunction, and not in its prepositional sense. The Latin prefix *co* (as in *co-ire*) is nearer to *ka* than to *cum*. The use of the conjunctions is to 'couple' two statements 'together'

in a sentence, and that is also the meaning of 'with.' In
Fijian, ka, kai, kei are 'and,' 'with.' An Australian dialect
even has ka-*toa* 'with,' of which ka*ta* may be the original
form.

10. The Samoans and other Polynesians are said to be of
Malay origin because a hundred or so of the simple words
in their language are like similar words in the Malay; but
the discovery I have made that the words kaka, kaku,
kaki exist among true Australians in the very heart of our
continent is, I think, of itself sufficient to disprove that
Malayo-Polynesian theory; for kaka, kaku are certainly
the Malay and Indonesian words kaka, kaka*ng*, kakak,
'elder brother, 'and, therefore, by parity of reasoning,
these Australian tribes are also Malays, which is absurd.
These correspondences of language can be explained only
by the evidence now constantly accumulating that the
earliest stratum of population in south-eastern Asia, and
in all the adjacent islands, and far east into the Pacific
Ocean, was negroid and of the same stock as the present
Australians and Melanesians. Then, I infer. that the next
stratum of population was a fairer people of Caucasian
race; settling in the islands, they became incorporeted with
the black tribes, especially on the coast, and adopted a por_
tion of their language; this mixture produced the ancestors of the present brown natives of eastern Polynesia.
These again were driven forth into the isles of the Pacific
by the arrival in Indonesia of a race of Mongolian origin—
the Malays. Malays have never been slow to take up the
customs and language of those among whom they live; and
thus I account for the fact thet in the present Malayan
speech there are some words quite the same as in Australia
and Polynesia. The Malay are the borrowers. This view of
the question also shows how it is that many root-words
are found to be the same all over Oceania. The blacks in
Indonesia and in Melanesia had them first; the ancestors
of the present brown Polynesians got them from the blacks

in Indonesia and carried them far afield with them into the islands of the eastern Pacific ; and the Malays too adopted them when they came into Indonesia. In past years I have carefully examined many of the essential words in the Australian dialects (see my book entitled 'An Australian Language) and I find them formed from the same roots as occur in Melanesia and Polynesia.

This discovery of these words in the Australian dialects also supports the arguments from history which I have elsewhere given—that our Australians are sprung from the 'Eastern Ethiopians, of Herodotus, who says of the army of Xerxes : 'The Ethiopians from the sunrise (for two kinds served in the expedition) were marshalled with the Indians, and did not at all differ from the others in appearance, but only in their language and their hair. For the eastern Ethiopians are straight-haired, but those of Libya have hair more curly than that of any other people. These Ethiopians from Asia were accoutred almost the same as the Indians' (Hero. VII. 30).

The fact also that I have found these same words of relationship to be used in all parts of Australia proves that the people there are homogeneous and their dialects homogeneous.

# LES RACES DE L'INDO-CHINE

On admet généralement que l'Indo-Chine française est peuplée de dix millions d'Annamites au Tonkin, cinq millions en Annam et environ deux millions en Cochinchine. Nous laisserons de côté les Khmers et les populations du Laos, pour nous occuper surtout de l'Annam-Tonkin.

La race annamite, prolifique, tenace, envahissante et colonisatrice a toujours conservé son autonomie ; mais elle a mis des siècles à conquérir le pays qu'elle occupe aujourd'hui et à assurer son indépendance.

Ce n'est qu'à l'aurore de ce siècle, sous l'empereur Gia-Long, qu'elle était parvenue à l'apogée de sa puissance et à l'unification de son gouvernement sous un seul maître. En fait, l'unité indo-chinoise, réalisée en 1887 sous notre protectorat et notre domination partielle, date donc de 1802.

Cet ensemble forme aujourd'hui les Etats-Unis français de l'Extrême-Orient. C'est une vaste hégémonie, créée et dominée par la race conquérante des Giao-Chi. Mais elle comprend encore les nombreux contingents des races diverses auxquelles l'Annamite s'est, non pas, entièrement substitué, mais juxtaposé.

Ces vastes régions sont désignées en France sous le nom de *Tonkin*. On prend la partie pour le tout. Il n'est donc pas inutile de rappeler : 1º Quelles sont les peuplades primitives qui s'étaient établies et subsistent aujourd'hui en Indo-Chine, à côté des Annamites ; 2º quel parti nous devons tirer de ces diverses agglomérations.

Parmi ces peuplades, il en est qui sont restées dans un état demi-sauvage ; d'autres qui sont régies par une rudimentaire organisation, analogue à la féodalité ; d'autres, enfin, comme les Kmers qui avaient atteint un haut degré de puissance, de richesse et de civilisation et dont la vitalité est maintenant très compromise.

*Origine océanienne.* — Les premiers habitants de la région comprise entre la mer de Chine et la chaîne annamitique paraissent avoir émigré des archipels malais. Ils étaient poussés par les moussons semestrielles. Ils se fixèrent sur ces bords maritimes, aux eaux poissonneuses et dans ces vallées d'alluvions dont la culture était si facile ; mais on n'a là-dessus que de bien vagues indications.

*Les Kiams.* — Dès les premiers siècles de notre ère, le pays du littoral compris entre le Cambodge actuel et la Chine fut occupé par une race d'origine à la fois indienne et malaise qu'on appelle les Kiams (1).

C'est le peuple que les Annamites reconnaissent encore aujourd'hui comme les autochtones, anciens possesseurs du sol (2). Dès l'an 289 avant J.-C., ce peuple avait subi l'invasion des Khmers ses voisins. Ils lui enlevèrent vers 1197, la région du Saigon actuel. Les habitants furent emmenés en esclavage par les rois du Maha-Nokor. Le roi Kiam s'enfuit de Binh-Thuan à Phan-ri. Un vice-roi khmer fut alors installé comme chef de la région de Saigon à Baria, qui s'appelait *Prey Nokor*, pays de forêts.

Les Kiams pratiquaient la religion brahmamique ; mais par suite du mélange et des alliances avec les Malais, une moitié de ce peuple adopta le Mahometisme. Ils sont donc divisés en Kaphirs ou « infidèles », en Banis ou « croyants », qui ne mangent pas de porcs et se font circoncire.

Les Kafirs ne consomment pas de bœuf. Ils en ont une sorte d'horreur sacrée parce que, disent-ils, ce sont les bœufs qui les portent dans l'autre monde. C'est évidemment une tradition brahmanique.

_________________

(1) Ou Tjams, chams, tsiampois.

(2) Voir : Monuments des Kiams. Sacrifices et contrats annamites envers les mânes des Kiams au sujet des terres.

De même ils brûlent leurs morts. Ils invoquent à la fois *Civa* et les *Pôyang* et dans leurs fêtes figurent des bayadères. Les divinités étaient autrefois représentées par des statues d'or, avec des yeux de rubis et des dents de diamants. Ces statues furent brisées et emportées par la rapacité des vainqueurs annamites.

Les Kiams avaient leur capitale où est Vinh, chef-lieu du Nghê ân. Ils sont aujourd'hui confinés dans les provinces du sud de l'Annam, le Khanh-hoa et le Binh-Thuân.

*Les Giao-Chi.* — A la même époque que les Kiams au Sud, c'est-à-dire au commencement de notre ère, un peuple tout différent, occupait au Nord la région comprise entre le Yunnan, Canton et Caobang.

Il s'appelait *Giao-chi* et se distinguait des autres voisins en ce que l'orteil était écarté des autres doigts de pied. Ce peuple plus ancien que les Chinois, mais moins avancé en civilisation, occupait depuis 2600 avant notre ère, le pays appelé Ba-huc ( Caobang actuel ) et Van-Lang ou Viet-Nam (Annam septentrional). Il n'était pas d'origine chinoise ; mais autochtone, tout en subissant l'influence de ses voisins Chinois, dont il devint, pendant plus de dix siècles le vassal.

Au premier siècle de notre ère, ce peuple portait les cheveux ras, se tatouait le corps et avait une écriture et des coutumes dinstinctes. Mais pendant les mille ans de domination des Chinois, ceux-ci cantonnèrent leurs soldats dans le pays, les forcèrent à s'allier avec les femmes indigènes.

Ils fondèrent de nombreuses écoles et introduisirent peu à peu leurs lois, leur littérature, leurs coutumes religieuses et leur civilisation. La nation annamite sut néanmoins conserver ses caractères distinctifs et son autonomie, même sous les gouverneurs chinois.

*Luttes entre les Kiams et les Annamites.* — Dès l'année 399, d'après les annales des Annamites, ceux-ci entrent en lutte avec leurs voisins du Sud, les Kiams.

Ils obligent le roi Pham ho dat à payer, pour la rançon des prisonniers de guerre, de l'or, de l'argent, des perles, des éléphants.

Plus tard, la Chiêm Thanh (ou citadelle des Kiams) fut transférée au Quang-Binh actuel. Les annamites appelaient ce royaume Chiêm-Ba (ou Kiêm-Ba), dont nous avons fait *Ciampa.*

Ces Kiams semblaient d'abord pacifiques, et c'est par suite d'alliances et de mélanges avec les Malais qu'ils deviennent agressifs. Ils avaient d'ailleurs à se défendre contre les convoitises de leurs voisins du Nord, les Annamites (Giao-Chi.)

En 436, l'armée chinoise et annamite est vaincue, grâce aux éléphants des Kiams. Les Chinois construisirent des mannequins mobiles en bambou, figurant des animaux fantastiques, bourrent de fusées les carcasses, les font avancer et éclater et mettent ainsi en fuite les ennemis terrifiés.

Vers l'an 981, le roi d'Annam s'empara de la capitale des Kiams à Vinh, qu'il livra au pillage et à la destruction. Le Nghè an était devenu Annamite.

Un des principaux rois kiams, un peu plus tard, fonda la capitale des sapins à l'endroit où s'éleva ensuite (1558) Hué, capitale de l'Annam, avec ses quinconces de sapins royaux.

Les Kiams reviennent en 1044 attaquer les Annamites qu'ils appelaient *Yvan,* comme aujourd'hui.

Ceux-ci les mettent en déroute, massacrent 30.000 ennemis, prennent la citadelle de Phat-Thé, et ramènent avec eux la reine, le sérail et les danseuses. Le roi vainqueur, Ly Thai-Tong, abolit l'esclavage et établit le *service postal* en Annam. Son successeur fait de nouveau la guerre aux Kiams. Il leur enleva 50 000 prisonniers et s'empara du pays jusqu'à Tourane. Mais les Kiams revinrent trois fois jusqu'à Hué et incendièrent la citadelle annamite. Le roi d'Annam, Dué-Tong, fit marcher une armée de 120.000 hommes jusque sous les murs de la grande citadelle Kiam de Cha-ban, à huit kilomètres du chef-lieu du Binh-dinh actuel. Là il se laissa surprendre et fut massacré avec ses troupes (1377).

Une nouvelle armée de 200.000 hommes est envoyée en 1403 contre les Kiams et le roi d'Annam se fait céder le territoire jusqu'au Quang-ngai actuel. Mais il échoua devant la citadelle de Cha-Ban qui tomba en 1446 au pouvoir des Annamites une première fois. Ils y rétablirent un roi Kiam. Vingt-cinq ans après, le roi d'Annam Lê Thanh-Thong eut à repousser une nouvelle incursion des Kiams et marcha contre Cha-Ban, qu'il prit d'assaut. 40.000 Kiams furent tués ; 30.000 furent prisonniers ; mais le Ciampa conserva des chefs de cette race. Ce royaume avait encore certain prestige à cette époque (1446), puisqu'un roi de Java épousa la fille d'un roi Kiam. Ce fut cette reine qui introduisit l'islamisme à Java. Des rois Kiams épousaient des princesses annamites ; mais ce pays était à la merci de l'Annam et en fait sa décadence était irrémédiable.

De même le Cambodge était fortement entamé. Dès 1658, les Annamites avaient pris aux Khmers les provinces que ceux-ci avaient enlevées aux Kiams en 1197, c'est-à-dire Baria et Bienhoa. Les Annamites étaient devenus les maîtres de la Cochinchine et parvinrent en 1675, jusqu'à Phnôm penh. En 1715, le territoire annamite s'étendait jusqu'à Hatien et Kampot, sur le golfe de Siam. Le roi Gia-Long devint l'unique souverain de l'Annam, en 1802, depuis la Chine jusqu'au Siam et le Cambodge était sous son protectorat.

*Types Kiams.* — La lutte entre les Annamites et les Kiams dura 1100 ans. Ceux-ci n'existaient plus comme nation depuis le milieu du xv<sup>e</sup> siècle. Ils forment aujourd'hui des tribus disséminées dans le sud de l'Annam au nombre de 50.000. On en compte 10.000 en Cochinchine, 60.000 au Cambodge et 10.000 au Siam. Cette race est donc encore représentée par 130.000 individus. Ces hommes que les Annamites appellent les *Hôi* « les barbares », ont le nez aquilin, de beaux yeux non bridés, des traits réguliers, la moustache fine. Leur roi Po Klong Garai a établi, il y a huit cents ans, cette coutume que ce sont les filles qui demandent les garçons en mariage.

Les femmes ont conservé parmi eux une grande influence. Elles portent généralement une robe échancrée verte ou blanche sur une jupe blanche ou rayée rouge et noir. Le roi Minh Mang (1827) n'a jamais pu les obliger à revêtir le pantalon annamite.

Hommes et femmes portent la jupe, des bagues aux doigts des deux mains.

Les Kiams avaient de fréquents rapports avec les Malais, les Khmers, les Moïs, les Annamites et les Chinois.

*Monuments.* — Ils ont construit de nombreux monuments en briques et en pierres dont les ruines subsistent dans tout l'Annam, malgré le vandalisme des conquérants. J'ai décrit ailleurs ces monuments dont les inscriptions ont été relevées par M. Aymonier en 1885 et transcrites par M. Bergaigne en 1887. Puis, M. C. Paris, chargé d'une mission archéologique, ayant pour but de rechercher les monuments, d'en reproduire les inscriptions, a obtenu de nouveaux résultats très fructueux et très intéressants. Ces études sont maintenant dirigées méthodiquement et poursuivies par l'Ecole française d'Extrême-Orient dont les travaux sont si remarquables.

*Inscriptions.* — Ces inscriptions sont les unes en sanscrit, les autres en kiam ancien. Les plus anciennes en sanscrit sont en vers ; elles s'étendent du III$^e$ au XV$^e$ siècle de notre ère. Celles qui sont postérieures au IX$^e$ siècle sont en partie en prose et en vers. L'alphabet kiam est originaire de l'Inde du Sud, et date de plus de 1500 ans, époque où la civilisation indoue florissait sur la côte orientale de l'Indo-Chine, pays qui ne tarda pas à être convoité et envahi par des races indiennes au Sud et par des races chinoises au Nord.

Vers 1882, un arabe vêtu de de blanc et coiffé d'un tur-

ban vert vint chez les Kiams et emporta une collection de
de leurs manuscrits. Chez un chinois musulman du Binh-
Thuân, M. Aymonier a constaté l'existence d'un exem-
plaire du Coran.

Les dates des inscriptions sont celles de l'ère Çaka qui
commence 70 ans après l'ère chrétienne. Elles ont servi à
établir la chronologie des rois Kiams.

Les inscriptions des monuments, de style analogue à
ceux des Khmers, font l'éloge de rois, de princesses, de
pieux personnages dont elles relatent les libéralités. Elles
perpétuent le souvenir de l'érection de temples, de tours,
de statues. Ces temples étaient dédiés à Civa, à son épouse,
Uma (ou Parvati) et au linga de Civa. Des statues d'or
furent enlevées non seulement par les Annamites aidés
des Chinois, mais même dans le Khanh-hoa actuel par le
roi Khmer Rajendra-Varman, en 965. Ce roi portait le même
titre de Varman que les rois Kiams.

*Rois Kiams.* — On donnait aussi à ceux-ci le titre de Pô
ou Pra ou Vrah Pada, les pieds sacrés ou Préa Bat, l'un des
titres ordinaires des rois actuels du Cambodge. Les rois
Kiams comme les princes indous, s'appellent souvent
Indra, Sinha et Rajah, roi des des rois. Le nom de Ciampa-
pura est celui d'une de leurs capitales et du royaume lui-
même. On disait Ciampa-pura, comme on dit encore : Sinha pura, Singapour, Nagara-Ciampa, comme l'on dit du
Cambodge : Nokor-Khmer.

*Cultes.* — « Dans un pays, dit M. Bergaigne, dont la
langue savante était le sanscrit, il fallait s'attendre à trouver les différents cultes dont les livres sacrés sont en cette
langue : ces cultes sont réunis sous le nom d'Hindouisme :
C'est en premier lieu le culte de Civa et de son épouse
Uma ; puis celui de Civa et Vishnou réunis en un seul
corps ; enfin un boudhisme sanscrit très inférieur et très
mélangé, subordonné même au civaïsme. Chez les Kiams,
Civa était adoré, dès une époque très reculée, sous des
vocables empruntés aux noms des rois qui lui érigeaient des
temples ou contribuaient à rehausser son culte. »

L'un des vocables les plus fréquents est celui de linga et même « Linga à visage ». A l'intérieur de la tour du roi Pô Klong Garai, à Phan rang, décrite par M. Aymonier. « l'idole est un linga couché sur un socle creusé en bassin avec rigole d'écoulement. Sur ce linga est sculptée en demi-bosse une belle tête de divinité mâle de grandeur naturelle avec de fines moustaches ; c'est certainement Civa. »

C'est donc de la civilisation indoue et du culte brahmamanique que se sont inspirés les architectes et les artistes kiams comme les Khmers, pour ériger et orner leurs monuments aujourd'hui en ruines, dévastés par les conquérants et par le temps, et sur l'emplacement desquels les annamites ont construit des citadelles, des magasins et les nécropoles royales des souverains de Hué, avec des matériaux kiams.

« Dans une de leurs poésies, dit M. Aymonier, les Kiams chantent ou plutôt pleurent leur passé, leurs misères présentes et terminent par ce cri désespéré : « Com-» ment faire pour ne pas naître ! »

« Si les hommes pouvaient songer à se laisser absorber et confondre dans la race annamite, les femmes sont là avec leur toute puissante influence, répétant une fois de plus leur fière parole : « Kiams furent nos pères, Kiams nous sommes et Kiams seront nos enfants. Notre race est dans la fosse ; qu'au moins elle y reste debout jusqu'à ce que la dernière pelletée de terre tombe sur la tête du dernier des Kiams ! » Depuis l'établissement de notre protectorat, nous avons réagi contre les procédés de l'administration annamite vis-à-vis des Kiams et soulagé la situation de ces intéressantes populations, derniers vestiges d'un grand passé. Chaque jour ce passé s'éclaire d'une nouvelle lueur et les travaux en cours de M. Aymonier nous révèleront les grands traits de cette antique civilisation sur les lieux mêmes où nous avons imposé aux conquérants annamites les premiers principes de la civilisation française.

*Les Moïs.* — Les Kiams vivent côte à côte dans les montagnes avec une autre race primitive, celle des Moïs, qui
s'étend du Cambodge jusqu'au Tonkin, le long de la
chaîne annamitique. Sous ce nom générique se confondent
les Penongs, les Stiéngs, les Khas ou Xas, et leurs nombreuses variétés de Bahnars, Sedangs, Giaraïs, Kouis,
Rodès, Rongao, etc. etc.

Les Kiams se sont toujours appuyés sur ces voisins montagnards qui ont dû autrefois être soumis à leur domination ou tout au moins à leur influence.

*Moïs et Kiams.* — Aussi, dès 1883, les mandarins annamites avaient interdit toute relation entre les Kiams des
plaines et les sauvages des montagnes sous peine du rotin,
de l'amende, de la confiscation au profit des autorités
locales.

*Les Glai.* — Au Sud de l'Annam, une de ces tribus dites
*sauvages*, bien qu'elles soient parfois de mœurs très douces,
se nomme les *Orang-Glai*, ou hommes des bois. Les autres
tribus fournissaient des auxiliaires aux troupes des rois
Kiams. Les Glai servaient les temples des divinités kiams,
et en gardaient les ornements. « Ils parlent, dit Aymonier,
« la langue kiam ; mais en ignorent l'écriture. Alliés et voi-
« sins des Kiams, ils représentent peut-être les derniers
« restes des populations autochnes qui avec l'infusion de
« sang malais, puis indien, puis arabe, auraient formé
« la nation Kiam ». C'est aussi notre avis.

« Les rois Kiams dont ils ont gardé bon souvenir, leur
avaient imposé, pendant leurs luttes séculaires contre les
annamites envahisseurs, des servitudes religieuses qu'ils
ont en partie conservées. Ils gardent sur leurs montagnes
des annales secrètes, d'anciens manuscrits et de vrais trésors en ornements précieux des anciens palais ou temples,
qui leur furent confiés jadis par les rois Kiams, traqués
par les rapaces vainqueurs. Leur fidélité, appuyée de
craintes supertitieuses, est à toute épreuve. Seulement, ils
se laissent parfois duper par des imposteurs qui, ayant

étudié les annales, se présentent à eux comme des descendants des rois kiams et se font livrer les trésors ou les manuscrits. Aussi les Kiams cachent-ils leurs annales. ». Evidemment, c'est surtout en ce sens et de ce côté que devront être dirigées de minutieuses et persévérantes recherches.

Le langage des tribus moïs, autres que les Glai, se rapproche des dialectes de la famille *Khmer,* en usage depuis le Yunnan jusqu'à la mer, dans tout le bassin du Mê-Kong, et depuis le versant ouest de la chaîne d'Annam jusqu'aux frontières birmanes.

*Moïs du centre.* — Des tribus moïs plus nombreuses se succèdent en remontant vers le le Nord. Par le travers de de l'Annam central, les principales sont les *Bahnars* où les missions françaises ont établi des chrétientés, les *Sedangs* où l'aventurier Mayréna avait tenté de s'imposer comme roi, les Giarai de mœurs farouches, etc.

Le pays des Sedangs abonde en minerai de fer et compte plus de 70 villages de forgerons. Les laotiens y viennent vendre des buffles et acheter de la poudre d'or, des poteries et des pirogues, Les annamites y portent du sel, des étoffes, du laiton, des jarres, des gongs, etc.; ils échangent ces marchandises contre du riz, de la cire, des porcs, du cardamome, etc.

A la hauteur de la province de Tourane, les Moïs font avec les Chinois de Fai-fô un grand commerce de cannelle, exportée à Hong-Kong et revendue en Europe.

Les Moïs sont fétichistes. Ils ont pour divinités des pierres, et dans chaque case un petit autel est réservé au fétiche (Yang).

*Types moïs.* — Les hommes sont grands, bien bâtis. Leur peau est bronzée. Les yeux sont droits, le nez aquilin, les dents blanches. Leur costume ne consiste qu'en une étroite bande de cotonnade rayée, roulée autour des reins. Ils sont armés d'un grand bouclier rond et d'un sabre ou d'un long coutelas qu'ils suspendent avec leur pipe à la ceinture.

Dans les cases, les foyers sont des cadres de bois remplis de terre. Ils offrent à l'étranger une poule et un coq.

Ils ont le « *tabou* ou *dieng* », interdiction temporaire sur les villages, les moissons, les plantations. Ils ont des sorciers attitrés. Leurs instruments et même les haches de pierres taillées sont identiques à ceux des Océaniens. Les dialectes diffèrent d'une tribu à une autre. Ils n'ont pas d'écriture. Leur organisation sociale est la même. Chaque tribu est animée d'un grand esprit d'indépendance. Le chef a tout pouvoir sur ses subordonnés. Toutefois les vieillards forment une sorte de conseil. Comme chez les Océaniens, tous les travaux pénibles sont dévolus aux femmes.

Les litiges et crimes sont soumis à une sorte de jugement de Dieu. L'accusation et l'accusé doivent plonger la tête sous l'eau, et celui qui reste le plus longtemps immergé obtient gain de cause.

Leur numération est décimale. Ils comptent sur les doigts des mains et des pieds. Ils déposent sur les tombes les ustensiles dont se servait le défunt. On voit que tous ces usages sont analogues à ceux des *Océaniens*.

*Colonisation annamite*. — Au fur et à mesure que les envahisseurs annamites refoulaient les Kiams dans le Sud, ils se répandaient dans l'Ouest en faisant reculer les Moïs et en les rejetant dans les montagnes. Ils procédaient d'abord par infiltration, en envoyant des colons volontaires, puis des condamnés avec leur famille, puis des miliciens chargés de protéger les colons. De ces miliciens, ils faisaient des *soldats laboureurs*. La charrue, le buffle et le feu développaient leurs défrichements bien plus rapidement que ceux des Moïs, et ceux-ci reculaient de jour en jour dans la forêt, abandonnant aux nouveaux venus les terres les plus fertiles et les mieux irrigables. L'organisation annamite des *Kinh ly* ou chefs de défrichement et des *linh mô* ou soldats laboureurs, date du milieu du xive siècle, et nous aurions profit à suivre cet exemple.

Pour soumettre ces peuplades les annamites ont employé les mêmes moyens que les Chinois. Leurs agents, hommes énergiques et persévérants, imposaient aux Moïs leur supériorité en se disant les *Envoyés du Fils du Ciel*. Ils donnaient aux brevets royaux, aux édits un caractère religieux et administratif et déclaraient que le défaut d'obéissance au roi céleste serait puni par des fléaux déchaînés par le ciel irrité. Ces populations ont conservé ces croyances et jusqu'à notre arrivée restaient courbées sous un joug de fer. Nous avons amélioré leur sort, leur trafic et leurs relations.

*Races thai.* — Depuis le versant occidental de la chaîne d'Annam jusqu'au Mê Kong, nous trouvons établies d'autres races formant des zónes de peuplement parallèles à celles des Annamites sur le littoral, et à celles des Kiams et des Moïs sur les deux flancs opposés de la chaîne. Ce sont des populations de race *thai* descendues du fleuve bleu (Yang tsé kiang). Les Ai-laos sont venus habiter les pays muongs, entre le Fleuve-Rouge et la Rivière-Noire au Tonkin. Les *Laotiens* se sont répandus depuis le Yunnan jusqu'au Cambodge et au Siam actuel. La migration eut lieu 69 ans après J.-C.

*Pu thai-Pu Euns.* — Une autre souche de Thai, celle de Pa, alla peupler les états *shans* de la rive droite du Mê-Kong ; les *Pu thii* occupèrent sur la rive gauche notre hinterland du Thanh-hoa, dans la vallée du Song-ma, les *Pu Euns* se fixèrent dans le Tran-ninh[1] en face de Vinh et de Hatinh ; les Thos, les Nongs se rejoignirent dans le nord-ouest du Tonkin. Les Mans, autre rameau qui peut se rattacher aux Thai, y étaient déjà descendus, fuyant la domination chinoise. Les Thos et les Nongs s'installèrent dans les vallées et repoussèrent les Mans nomades dans les montagnes, depuis la Rivière-Noire jusque dans le Kouang-Si.

Après avoir formé les peuplades aborigènes de la Chine, ces races constituèrent les aborigènes de l'Annam-Tonkin.

Elles n'ont pas eu à se retirer devant les Annamites et les Chinois, qui sont nombreux dans ces régions réputées à tort malsaines. Elles étaient administrées par des mandarins annamites. De là, d'incessantes difficultés qui n'ont pris fin qu'en 1891, lorsque le protectorat français eut enfin reconnu que ces peuplades, hostiles aux Annamites, ne pouvaient être gouvernées respectivement que par des chefs de leur race, élus par elles-mêmes, avec privilège d'hérédité.

*Types.* — Nous avons décrit les caractères des Kiams, des Annamites, des Moïs, nous avons à retracer la physionomie des Pou-Euns, des Pou thai, des Laotiens, des Thos, des Nongs et des Mans, afin de connaître les autochtones de notre domaine indo-chinois.

Les *Pou-Euns* du Trân-Ninh sont divisés en huit arrondissements ou châus avec un quan-lang à leur tête. On les a appelés à tort « muongs », alors que ce mot veut dire pays-district. Tous ces peuples de race thai ont une grande aversion pour les Annamites. Les Pou-Euns sont une race identique à celle des *thos* de Cao-bang et ils prennent souvent le même nom.

Les *Pou thai* habitent depuis l'ouest de Hué jusqu'au Fleuve-Rouge. Cette peuplade doit être confondue avec les peuplades laotiennes de la rive gauche du Mé-Kong, comme le fait remarquer M. Pavie.

*Laotiens.* — Le Laos est un immense territoire, autrefois très peuplé qui borde les deux rives du Mé-Kong.

Les Laotiens formaient plusieurs principautés importantes dont la principale est Luang-Prabang, au Nord. Plus bas florissait, au xiii<sup>e</sup> siècle, le royaume de Vien-Chan qui fonda des colonies nombreuses : celles de Bassac et d'Oubôn sur la rive droite (1), celles du Trân-ninh, de Lakhon au Sud, d'Attopeu, sur la rive gauche. Cet état tenait les Moïs sous sa domination. Les sceaux d'investiture au griffon ailé des rois de Vien-Chan ont été retrou-

---

(1) Voir : Le Laos annamite avec cartes. Challamel, éditeur.

vés chez des chefs de ces tribus où nous avons recueilli nous-même des sceaux délivrés plus tard par les rois d'Annam et que les Siamois avaient en vain tenté d'enlever à ces chefs, menacés par leurs agents.

Le royaume de Vien-Chan (Van-Tuong), portait ombrage aux Siamois et fut détruit par eux en 1828 sous Minh-Mang. Depuis lors, les Siamois ne cessaient de piller et de brûler les centres de la rive gauche. Ils en déportaient les habitants sur la rive droite et les siamisaient de force.

C'est ainsi que Nong-Kay a remplacé Viên-Chan, chef-lieu du Van tuong. Depuis 1893, la rive gauche nous a été rendue et nous avons des agents dans les centres importants depuis Stùng-Tréng jusqû'à Luang-Prabang (Nam-Chuong) sur le Mekong siillonné par nos canonnières et la flottille de commerce.

C'est une population indolente, amie du plaisir, facile à gouverner ; apte à s'attacher à nous, si on ne la surcharge pas de taxes et de corvees

Notre traité de 1893 avec les Siamois oblige ceux-ci à laisser revenir dans leurs anciens territoires de la rive gauche tous les Laotiens, les Pou-thai et autres, déportés de force sur le territoire pris par les Siamois. Le gouvernement du Siam à toujours refusé d'appliquer cette clause formelle et de reconnaitre comme étant placés sous notre juridiction les Laotiens, les Cambodgiens et les Annamites, originaires de l'Indo-Chine française. C'est l'origine du conflit actuel. Le voyage du roi de Siam à Paris avait pour but notre renonciation à ces stipulations. Comme nous nous sommes bornés à exiger le minimum de nos droits, il serait déplorable que nous déchirions de nos mains un acte si chèrement acquis et dont l'exécution est indispensable à notre influence. Ce serait renoncer à toute action dans la vallée du Mê-Kong, où nous avons à exercer des droits et des devoirs, vis-à-vis de ces Laotiens devenus nos sujets.

*Thos.* — Les Thos s'appellent eux-mêmes Pou-Euns ou Pouyen. Il y a donc identité entre les populations de Cao-Bang, de Langson et du Tran-Ninh.

Les Thos ont le visage ovale, les lèvres minces, la peau plus blanche, le corps plus robuste que les Annamites. Le gros orteil n'est ni mobile, ni indépendant, ni écarté et circulaire comme chez les Annamites ; c'est aux Laotiens qu'ils ressemblent, sauf qu'ils portent le chignon. Ils sont agriculteurs. On trouve chez eux, à l'état sauvage, des poiriers, pêchers, cerisiers, pruniers, avec des orangers, citronniers, manguiers, litchis, bananiers, canne à sucre, etc. Ils cultivent le coton, la ramie, le chanvre, le mûrier, le faux gambier, le tabac, le pavot, le thé, etc. Ils fabriquent du papier. La langue primitive des Thos est un dialecte de la langue *thai* des Laotiens, Khmers et Siamois.

*Les Nongs.* — Les Nongs ont subi l'infiltration des Chinois. Ils leur ressemblent et s'habillent comme eux ; mais portent le chignon et le turban.

La femme se rapproche davantage du type aryen. Le visage coloré et ovale est blanc et l'on rencontre des blondes. Leur costume est très attrayant et ressemble souvent à celui des tyroliennes.

Les maisons sont sur pilotis.

Les Nongs, comme les Thos et les Laotiens, sont des rameaux plus ou moins greffés sur la branche thai.

*Les Mans.* — Les Mans habitent, comme les Moïs, les montagnes et les rochers et peuvent être considérés comme des aborigènes du haut Tonkin. Leur désignation signifie « sauvages barbares », comme pour les Moïs, et ils passent pour tels aux yeux des Annamites et même des Thos et des Nongs.

Les Mans ont les yeux horizontaux, le type aryen. Les hommes et les femmes portent des blouses ornées de broderies blanches. Les femmes ont une coiffure un peu semblable aux napolitaines. On les prendrait pour des Européennes. Perles, anneaux, breloques, plaques, étoiles d'argent, bariolages, les font ressembler à des femmes de bohémiens. Ce peuple est nomade comme eux.

*Les Méos.* — A côté des Mans, dans l'Annam et le Tonkin, vivent les Méos ou Miaos, divisés, suivant leur costume, en « *chats blancs* et *chats noirs* », nom que leur a valu leur agilité à grimper dans les rochers.

Les femmes portent une veste échancrée avec col marin à liseré bleu, sans bijoux au cou ni aux oreilles. Les hommes portent les cheveux ras. C'est une curieuse population, d'allure très indépendante, échelonnée du Tranninh au Yunnan. Elle est très métissée de Chinois.

*Projet de confédération.* — La nécessité absolue de laisser à toutes les peuplades de race thai leur autonomie administrative avait été comprise des Chinois et méconnue des Annamites. Nous avons rétabli cette autonomie avec raison. « Il y a lieu, dit le Dᴿ Billet, de réveiller le sentiment d'unité nationale de ces peuplades jusque dans le Quang-Si et le Yun nan. Il se formera ainsi *pacifiquement et sûrement* une *confédération thaï*, qui se trouvera placée d'elle-même sous notre protectorat virtuel et servira nos intérêts à la fois au Tonkin et en Chine. » C'est une évolution sociale et politique qui mérite toute l'attention de nos administrateurs et de nos représentants.

*Résumé.* — En résumé, notre Indo-Chine a été peuplée d'abord par des races malaises venues du Pacifique-Sud. Puis des populations de race aryenne sorties de l'Inde fondent les royaumes des Khmers et des Kiams (Ciampa).

Plus tard, la race des Giao-chi (Annamites), plus ancienne que les Chinois et de type jaune comme eux, établie sur les bords du Yang-tsé-Kiang, descend vers le Si-Kiang, puis vers le Tonkin actuel, s'y rend indépendante et conquiert l'Annam sur les Kiams, sur les peuples de race thai à l'Ouest et sur une grande partie du Cambodge. Ce fut le royaume unifié de l'Annam sous le sceptre de l'empereur Giâ-Long.

Les peuplades désignées à tort sous le nom générique de

Muongs ne sont ni absorbées, ni modifiées, ni détruites. Elles continuent à vivre les unes dans les massifs de Lang-Son à Quang-Yen ; les autres dans les montagnes qui s'étendent de la Rivière-Noire au Song-Ca (Fleuve de Vinh). (1).

Ce sont les Thos, les Mans, les Pou Euns, les Pou thai. Les Miaos ou Méos se succèdent depuis la province de Tuyen-Quang jusqu'à celle de Hung-hoa.

A partir du Ngê-An les Moïs (ou Khas ou Xas) occupent la chaîne qui sépare l'Annam du bassin du Cambodge et des massifs de la Cochinchine.

Les Kiams restent groupés à côté d'eux dans les deux provinces méridionales du Binh-thuân et du Khanh-hoa, dans les montagnes de la Cochinchine et du Cambodge.

Les Pou-Euns et Pou-thai, sont établis à côté des Laotiens dans les vallées du Mê-Kong et de ses affluents.

Les chefs des Thos et des Mans sont dénommés Quanlang. Les chefs des Pou-thai sont les Dao-Muong (chefs du pays). Leurs parents sont chefs de plusieurs villages ou chaus, et leurs femmes s'appellent mi-nang. C'est un titre de noblesse ou de supériorité.

Les Annamites ont tenté de changer l'organisation des Muongs, Chaus et Daos en phus (préfectures), huyen (sous-préfecture), tongs (cantons), et lang ou âp (villages et hameaux), et substitué des mandarins annamites aux chefs indigènes des districts et des fonctionnaires annamites aux chefs des villages. De là l'hostilité de ces peuples contre leurs nouveaux maîtres exigeants et rapaces. Nous leur avons, avec raison, rendu des chefs de leur race.

Enfin, les Laotiens sont échelonnés depuis les frontières cambodgiennes, sur les rives du Mê-Kong, annamites, siamoises et birmanes, jusqu'à la frontière de Chine.

---

(1) Voir : L'Indo-Chine française avec cartes. Challamel, édit., 17, rue Jacob.

Conclusions. — De la diversité de ces races qui se jalousent et se méprisent entre elles, il y a un important parti à tirer : Nous devons nous servir d'elles pour les opposer l'une à l'autre, en groupant les affinités des peuplades de même origine.

Au Nord, une confédération des Thai, des Thos, des Mans aidera à notre pénétration en Chine, formera une première ligne de préservation contre les incursions des bandes chinoises.

Dans l'Ouest et au Centre les Laotiens, les Pou-thais, les Pou-Euns, constituent un autre moyen de pénétration pacifique au Siam, une limite entre les Siamois, les Birmans et nous.

Au Sud, les Khmers bordent les deux côtés de nos frontières. Les Kiams forment des groupes à part. Tout le long de la chaîne annamitique les Moïs s'étendent comme un cordon de préservation.

Enfin, le quadrilatère figuré par notre domaine indochinois, fermé par la mer de Chine à l'Est et au Sud, se trouve englobé sur les trois autres côtés par l'ensemble de ces populations variées qui enserrent les annamites comme dans un filet dont il nous serait facile, au besoin, de resserrer les mailles.

En le faisant, nous aurions de plus grandes facilités pour comprimer et limiter les révoltes du dedans et pour fermer nos portes aux auxiliaires appelés du dehors par des adversaires : Pavillons noirs, Siamois, Hós, etc.

Les Thos, les Mans, les Muongs Pou-Euns et Pou-thai, les Laotiens, sont munis de fusils. Les Mans sont braves. Les Moïs sont d'excellents éclaireurs.

Toutes ces principautés féodales sont distinctes. Loin de nous la pensée de militariser ou d'enrôler ces peuplades. Ce serait une tentative contraire à leurs mœurs et impossible à réaliser ; mais M. Pavie a montré dans quelles conditions spéciales on peut les faire concourir chez eux à la police et à la sécurité de leur pays. C'est une attitude défensive s'appuyant sur notre voisinage. Ces populations, pour servir à notre expansion toute pacifique, doivent recevoir de nous le mot d'ordre, marcher sous notre direction, grossir nos forces, pénétrer au dehors comme un coin et borner autour de l'Annam-Tonkin une ceinture d'investissement complet qui nous assure une facile domination de nos trente-deux provinces.

Outre l'intérêt ethnographique que présente la connaissance de ces races multiples, leur utilisation nous offre donc des avantages politiques considérables dans nos relations avec nos anciens ennemis, devenus nos voisins pacifiques ; mais qu'il faut tenir en respect.

Ce sont là des considérations dont il n'est pas inutile de tenir compte pour l'affermissement de notre sécurité, le développement de notre influence en ces vastes régions et dans les zónes limitrophes, tant pour le présent que pour l'avenir.

Ch. LEMIRE.

*Juillet* 1902.

# VOYAGE EN 1893 CHEZ LES MOÏ SAUVAGES

## DU BASSIN DU BLA

Par M. CHAMEL

*(Extraits)*

---

Les peuplades très arriérées, vivant sur le vaste territoire du bassin du Bla, sont appelées Moï par les Annamites, Kha par les Laociens, Peunong par les Cambodgiens. Leur origine est peu connue : Dravidiens de l'Inde,
race Indo-Négrienne, Malais. J'ai été frappé de leur ressemblance avec les Malais : taille au-dessous de la moyenne,
teint brun, longs cheveux noirs et lisses, tête légèrement
rétrécie au sommet, pommettes peu saillantes, grands
yeux brillants ; aussi robustes et violents que rusés et voleurs. Les Malais sont les pirates de la mer ; les Moï cherchent toujours sur la frontière à enlever des Annamites
isolés qu'ils vendent aux Laociens. Le tabou et autres coutumes existent dans le bassin du Bla et dans l'archipel
malais.

Certaines de ces peuplades, Bahnar, Reungao, sont
douces ; d'autres, Sédang, guerrières ; d'autres, Jaraï, pil-
lardes. Chez les Habâu le vol est presque œuvre pie et
l'empoisonnement n'est pas un crime ; habiles à préparer
de nombreux poisons végétaux, ils tuent pour se venger,
pour voler et aussi pour que la destinée de la victime
passe en eux (gare aux gens aisés, heureux !) ; on mêle le
poison aux aliments, au tabac (dans le fourneau de la
pipe), on en frotte le bout du tube qui sert à aspirer le
vin, mais le procédé suivant doit leur appartenir : les cases

sont toutes sur pilotis, à 1 m. 50 ou 2 mètres du sol ; le plancher, en bambou écrasé et tressé, est à claire-voie ; on dort sur une natte ou sur un morceau d'étoffe ; l'empoisonneur, ayant noté exactement l'endroit où pendant son sommeil sa victime pose la tête, se glisse de nuit sous la case avec un long bambou en partie rempli d'un poison végétal pulvérulent ; son ouverture est placée sous le plancher, près de la tête du dormeur autour de laquelle, en soufflant à l'aide d'un petit tuyau de bambou planté dans le gros tube comme un bec de cafetière, il forme une atmosphère mortelle ; décomposition du sang, gonflement du corps (du ventre surtout), vomissements, évacuations abondantes, fréquentes syncopes, et mort au bout de un ou deux jours, et même de trois ou quatre, après une douloureuse tension de tout le système nerveux, telles sont les suites.

Très souvent on se fait la guerre pour s'enlever des animaux, et surtout des hommes, femmes et enfants, qui produiront une bonne rançon ou seront vendus (mais ce sont surtout les Annamites) aux Laociens et aux Siamois.

On défriche de vastes espaces de forêt en abattant puis brûlant les arbres. Les clairières ainsi obtenues sont transformées en rizières de montagne ; la récolte en est aléatoire, la famine fréquente ; aussi recourt-on souvent aux nombreux tubercules de la forêt ; ces sauvages sont d'ailleurs peu difficiles sur le choix de leurs aliments. Le Bla et ses affluents fournissent du poisson. Le gibier est très abondant, mais comme il est plus ou moins facile à prendre, les Bahnars mangent souvent des rats, serpents, lézards, gros vers blancs, araignées, etc. On estime fort le Klak Tang, partie de l'intestin grêle des herbivores qu'on lie aux deux bouts sans le vider et qu'on cuit au-dessus du feu, dans son jus. On ne dédaigne pas un morceau d'un animal mort depuis longtemps et on recueille les asticots dans un bambou où on les cuira à l'étouffée. On tasse aussi dans des tubes de bambou de jeunes pousses, coupées en copeaux, de cette plante, on enterre en partie ces tubes dans le sol humide et au bout d'un mois on en retire une matière fermentée, une choucroute au parfum peu flatteur. Comme mets de gala il y a les œufs de fourmis noires, cuits à l'eau et mélangés au riz, et la salade de feuilles de fougère, assaisonnée de milliers de fourmis rouges étouffées près du feu dans une feuille de bananier et qui remplacent fort bien le vinaigre.

Pour prendre le gibier, les Moï font des pièges très ingénieux ; malheureusement ceux destinés aux grosses proies sont souvent dangereux pour l'homme inattentif. Ils savent dissimuler et creuser de profondes fosses à éléphants ; mais cette chasse est surtout faite par des Laociens qui viennent dans ce pays avec des fusils dans lesquels la balle est remplacée par une flèche de calibre dépassant la bouche de canon ; l'extrémité de cette flèche en bois, et qu'une penne de cuir dirige, est abondamment enduite d'une substance vénéneuse très noire et d'un fer de hachette ; ce poison (curare ?), tiré d'une liane dont on cuit le suc avec des têtes de serpents et des peaux de crapauds, peut tuer l'animal en moins d'un quart d'heure.

Ces sauvages, surtout les Djaraï, prennent aussi l'éléphant vivant et le domestiquent à l'aide d'éléphants mâles dont ils ont rasé les défenses ; ils ont constaté en effet que de tels animaux sont plus méchants que les autres qu'ils attaquent pour leur briser les pointes.

*Vêtements.* — Certaines écorces, battues et foulées, servent à faire des vêtements ayant l'aspect du feutre ; ils fabriquent aussi des tissus de coton. Le costume consiste pour l'homme en un langouti, une petite veste sans manches arrivant juste à la ceinture, et une grande pièce d'étoffe enveloppant le haut du corps ; pour la femme, cette même pièce, un pagne, et parfois un cache-seins. Les Moïs, hommes et femmes, aiment ce qui brille, colliers de verroterie, bracelets d'étain ou de cuivre. Les Djaraï s'entourent les bras et les jambes de nombreuses spires rapprochées de gros fils de laiton. Ils piquent dans leurs cheveux relevés en chignon surmonté d'un peigne, des épingles d'os, de bois, de cuivre. semées parfois de plumes multicolores. Chez les Sédang, le chignon s'enroule autour d'un croissant de bois noir, décoré de feuilles d'étain. Pour boucles d'oreille, des tubes de bambou, d'os et d'ivoire, simples ou à bouffettes. Du rotin tressé ou bien une lanière de cuir entièrement recouverte d'un fil de laiton leur font de jolies ceintures.

Une grande beauté, c'est d'avoir toutes les incisives complètement rasées. Cette opération est faite à la lime, d'ordinaire par la mère, à 12 ou 14 ans; les Habau coupent leurs dents avec l'extrémité de leur serpe; les Sédang n'ont pas cette mode. L'arme favorite des Sédang est la lance qu'ils manient très adroitement; celle des autres Moï, surtout des Bahnar, est un sabre à lame courte et à long manche, qui ne les quitte jamais. Avec de puissantes arbalètes ils lancent assez loin des flèches simples, barbelées ou à pointe mobile; si on voulait retirer ces dernières la pointe resterait dans la plaie, et l'on est obligé au contraire de les enfoncer, si possible, pour les faire traverser; ces flèches sont empoisonnées avec le suc de la liane « blou ». Leurs larges boucliers ronds (ovales chez les Sédang) sont soit d'un seul morceau de bois, soit de bois recouvert de peau.

Pour défendre les abords d'un village on plante dans les sentiers qui y mènent des lancettes de bambou habilement dissimulées; cela est vite fait et s'étend parfois très loin. Si on en a le temps, on met ces lames au fond de petites fosses de la longueur et de la largeur du pied; on en garnit les parois d'autres lancettes plantées obliquement, la pointe vers le sol, pour empêcher le retrait du pied.

*Monnaies.* — Les principaux objets d'échange leur servant de monnaie ne sont pas d'un transport commode. En voici la liste : Fer de piochette, feuille d'étain, bâton de cire, marmite de terre, petit cordon de perles, = 1 mat = 0 fr. 10. Fer de hache = 10 mats = 1 mouk = 10 fr.

Une jarre ordinaire $= 4$ mouks. Une marmite de cuivre $= 1$ buffle, $= 7$ jarres ordinaires $= 28$ à 30 fr. Un jeu de 5 gongs $= 4$ à 6 buffles. Un jeu de 3 gongs $= 2$ à 18 buffles, suivant la matière. Un homme (esclave) $= 4$ à 12 buffles. Une femme $= 5$ à 15 buffles. Un éléphant $= 1$ jarre de prix $= 8$ à 14 hommes.

L'unité monétaire est indifféremment la marmite de cuivre de 7 empans de tour ou le buffle. Toute valeur s'évalue donc en buffles ou en marmites. La feuille d'étain et le cordon de perles sont articles de luxe et d'importation. Le bâton de cire remplace la chandelle. La marmite de terre est un ustensile de première nécessité ; il n'y a, dans un rayon assez étendu, que trois ou quatre villages qui en fabriquent ; lorsqu'elle a été modelée (le tour est inconnu) elle est mise au feu, puis fouettée, rouge encore, avec un morceau de « Tenoung » ayant macéré un certain temps dans l'eau, ce qui applique sur l'argile un enduit végétal noirâtre qui la rend imperméable et beaucoup plus résistante ; un nouveau passage au feu et une nouvelle application du Tenoung terminent le travail.

Le fer de piochette et le fer de hache, objets de première nécessité, viennent de chez les Sedang, dont la principale industrie est d'extraire le fer de leurs nombreuses mines et, à l'aide d'une forge et d'instruments très primitifs, de le transformer en armes et en outils. Les grandes marmites de cuivre, pour la cuisson du riz, et les jeux de gongs, si estimés des Moï, viennent de l'Annam et du Tonkin. La musique sauvage comporte d'ordinaire l'ensemble du jeu de trois gongs et du jeu de cinq gongs ; on peut cependant jouer de celui de trois tout seul, mais non ainsi de l'autre. Ce fait et la meilleure qualité du métal expliquent la plus grande cherté du jeu de trois. L'esclave (gens volés, prisonniers de guerre, fils d'esclaves, débiteur insolvable, adultère, voleur, jeteur de sorts, etc.) est une monnaie bien commode, portant et se transportant ; il n'est pas maltraité, vit avec son maître, travaille comme lui, est de sa famille, et, sauf chez les Djeraï, la distance entre les deux est

moindre que chez nous entre un maître et son domestique.
L'éléphant, très estimé, est le seul animal porteur qui
puisse être utilement employé. Les jarres fabriquées en
Annam, et surtout en Chine, importées par les Quang Ngai,
sont en terre vernissée ou en porcelaine grossière ; on y
met l'indigo, les conserves de viande, surtout le vin ; leur
valeur qui varie beaucoup, de 4 mouks à 1 éléphant,
dépend bien un peu de la matière première, de la
grandeur, de la couleur, mais surtout de la forme du vase,
des dessins (fleurs, dragons), de la chevelure (traînée noirâtre laissée parfois par le vernis et qui est réputée très
belle si elle descend « jusqu'aux pieds » de la jarre) ; de
plus, si les huit petites anses qui entourent d'ordinaire
l'ouverture ont produit un renflement inférieur, si le vase
a de « bonnes oreilles », le prix augmente encore.

On croit qu'une jarre contient un génie qui deviendra le
dieu familier de la case et qu'il faudra se rendre favorable
par des sacrifices. Aussi n'achète-t-on pas à la légère une
jarre de prix. On la porte auparavant chez soi, on ferme
son ouverture avec une grande feuille d'arbre que maintient un fil de coton non cuit, enroulé trois ou quatre fois
autour du goulot ; on l'attache à la galerie et on s'endort ;
si l'on rêve qu'un jeune homme ou une belle jeune fille
entre dans la jarre c'est que le génie sera bon et on achète;
si au contraire la vision est laide, on rend au plus vite
l'objet au marchand, surtout si le mauvais génie prévient
que pour l'amadouer il faudra un peu plus que les gouttes
de sang de poulet ou de vin dont on frotte « les lèvres » de
la jarre chaque fois qu'on tue une poule ou qu'on boit la
liqueur du millet.

De telles monnaies et le manque de voies de communication font que le commerce se borne à échanger : avec le
Laos des esclaves et de l'or contre du fer et des étoffes,
avec l'Annam de la cire et des céréales contre du sel.

*Tissage.* — Les femmes tissent des pièces d'étoffes très
étroites sur des métiers faciles à transporter : on les met
sous le bras, comme un rouleau de papier.

*Naissance.* — Quelques instants avant la naissance, le père prie le Iang (divinité) d'accorder une heureuse délivrance. Après l'accouchement, la sage-femme enterre le placenta au pied de la poutre entaillée servant d'escalier ; on fait au-dessus, à cause des porcs voraces, un petit tumulus de pierres et de planches ; la piochette de la mère est mise tout auprès. Alors la maison devient « dieng » tabou ; si un étranger y entrait, le Iang s'irriterait et la mère et l'enfant mourraient ; l'imprudent visiteur aurait à payer une très forte amende ou à devenir esclave, avec sa femme et ses enfants. Le lendemain, la mère, malgré sa faiblesse, va chercher sa hachette et la rapporte dans la la case, et *ipso facto* lève le « dieng ».

*Le Hlom Don.* — Un mois après la naissance a lieu la cérémonie du Hlom Don « souffler dans l'oreille » ; s'il s'agit d'un premier-né, les entremetteurs du mariage sont invités. Devant les parents et les amis réunis on tue porc, poules, on apporte le vin. La sage-femme verse dans une demi-gourde de l'eau où flottent deux touffes de coton qu'elle asperge de sang de poule. Avec une tige creuse de guébon, herbe aquatique, elle aspire de cette eau puis la souffle dans l'oreille de l'enfant et dit : « Je souffle son oreille pour qu'il soigne ses père et mère et soit heureux dans toutes ses entreprises. » Ayant mangé avec ses aides, elle donne du riz au bébé ; elle lui met un collier de perles ; et ce n'est qu'après cela qu'il est permis de faire porter un ornement à l'enfant. La mère présente à l'accoucheuse le tuyau de rotin orné de verroteries qui sert à aspirer le vin et l'invite à boire à une jarre placée au milieu de la case, puis boit elle-même, et le père dit : « Aujourd'hui, j'ai rempli mon vœu en faisant le sacrifice promis quand ma femme a accouché. » Les invités alors festinent, mais ils doivent être décents, ne pas se quereller, sous peine d'une amende d'une piochette envers le père et du sacrifice d'une poule et d'une jarre de vin au Iang. C'est pendant le Hlom Don que l'enfant reçoit son nom : Ko « chien », Dok « singe », Si « pou », Ok « ver » Ik « merde », etc., d'autres noms, Mai, Huet, Fah, Mok, n'ont aucun sens ; parfois les enfants d'une même famille reçoivent des noms sans signification mais ayant à peu près même consonnance comme Djerah, Djeroï, Djeroëh. On se garderait bien de donner un nom indiquant quelque chose de bon, de beau, de savoureux surtout (miel, vin, etc.), car un mauvais génie très gourmand accourrait en entendant une telle appellation et mangerait l'âme de l'homme qui en mourrait. On n'a pas d'autre nom que celui donné au Hlom Don. La femme garde son nom et ne le joint pas à celui de son mari.

Les femmes ont deux instruments de musique : le « ding bout » et le « ding tjeung ». Le premier se compose de 4 ou 5 tubes de bambou (Sédang : 3), placés par terre en éventail et dont une jeune fille accroupie a devant elle les ouvertures accolées ; les mains l'une contre l'autre parallèlement au corps, les doigts vers le sol, les pouces vers les trous, elle écarte et rapproche brusquement ses mains ce qui envoie dans les tubes de l'air qui fait rendre un son plus ou moins grave suivant leur longueur. 4 ou 5 jeunes filles jouent ainsi, chacune sa partie. Le son ressemble à celui d'une cloche dans le lointain. Ce sont des mélodies très douces et non sans poésie. Le Ding Tjeung est une sorte de flûte de Pan. Parmi les autres instruments, réservés aux hommes, citons le « tam-tam », le « gong », le « phien » ou flûte laocienne, le « Brok ». Ce dernier est une guitare à deux cordes ayant pour caisse sonore une moitié de gourde qu'on appuie contre la poitrine ; en gonflant plus ou moins d'air les poumons et en appuyant plus ou moins l'instrument contre la cage thoracique, celle-ci forme une seconde caisse, et l'on a des sons plus ou moins graves. Le « Ching Kram » est un nœud de bambou sur la périphérie duquel sont soulevées des fibres restant fixées à leurs extrémités ; des chevalets, entre elles et le bambou, les tendent sur des longueurs variables ; on les gratte avec un autre morceau de bambou. Le « Keng Klong » est un xylophone tout en bambou.

*Fiançailles.* Quand un garçon et une fille s'aiment, des entremetteurs (tout se fait là-bas par intermédiaires) demandent le consentement des parents. Les fiançailles sont célébrées par un festin et par des offrandes et libations au génie de la maison et aux dieux familiers. Les entremetteurs se régalent d'abord, puis les fiancés échangent des colliers « dieng » (sacrés) de verroterie qu'on ne peut ni vendre ni acheter. Le fiancé qui trompe l'autre devient son esclave, à moins qu'il ne se rachète (chez les Moï *tout* peut se racheter, au physique et au moral) en lui payant deux à quatre marmites de cuivre ou buffles ; le complice paiera' une marmite ; en outre, à cause du scandale, chacun des deux coupables paiera un buffle au village.

Deux fiancés se donnent-ils des arrhes, le village reçoit de chacun d'eux une marmite ou un buffle. Si l'on n'a sur eux que des soupçons, un accusateur parvient souvent après une journée de reproches à obtenir un aveu, sinon on a recours à l'ordalie suivante :

A deux piquets plantés dans le lit de la rivière se cramponnent l'accusateur et l'accusé ; à un signal tous deux plongent ; le premier qui reparaît a perdu, car « le Dieu de l'eau lui a mis les doigts dans le nez et l'a fait saigner » ; si l'accusateur est vaincu, il paie un buffle à l'accusé ; si c'est celui-ci il paie l'amende indiquée.

Le temps des fiançailles varie de quelques jours à deux ou trois ans.

Les fêtes du mariage sont semblables à celles des fiançailles. Aprés ces fêtes, le mari occupe deux ou trois ans un compartiment de la case de ses beaux-parents et aide ceux-ci dans leur travail ; il en fait ensuite de même chez les siens ; ce va-et-vient continue jusqu'à la mort des parents des deux époux, à moins que le désaccord entre belle-mère et gendre oblige le jeune couple à se créer un domicile.

Le mari traite sa femme avec affection et amour, la considère comme son égale, la fait manger avec lui, mais n'a pour elle aucune attention délicate même si elle est enceinte ; si elle est malade il la forcera seulement à manger beaucoup, car manger est pour les Moï le bonheur suprême et c'est le traitement de toutes les maladies.

En cas d'adultère, l'époux coupable et le complice deviennent esclaves de la partie lésée ; le premier peut se racheter pour 7 à 12 buffles, le deuxième pour 2 à 6 marmites ; en outre chacun paie une marmite au village, ou à chacun des deux villages s'ils sont de villages différents.

La polygamie est permise mais rare. Le mari ne peut prendre une deuxième femme qu'avec le consentement de son épouse et doit donner à celle-ci un buffle. La première femme reste la véritable épouse, ayant le pas sur toutes les autres et n'étant, en cas de dettes du mari, vendue qu'après celles-ci et leurs enfants.

Le divorce, fort rare, entraîne, sauf motifs graves, le paiement par le demandeur d'une amende à son conjoint.

L'adoption résulte d'une simple déclaration publique ; l'adopté devient membre de la famille de l'adoptant mais n'a aucun droit sur ses biens.

Si une mère de famille meurt en laissant son mari et des enfants des deux sexes, le mari hérite des biens de la communauté ; les enfants ont les biens propres de la défunte, mais ce sont les filles qui ont presque tout ; ce sont les garçons en cas de mort du père. Aux héritiers échoient les charges et dettes du défunt.

*Alliance.* — Deux individus peuvent se créer un lien de parenté par l'alliance de père à fils avec échange de sang. Cela a lieu dans des circonstances importantes, à la suite d'une guerre, en vue d'une expédition, etc. Des entremetteurs obtiennent le consentement de celui dont on recherche l'amitié, fixent le jour de la cérémonie, les cadeaux à échanger, etc.

Celle des deux parties dont la situation est prépondérante fait les plus gros débours et les plus beaux cadeaux et c'est chez elle que se fait la première partie des cérémonies solennelles.

La veille du jour fixé on plante sur la place du village le poteau du buffle, grand bambou orné d'oripeaux et entouré d'autres plus petits dont l'écorce râclée par places les décore de bouffettes et pompons. A quatre solides pieux entourant ces bambous on fixe l'anneau du « bra », solide lien en rotin, destiné à maintenir le buffle. Un porc est tué et mangé. Vers le soir on attache le buffle au poteau. La nuit on festine, on bat tam tams et gongs et l'on danse autour de la victime qui est tuée le lendemain matin ; les Bahnar l'abattent d'un coup de sabre ; les Sedang le percent d'un coup de lance au cœur en lui tenant la tête haute pour que le sang reste dans le corps. On fait avec le cœur, le foie et un morceau de viande, un hachis que l'on place au pied de la jarre contenant la pâte du vin de l'amitié ; sur cette pâte fermentée et faite de millet on verse de l'eau qui laisse ensuite aspirer par de longs tubes de rotin traversant la masse compacte un liquide alcoolisé, le « vin » des Moï.

On ajoute, dans le cas présent, à cette pâte des « peugan », tubercules de la forêt, considérés comme sacrés, presque comme dieux, devant faire mourir les parjures. Les deux futurs alliés se font une coupure légère au bras et laissent tomber quelques gouttes de sang contenant un peu de vin versé par un des entremetteurs, puis boivent chacun la moitié du mélange. S'asseyant alors devant la jarre ils aspirent du vin par les tubes, tandis que les entremetteurs prient le dieu d'éloigner toute idée de parjure. Celui à qui le vin est offert proteste de sa fidélité, vouant aux plus affreux malheurs son allié s'il manquait à sa promesse ; il lui brise sur la jambe une cuisse de poulet bien cuite, à l'os légèrement scié, en disant : « Que le sang brise tes forces comme moi cette cuisse si tu te parjures » puis la lui met dans la bouche. Les deux alliés aspirent à nouveau le vin et mangent le hachis. Tous les assistants boivent à leur tour, chacun mettant un peugan dans la jarre, puis on mange le buffle. Ensuite celui à qui le vin fut offert jette le liquide restant et va se débarrasser, assez loin du village, de la pâte et des peugans. Quelque temps après, la même cérémonie a lieu chez l'autre allié ; c'est ce qu'on appelle « rendre l'eau ».

*Relang.* — Le Relang, actions de grâces pour une victoire, ressemble assez à la fête précédente. Buffle attaché au poteau. La veille, vers le soir, sonnerie de guerre dans des cornes de buffles, avec tam-tams et gongs. Les hommes parés de leurs plus beaux pagnes, tête et oreilles emplumées, descendent de la maison commune. Accroupis derrière leurs boucliers, sabre haut, ils font en silence trois fois un vaste cercle autour du buffle ; cette promenade se continue debout, au bruit des instruments, chacun entaillant en passant la croupe de l'animal. On fait ensuite le tour de la maison commune pour vénérer ses dieux-cailloux. Le monôme monte ensuite au « pra « (balcon) de cette mairie ; là, chacun, pour saluer les dieux, s'accroupit, porte les deux mains réunies au milieu du front et les ramène en arrière en les passant sur ses cheveux de chaque côté de la tête (salut de respect). Festin toute la nuit. Le lendemain de bon matin, le buffle est criblé de flèches et d'un seul coup de sabre on lui coupe les deux jarrets ; puis on le décapite, parfois aussi d'un seul coup ; les flèches retirées de son corps sont réunies en un faisceau que l'on suspend dans la maison commune à la colonne supportant le panier aux dieux-cailloux. Après avoir été flambé le buffle est dépecé et ses morceaux distribués sur les boucliers à tous les mâles du village qui mangent cette chair crue, car c'est, suppose-t-on, celle de l'ennemi dont on s'approprie ainsi le courage (on mange parfois de même le cœur d'un ennemi valeureux).

*Serments.* — Les façons les plus usuelles, mais les moins probantes d'appuyer une assertion sont : mordre le tuyau de sa pipe, la lame de son sabre, son khan (vêtement dont on s'enveloppe). La morsure au bras a plus de poids. Un serment très sérieux consiste à construire un tombeau en miniature, à l'arroser de vin et de sang de poule, puis à manger un peu de sa terre ; le menteur se voue ainsi à la mort. Il est d'autres procédés. Ainsi à Kon-Selang un homme accusé d'empoisonnement dut, pour prouver son innocence, lécher la sanie qui découlait du nez et de la bouche du cadavre laissé sans sépulture depuis 36 heures.

*Sorcier.* — La confiance aveugle dans le bedjaou (sorcier) fait de celui-ci un personnage important et redouté. Ceux qui ont des vengeances à satisfaire s'adresseront à lui avec succès, s'ils sont puissants ou généreux. S'agit-il d'un vol, d'un empoisonnement, d'un « deng » (mauvais sort consistant à tuer de loin avec des flèches invisibles), on demande ou bedjaou ou à la bedjaou (ce sont surtout des femmes), en lui disant les soupçons que l'on a déjà, de démasquer le coupable en public. Au jour convenu le sorcer se rend sur la place du village et pose devant lui 5 ou 6 œufs tirés d'un vieux chiffon ; après avoir prêté serment en mordant une piochette qu'on lui donne, de dire la vérité, et marmotté de cabalistiques formules, il place un œuf entre le pouce et l'index de la main droite, le bras élevé et étendu. Un interrogateur lui dit : « Quel est le village du coupable ? Est-ce tel village ? » ; à chaque question le sorcier semble faire effort pour briser l'œuf, mais au nom du village qu'il a en vue l'œuf (couvé et lavé avec le suc de la liane « djepel »!) éclate. Un second désigne la maison, un troisième l'individu.

*Cérémonies funèbres.* — Aussitôt après la mort, les parents, les amis, les voisins, font entendre, dans la case du défunt, des lamentations, presque chantées, sur un rhytme déterminé mais variant avec les circonstances, pendant que lugubrement résonnent gongs et tam-tams. Les voisins et amis n'adressent leurs sanglots qu'aux mânes de leurs propres morts ; c'est une mise en commun, un rappel de deuils particuliers. On lave le corps : un « braï betah », gourmette de 15 à 20 brins de coton entoure la tête de façon à rapprocher, mais non complètement, les mâchoires, les bras, étendus le long du corps, sont fixés au tronc à hauteur de ceinture ; un lien réunit les deux gros orteils, les jambes étant parallèles. Le cadavre a des vêtements de fête et des colliers de perle. On tue un porc, des poules, on prépare du vin et l'on mange et boit auprès du mort ; chacun d'ailleurs introduit dans la bouche de celui-ci un peu de viande et de vin, enfonçant le trop-plein à l'aide du doigt ou d'un morceau de bois. Le repas terminé, les parents enroulent dans une natte des ustensiles de première nécessité, des perles, les cadeaux offerts au défunt ; le tout sera enterré avec lui. Le corps est, sur un brancard plus ou moins orné, porté au cimetière, au milieu des lamentations des parents et amis et au son des gongs et de petits tambours ; le cortège finit par des porteurs d'objets ayant appartenu au défunt. Au cimetière a lieu la mise dans la bière, creusée d'ordinaire dans un tronc d'arbre. Si c'est un homme, on met près de lui son couteau et son sabre et, sur sa tombe comblée, sa marmite, sa gourde, sa pipe, son arbalète, ses flèches ; si c'est une femme, sa hotte, ses instruments pour travailler le coton, les engins de pêche, etc. Une construction, sorte de toit, de forme variée mais rappelant toujours le fer de hache, est élevée sur la tombe et abrite tous ces objets. Pendant 6 nuits les amis viennent à tour de rôle veiller dans la maison du défunt pour empêcher les parents du défunt ; ceux-ci, en effet, sont très démonstratifs, surtout s'il s'agit de la perte d'un enfant, restent jusqu'à 2 et 3 jours sans manger, se brûlent et se frappent parfois mortellement.

Pendant plusieurs mois, lamentations quotidiennes des parents ; à certains jours ils préparent un repas pour le mort ; ils vont aussi fumer au cimetière, refoulant la fumée par le fourneau de la pipe du mort, le petit bout contre la terre, du côté de la tête. A chaque lune, les familles ayant eu un deuil dans l'année célèbrent au cimetière en buvant et mangeant, au son du tam-tam, la fête du « Glom por. »

*Mut Kiek.* — Le Mut Kiek est la grande fête annuelle des morts, de ceux de l'année seulement car ensuite on ne pense plus à eux. Sur chaque tombe se dresse un xonang, catafalque en bambou ; un seul xonang pour plusieurs tombes voisines. Des palissades faites de grosses poutres unies ou sculptées entourent les sépultures de marque. Sur la terre du tombeau, sous le toit, on place le « Kon-Ngaï », figurine en bois représentant le mort, bien vêtue, à l'abondante chevelure ; ses yeux, faits de verroterie ou de l'élyte d'un coléoptère d'un beau vert, brillent étrangement ; ses bras sont étendus en avant ; une main tient un cierge ; l'autre, largement ouverte, reçoit les offrandes de viande et de sang de poule.

Des bananiers et d'autres arbres sont alors plantés à l'intérieur de la palissade, puis une poule est attachée près du tombeau ; si elle ne rompt pas son faible lien ou si elle se sauve dans la forêt, c'est que le dieu et le mort sont satisfaits ; si elle se réfugie dans le village, c'est un mauvais présage, et alors tuée à coups de flèches elle est jetée dans la forêt.

Le Mut Kiek dure toute la nuit, au milieu d'une orgie de viande et de vin, avec danses bachiques ; ces saturnales contrastent fort avec la tenue d'ordinaire si réservée de ces gens.

Chez les Banoms, certaines familles n'enterrent pas leurs morts, mais les brûlent sur des bûchers de « Kadrak » (bois de fer). Si le corps se contracte, si les bras se contorsionnent autour du bois, c'est que le cadavre veut plus de feu et alors on le perce à coups de javelot pour que la flamme pénètre mieux. Le lendemain, on recueille les os et les cendres.

*Morts violentes.* — Si un individu meurt de mort violente ou se suicide, le village devient « dieng » et personne n'y entre ni en sort tant qu'il n'est pas purifié. Si l'homme est mort en dehors, on le transporte directement au « Sanang loet keni » (cimetière spécial) de ceux qui sont morts malement, où il est inhumé. Ceux qui ont touché au cadavre sont souillés ; ils doivent se laver dans la rivière en aval du village sous peine d'amende d'un porc ; les gens en aval de ce village s'abstiennent un certain temps de cette eau.

*Etat social.* — Chaque village comprend un nombre assez limité de cases. Chez les Bahnar, une habitation par famille. Chez les Sédang, le village n'a que deux ou trois grandes case à cloisons où vivent 60 à 80 personnes. Chaque hameau forme une petite république indépendante, ayant le nom de son chef, gouvernée et jugée par les anciens et les sages et par l'assentiment général.

Chaque village a sa maison commune, très solide, au toit artistement tressé en forme de fer de hache. Si, pour être plus forts contre l'ennemi, plusieurs villages se groupent sur un même point, chacun garde sa maison commune et son autonomie.

*Mœurs.* — Mœurs plus simples, surtout plus pures, que chez les Annamites. Au centre de chaque case bahnar, au milieu de chaque compartiment sédang, un foyer sert de cuisine et de luminaire (pas de cheminée ; tout est rempli de fumée) ; la famille mange et dort tout autour. Le père, la mère, les petits enfants, forment un groupe ; les filles un peu grandes dans un compartiment à part. Les jeunes gens de 9 à 10 ans, les veuves et les célibataires couchent dans la maison commune qui contient plusieurs foyers. Les femmes sont admises dans cette maison quand on y donne un festin ou une fête. Chez les Sédang, les jeunes filles occupent la Reungao, chambre du lieu ; l'étrangère de passage y couche aussi, mais à un foyer séparé, et si elle a son mari, celui-ci dort à la maison commune.

*Religion.* — Aucune idée d'un être suprême, souverain et créateur. Les Moï peuplent tout, bois, fleuves, rochers, arbres, antres, d'une foule d'esprits bienfaisants ou nuisibles. Chaque individu, chaque famille, chaque village, a plusieurs « demong », pierres fétiches renfermées dans des sacs de bambou, suspendus au-dessus de la jarre au vin pour que les fumées de la boisson chatouillent les divins odorats. Ces cailloux de forme plus ou moins bizarres, ramassés dans la forêt par les ancêtres, sont pieusement conservés dans les familles qui, de temps à autre les arrosent de vin ou de sang de poule. Le plus exigeant de ces dieux-cailloux est le fétiche du riz ; d'autres président à la santé, à la chasse, au négoce, etc. Chacun est libre de croire à ses « demong », de ne pas estimer ceux de ses voisins, même d'abandonner les siens ; la liberté de penser est absolue. Tout le culte consiste à faire des sacrifices et des vœux pour obtenir la faveur des dieux bons, la neutralité des méchants. Pas de prêtres, chaque chef de famille sacrificateur. Comme conseiller spirituel, si besoin est le bedjaou. L'âme d'un mort, croit-on, après avoir erré quelque temps auprès de la tombe, à travers les monts et les bois, effrayant parfois les vivants, finit par aller se perdre pour toujours dans les profondeurs mystérieuses de leurs champs élyséens, le « Mang Loung ».

# LE THÉATRE COMPARÉ DES CHINOIS ET DES THAIS

## I.

### Le Théâtre Chinois.

*Construction du Théâtre.* — La construction d'un théâtre n'exige pas une dépense de plusieurs millions et des années d'attente, comme un opéra français, comique ou non. Il y a rarement, et seulement dans quelques villes populeuses, des salles de théâtre permanentes.

La plupart du temps les théâtres sont construits pour le passage d'une troupe et par elle-même.

Ce sont de grands échafaudages, en bambous, entourés de nattes, assemblés avec des liens en rotin et très élevés.

En avant de la scène sont les fauteuils réservés aux hommes et sur les côtés les galeries ou loges où les dames sont admises.

Les spectateurs disposent de petites tables pour prendre le thé et des rafraîchissements et fument la pipe à eau où la cigarette.

Ces installations ressemblent à celles de nos cafés-concerts en plein air. Tout autour sont installés des restaurants ambulants, car les pièces durent des journées et des nuits entières.

*But et emplacement.* - On donne souvent des représentations dans les cours ou parvis des pagodes sous les yeux et en l'honneur des génies et pour leur être agréable.

Chez nous, au moyen-âge, les mystères se jouaient également devant le parvis des cathédrales à l'époque et à l'occasion des grandes fêtes religieuses.

Le Père Eternel, comme les Bouddhas, y assistait en effigie et dominait la scène, tandis que les diables sortaient d'une caverne pour venir flageller les belles pécheresses.

En Chine, comme autrefois en France, les représentations ont lieu pour implorer les divinités pour conjurer des calamités publiques, pour remercier les génies d'avoir fait cesser un fléau ou pour célébrer un événement heureux dans une commune ou dans une grande famille.

Du XIV<sup>e</sup> au XVI<sup>e</sup> siècle, on attribuait en France aux mystères et aux jeux scéniques une grande efficacité contre les guerres et les pestes. On les jouait pour apaiser la colère divine ou obtenir la protection d'un « saint patron ». Aujourd'hui les « auteurs du jeu » ont bien du mal à apaiser la colère de dame Anastasie et se concilier son indulgence.

C'est le génie redoutable avec lequel nos littérateurs et nos acteurs ont à compter.

*Eclairage.* — L'éclairage se faisait au moyen de lanternes, de veilleuses, de quinquets fumeux, de torches, de chandelles.

On voit circuler constamment l'allumeur qui va moucher les mèches avec ses doigts qu'il secoue sur le crâne luisant des spectateurs voisins. Si les mandarins ou le roi sont présents, le *moucheur de chandelles* circule à quatre pattes.

Pour bien faire ressortir les jeux de physionomie de l'acteur, un ou deux porteurs de torches de résine fumeuse suivent ses mouvements et lui mettent la torche sous la figure pour bien l'éclairer.

*Composition des troupes.* — Les troupes sont généralement ambulantes. Elles se composent de 50 à 60 acteurs. Les entrepreneurs de théâtre louent par contrat des enfants de trois à quatre ans qu'ils gardent jusqu'à dix-huit ou vingt ans et auxquels on apprend le métier. Arrivés au terme du contrat, ces engagés sont libres de partir ou de rester dans la troupe. Ils gagnent fort peu de chose :

un franc cinquante ou bien deux francs par mois, plus un bol de riz par jour. Ils sont logés sous un abri et ont une natte pour lit. L'impresario ne se ruine pas ; nos premiers rôles ne s'engageraient pas dans une troupe chinoise.

*Les rôles de femmes.* — Quelques troupes particulières au service des mandarins comprennent des femmes ; mais elles ne figurent jamais dans les troupes ambulantes. Les rôles féminins sont remplies par des jeunes hommes qui ont la voix, la démarche des femmes, leur déhanchement, leur chevelure, leurs petits pieds, leur habillement et l'éventail indispensable aux femmes et aux hommes.

*Les chanteuses tonkinoises.* — Il y a au Tonkin une catégorie de femmes qu'on appelle des « chanteuses ». Elles forment une troupe qui va réciter des dialogues en vers. Elles s'accompagnent avec des bambous faisant l'effet de castagnettes. Elles ont un éventail à la main et portent attachées derrière chaque épaule des lanternes transpa-rentes allumées. Elles prennent des poses plastiques et font des évo'utions cadencées en chantant leur mélopée nazillarde sur un rythme monotone, les bras levés et les phalanges des mains en dehors comme les danseuses Cambodgiennes.

Lorsqu'elles forment la troupe particulière d'un mandarin, on leur donne un costume de théâtre. Les lanternes figurent des fleurs de lotus. Leurs groupes et leurs poses sont alors plus pittoresques. Le chant est accompagné par des guitares spéciales à très long manche.

*Acrobatie et luttes armées.* — Les troupes chinoises, comme les troupes japonaises, non-seulement jouent des pièces de théâthe, mais donnent des représentations d'acrobatie et même des combats simulés. Les acteurs ne sont couverts que d'une ceinture. Ils plantent leurs armes dans le plancher pour montrer qu'elles sont bien en métal tranchant. Ils se poursuivent, se combattent, acculent l'adversaire contre une table, ou une muraille, lui enfonçant une lame truquée ou un coutelas dans le corps et le sang jaillit sur le plancher. C'est d'un réalisme par trop répugnant obtenu au moyen de vessies pleines de sang de poulet ou de pigeon, cachées dans la ceinture ou sous les aisselles.

*Les coulisses.* — Derrière la scène, les artistes ont leur installation  Leurs ustensiles sont sur des tablettes, leurs costumes sont étendus sur des bambous. Des poupées représentant les génies et les principaux rôles sont rangées sur une estrade et reçoivent les invocations des acteurs pour que la mémoire, l'auditoire et la recette ne leur fassent pas défaut. Sur des tables sont disposés tous les objets servant au maquillage. Les artistes s'accroupissent et le barbier les rase, les maquille et les aide à s'habiller pendant que des enfants leur servent du thé chaud dans des bols ou de l'eau-de-vie de riz dans des tasses microscopiques.

*Costumes.* — Les costumes sont fournis par l'entrepreneur. Ce sont d'amples robes brochées ou brodées de fleurs, avec des ceintures en bois laqué rouge, des plastrons brodés à facettes miroitantes, des bonnets à ailes ou à houppes garnis d'ornements dorés, de clinquant. Les costumes des hauts personnages ressemblent aux costumes de cour des mandarins actuels, avec des bottes à hautes semelles de feutre blanc et à bouts carrés. Ils se griment, se fardent avec l'ocre, la teinture de curcuma, le blanc et le noir. Ils mettent des perruques et de fausses barbes.

*L'orchestre.* — L'orchestre est rangé autour de la scène ou groupé sur le côté. Il se compose de baguettes de bois dur pour marquer la mesure, de gongs, tam-tams, violons criards, flûte, hautbois perçant et d'énormes cymbales. Le tout fait un bruit assourdissant. Les mêmes airs reviennent sans cesse avec des mouvements différents et dans les scènes importantes, on est assourdi par les coups de tam-tam, de gong et de cymbales.

*La musique.* — Il y a dans la musique chinoise et annamite cinq tons sans demi-tons et sans accidents. Un morceau ne finit pas sur la tonique. Aussi, quoiqu'ils soient observateurs de la mesure et que leurs phrases soient bien divisées, on ne sait pas quand un morceau finit. Ils ont un air national sans paroles. On chante les notes : o' cho', chang, etc. Tous les orchestres jouent cet air en brodant sur le thème des variations à l'infini, andante et prestissimo tour à tour.

On emploie dans les pièces cinq thèmes musicaux servant pour les diverses situations : Un air gai, un air triste, un air langoureux, un air guerrier et un récitatif. Ces cinq modulations rappellent les pièces de l'antiquité grecque et latine, jouées également en plein air, sur des estrades, sans changement de décors et au milieu de la foule. Les musiciens jouent de mémoire. Ils sont accroupis sur une natte, les jambes croisées dans un angle de la scène.

Un tam-tam double est placé sur deux trépieds en bois. Les violons à deux cordes et à chevalet très élevé reposent sur le pied de l'instrumentiste. Les crins de l'archet sont passés entre les cordes et produisent un son aigu et analogue à celui de la vielle. La clarinette, dont le tuyau est en bois, se termine par un pavillon de cuivre.

La harpe se pose à plat et ses quinze cordes en laiton sont tendues également à plat sur des chevalets mobiles. On les accorde non pas suivant la gamme ascendante; mais par intervalles de tierces et de quartes. Les ongles pincent les cordes et c'est l'ongle du gros orteil qui fait la basse. On voit que la pose n'est pas grâcieuse comme celle de nos harpistes, qui seraient fort embarrassées pour jouer avec les pieds nus et un genou au menton.

La musique chinoise est mélancolique. La danse est inconnue, chez ces peuples d'allures serviles : « Les amusements, dit Montesquieu, ont autant d'influence que les lois sur les peuples ».

*Le tam-tam d'honneur.* — On n'applaudit pas ; mais une énorme grosse caisse est disposée en avant des spectateurs, à la place d'honneur. Celui qui offre le théâtre ou en fait les frais ou le personnage qu'on veut honorer est conduit à cette place. On lui remet le bâton. C'est à vrai dire, le bâton de chef de claque, de chef des Romains.

Les acteurs interrompent leur jeu et viennent en rang se prosterner et saluer ce personnage. Celui-ci frappe le tam-tam chaque fois qu'il est satisfait du jeu de l'acteur en scène. Selon qu'il frappe un, deux ou trois coups, il jette ou fait jeter au pied de la scène un, deux ou trois paquets de sapèques valant chacun deux ou trois centimes. Ce sont les feux alloués aux acteurs.

Des scribes se tiennent accroupis près de la scène et inscrivent ces versements sur un cahier. Lorsqu'il y a plusieurs ligatures de 600 sapèques chacune sur la natte, ils les remplacent par des fiches cochées ou jetons. Celui qui accepte de tenir le tam-tam d'honneur ne peut se dispenser de récompenser les acteurs. C'est ainsi que pour la foule, qui s'entasse jusqu'autour des acteurs, le spectacle est le plus souvent gratuit.

*Mise en scène.* — Il n'y a pas de mise en scène, pas de décors, pas de changements. Une bande d'étoffe sur deux bambous indique la porte d'une ville ou d'une citadelle. Un dais abritant les interlocuteurs signale le Conseil des ministres. Un parasol royal montre que c'est i'Empereur qui prend place. Les drapeaux indiquent des armées ennemies. Les grelots sont l'accessoire d'un messager. Celui qui part et monte à cheval prend une cravache et gambade en tournant sur lui-même et en levant la jambe le plus haut qu'il peut.

Il n'y a pas de trucs ni de machinistes, mais il y a un ou deux souffleurs mêlés aux acteurs et munis du livret qu'ils ne cachent pas. Ils suivent chaque acteur en lui criant son texte.

Quelquefois des animaux en carton, tigres, dragons, figurent sur la scène. On introduit dans l'intérieur de leurs corps des artifices chinois qu'on enflamme et qu'on fait éclater sans craindre de mettre le feu à l'établissement.

Au Cambodge les trucs sont mieux agencés, la musique plus harmonieuse, les rôles féminins sont tenus par des femmes qui garnissent leurs doigts de longs onglets pointus en argent. Il y a des ballets fort gracieux dansés par de jolies ballerines en costumes pittoresques comme ceux des danseuses javanaises qu'on a vues à Paris.

. Le roi Norodom a payé 12,000 francs une danseuse siamoise.

*Prologue.* — Chaque pièce est précédée d'un prologue où un acteur expose le sujet de la représentation qui va suivre.

*Chœurs.* — Les tragédies, comme les comédies, sont entremêlées de chants. Chaque personnage parle et chante ; quatre ou six personnages chantent en chœur à l'unisson ; mais il y a *un personnage principal* qui, en chantant, commente les situations et qui joue le rôle du *chœur* dans la tragédie antique ou du *maître du jeu* dans les mystères du moyen-âge. Ce chant est accompagné par les modulations de la flûte, comme sur le théâtre romain.

*Ancienneté du théâtre.* — Pour des européens rien n'est fatigant et fastidieux comme la tragédie chinoise avec ses interminables longueurs. Mais la comédie se comprend mieux quand l'acteur mime bien et il y en a de très habiles.

Les théâtres existaient en Chine 1800 ans avant notre ère, puisque l'Empereur Tching-Tan (1766 av. J-C.) défendit les représentations. L'Empereur Liuen-Wan fit de même 827 ans avant notre ère parce que le théâtre était devenu pernicieux.

Le théâtre chinois est donc très ancien et je crois, avec Voltaire, qu'on peut le faire remonter à 3000 ans ; mais les pièces les plus réputées datent de 1000 à 1200 ans. Les auteurs chinois faisaient représenter des compositions remarquables, alors que nous en étions encore au début des mystères, des farces, à la fête de l'âne ou des fous.

*La tragédie.* — La tragédie nationale, que l'Angleterre

a dû à Shakespeare à la fin du XVI<sup>e</sup> siècle, avait déjà été représentée en France par le « Mystère du Siège d'Orléans » en 1435 ; nous aurions dû persévérer dans cette voie qui ouvrait au peuple une attrayante leçon, un cours d'histoire et un exemple de patriotisme. Car « l'histoire est un drame » a dit Voltaire, et le théâtre instruit mieux qu'un gros livre. » En ce moment, le goût public en revient au théâtre populaire.

Les peuples de la Chine, du Japon, de l'Indo-Chine, l'ont compris bien avant nous. Leurs tragédies sont l'histoire de leurs conquêtes sur les peuples inférieurs à eux en civilisation. Ce sont les guerres, les luttes intestines, les intrigues des prétendants, les rivalités de races, et aussi les alliances politiques, entre princes et princesses des tributaires et des suzerains ; ce sont des femmes guerrières, des Jeanne-d'Arc, comme les deux sœurs Trung trac et Trung nhi au Tonkin (38 ans après Jésus-Christ).

*Les Jeanne-d'Arc tonkinoises.* — Au commencement de notre ère, elles se mirent à la tête des annamites contre les envahisseurs chinois qu'elles chassèrent du pays : Trung trac se proclama reine à Sontay. Les chinois revinrent à la charge trois ans après avec une armée nombreuse. Les deux sœurs continuèrent la lutte en déployant les plus grandes qualités militaires et se battirent depuis Langson jusqu'à Sontay.

Dans une lutte sanglante et désespérée, elles furent tuées ; mais les annamites disent que les génies enlevèrent leur corps et les transportèrent au ciel.

C'est ainsi que les deux sœurs Trung sont en Annam la personnification du patriotisme.

Dans les pièces du théâtre annamite on représente très souvent des femmes qui ont pris l'habit militaire et combattent à cheval, avec succès, les ennemis du royaume.

Les habitants ont élevé un temple aux sœurs Trung. Elles apparaissent coiffées d'un chapeau en forme d'Hibiscus rouge, vêtues d'une robe bleue, serrée par une ceinture rouge et montant un cheval de fer. Dans le temple près d'Hanoï, leurs statues colossales les représentent à genoux, les mains levées vers le ciel, comme la statue de 1456 de Jeanne-d'Arc à Domrémy.

L'intervention de ces femmes guerrières est popularisée par l'imagerie annamite qui reproduit les combats et les scènes des tragédies historiques.

Dans ces scènes, le merveilleux se mélange souvent aux faits réels ; mais on voit qu'il y a dans ces représentations un côté instructif et patriotique. C'est ce sentiment qui explique comment les annamites obéissent aveuglément à leurs mandarins. Le théâtre les entretient dans l'idée de la suprématie de leurs gouvernements civils.

*La morale du théâtre.* — On est frappé de voir ces peuples qui ne mettent pas en pratique les vertus militaires et détestent les sabreurs, se passionner de la sorte pour les démonstrations guerrières. Ils se plaisent à se faire illusion par des exploits fantastiques et des actes de bravoure imaginaires.

L'Indo-Chinois, sentant la main de fer qui pesait sur lui, excelle à se venger par l'arme des faibles et des opprimés : la ruse, la duperie, la moquerie, l'ironie caustique. Les serviteurs fidèles y côtoient le mandarin tyrannique, les bouffons suivent les princes, les gens du peuple sauvent des généraux vaincus, de jeunes lettrés se montrent plus habiles que de vieux ministres ; de sages vieillards donnent des conseils à de jeunes rois ; des servantes aident leurs maîtresses dans leurs intrigues. Le vice est puni et la vertu récompensée au dénouement.

En montrant ces péripéties des luttes avec les barbares, avec les Hoï, avec les peuples conquis, l'auteur faisait toujours ressortir la supériorité d'intelligence, de civilisation, de courage de la race chinoise, de la race annamite, de la race conquérante.

On nous les représente braves, rusés, diplomates, administrateurs, généreux pour le faible, redoutables aux traîtres.

Et chose à remarquer, c'est toujours le mandarin *civil* qui dirige, qui décide. Bien qu'il s'agisse d'incessants combats, la main est peu de chose, c'est *la tête qui est tout*. Les mandarins militaires sont mis a l'arrière place. Braves dans la lutte, ils sont bornés dans le Conseil. Leurs fatigues physiques ne leur permettent pas d'être sobres. Ils ne savent pas garder un secret. Ils se laissent duper par des espions, des paysans, des serviteurs, des ennemis qui les flattent. Ils sont ignorants et grossiers. Les lettrés ont toujours le dessus. C'est l'éternel triomphe de l'intelligence et du savoir sur la force brutale.

Les vieilles nourrices, les confidentes dévouées, les vieux serviteurs des familles se montrent de bon conseil et sont traités avec des égards mérités.

Ces tragédies sont mélangées de trivialités ou de tableaux scabreux. Dans l'une d'elles, un empereur en grand costume de cour donne un coup de pied à l'impératrice, comme Néron vis-à-vis de sa femme Poppée. — On simule un lit sur la scène et lorsqu'on entr'ouvre le rideau, on en retire un enfant qui est censé être né séance tenante.

Pour égayer les longueurs des discussions en Conseil, on voit un ministre expédier un courrier. Celui-ci part, rencontre sur la route, par un temps très chaud, un paysan endormi la bouche ouverte. Il lui met dans la bouche une crotte de chien et se cache pour voir l'effet, au réveil du dormeur. Et l'auditoire de se tordre.

*Le libretto.* — Dans les scènes vulgaires et les comédies, on emploie la langue vulgaire ; mais dans les tragédies on se sert du texte Chinois et la plus grande partie des spectateurs, même les lettrés, ne comprennent pas. C'est encore là une bizarrerie de ce peuple si passionné pour le théâtre qu'il écoute des personnages dont il n'entend pas le langage, comme il écoute les prières des bonzes sans les comprendre. Ceux-ci ne répètent d'ailleurs que des mots et c'est le cas de dire que pour les Indo-Chinois eux-mêmes, les textes sont du « Chinois » ou du sanscrit incompréhensible pour eux. Il est vrai que les sons bruyants de l'orchestre et les modulations du chant suppléent à l'ignorance du langage des acteurs qui parlent ou chantent avec une voix de fausset et en poussant des cris de tête fort désagréables pour des oreilles européennes.

*Répertoire.* — Parmi les tragédies, nous citerons d'abord : *L'Orphelin de Tchaô*, qui a été composé il y a 800 ans par Ki-Kiun-Tsang.

Traduit par le R. P. jésuite Prémare, en 1755, il servit de modèle à Voltaire pour sa tragédie de « l'Orphelin de la Chine ». Un auteur chinois et un jésuite, il y a 150 ans, fournissant à Voltaire les éléments d'une pièce de 800 ans, jouée à la fois à Pékin et à Paris, c'est un piquant rapprochement à signaler dans l'histoire du théâtre des deux nations.

Il ne s'agit pas ici d'un cours de littérature. Je ne comparerai pas les deux ouvrages. Il faudrait aussi rapprocher cette pièce chinoise de l'Electre de Sophocle.

Comme drame national, il y a lieu de se reporter aux *Malheurs de Han*. C'est l'histoire des luttes entre les Chinois et les Tartares.

Comme il y a eu, seulement de 1120 à 1340, sous la dynastie des Yuen, 564 pièces publiées, nous ne pousserons pas l'énumération plus loin.

**Comédie de mœurs.** — Parmi les comédies de mœurs, il en est une très populaire et très touchante ; c'est *le Pipaki* ou « Histoire du luth », ou la Piété filiale, composée par Kao-Tong-Hia, à la fin du XIVe siècle.

C'est un tableau émouvant de la piété filiale si en honneur à la Chine, envers les *beaux-parents*, tandis qu'il est de mode en France de déblatérer contre les beaux-pères et surtout contre les belles-mères. En Chine, l'auteur qui aurait ce mauvais goût serait, non pas sifflé, mais privé des coups de tam-tam d'approbation et de rémunération.

Du reste, la censure officielle aurait vite fait d'interdire ses œuvres, comme contraires à la morale publique et aux lois de l'empire qui sont basées sur le « collectivisme familial ».

Au culte des ancêtres défunts s'allient les devoirs envers les ascendants survivants de l'époux comme de l'épouse. C'est un devoir fondamental auquel nul Chinois ou Chinoise ne songerait à se soustraire. Nous devrions bien les imiter.

L'*Avare Chinois* est curieux à comparer à l'Harpagon de Molière. Le titre chinois est Khan - Tsiêu - Nou ou l'Esclave des richesses qu'il garde. La pièce a été donnée à l'Odéon en 1898, sous le titre de : « La Tunique merveilleuse », titre emprunté à tort à une tragédie chinoise, par Mme Judith Gauthier qui a emprunté aussi le texte traduit par Bazin.

Les scènes de l'Avare chinois sont très caractéristiques et fort amusantes.

*Une femme chinoise auteur dramatique.* — Passons maintenant aux œuvres dramatiques d'une femme chinoise. Il serait curieux d'analyser ici quelques pièces comme la *Tunique confrontée*.

Il s'agit d'une famille ruinée par l'adoption d'un jeune homme qui n'est qu'un aventurier et qui assassine son père adoptif. Le fils de celui-ci, d'accord avec sa mère, venge sa famille.

*La Chanteuse*, est un drame basé sur l'infidélité d'un mari qui délaisse sa femme pour une femme de mauvaises mœurs. Celle-ci tente d'assassiner le mari et le fils légitime de celui-ci. Une servante se fait chanteuse pour sauver ce fils, qui passe avec succès les examens du Concours, retrouve son père et fait punir la courtisane. *Le Vieillard auquel survient un fils*, est un tableau de la piété filiale envers les vieux parents.

Ces pièces sont d'une femme nommée Tchang-Koué-Pin, d'une grande beauté, d'un grand esprit et de mœurs indépendantes. Aussi, a-t-elle admirablement dépeint les courtisanes et les dangers auxquels elles entraînent les hommes et les familles. Elle était très versée dans les arts et les lettres de sa nation et fut l'Aspasie, la Sapho de son pays.

Il est à remarquer qu'à cette époque, il y a cinq ou six cents ans, aucune femme n'avait donné au théâtre, en France, ni drame ni tragédie. Les compositions de cette femme de lettres sont populaires en Chine et appréciées des lettrés. Elles tiennent dans le théâtre chinois une place importante et l'œuvre est de nature à nous intéresser fortement dans ce parallèle entre cette vieille littérature dramatique et la nôtre, si récente et déjà si blasée.

Une fort jolie comédie de genre, c'est celle intitulée : *Tchao-Mei-Hiang* ou *la Soubrette*, par Tchin-Té-Houei, au XIIᵉ siècle de notre ère.

Elle a été adaptée à la scène française, et mise en vers par le poëte Marc Legrand (1899). On a suivi de très près le texte chinois et conservé soigneusement la couleur locale. C'est du Marivaux chinois. Les descriptions de la nature, la peinture de la passion, la finesse de l'intrigue se mêlent à un grand charme poëtique. C'est un petit chef-d'œuvre de littérature dramatique chinoise que la nôtre ne renierait pas et qui sera fort goûté des lettrés de l'Occident.

Comme saynète annamite, nous devons citer le joli dialogue de la « Joute fleurie ». Ce sont des improvisations littéraires entre jeunes gens et jeunes filles, en public, et qui rappellent la « Nuit d'Octobre », de Musset, en ce sens que ces tournois poétiques, ces cours d'amour, ont lieu en octobre, la nuit.

*Les auteurs.* — Nos auteurs dramatiques se plaignent de voir piller leurs droits de propriété, leurs droits d'auteur. Du moins ils sont connus ; ils sont rémunérés dans leur pays et en plus ils jouissent de leur triomphe. Ils ont pour eux la gloire. La Presse, qui ne donne qu'une place restreinte aux affaires extérieures de l'Etat, ne marchande jamais les compte-rendus d'une première, même sur le plus petit théâtre.

En Chine, les auteurs sont inconnus du public. Leurs pièces sont copiées et reproduites partout par le premier venu. Leurs œuvres ne sont pas classées dans les productions littéraires.

*Les acteurs.* — Quant aux acteurs, ils forment une classe de parias. Il leur est défendu d'occuper aucun emploi public. Ils ne peuvent être conseiller municipal de leur commune. Une fille de bonne maison ne les épousera pas. On ne voit en eux que des histrions et des cabotins.

*Popularité du théâtre.* — Malgré l'infériorité de ses interprètes, l'absence de mise en scène, de décors, d'illusions, le théâtre a pour toutes les classes de la société, en Chine, un attrait puissant. Ces mêmes acteurs, honnis par la société, par la classe lettrée, par les mandarins, représentent devant ces mêmes lettrés, ces mêmes mandarins des satires où leurs travers, leurs défauts, leurs vices sont dépeints sur le vif, sans que ces fonctionnaires puissent s'en fâcher. Si les comédiens et les auteurs s'avisaient, en France, devant les préfets ou les sous-préfets, les ministres, les généraux, de critiquer aussi vertement les fautes des agents du Gouvernement, Dame Censure aurait vite fait de supprimer la pièce, les acteurs, le théâtre. N'a-t-elle pas envoyé dans les établissements de Montmartre un agent de police pour comparer les textes ?

Ou la police est forcée de choisir ces critiques dramatiques, aptes à bien connaître les textes qu'ils sont chargés de comparer, parmi les littérateurs, ou ces agents ignorants sont astreints à un rôle nul et ridicule. Leurs rapports doivent être bien amusants pour le chef de bureau qui les lit.

« C'est surtout, dit M^me de Staël, dans les pièces de
» théâtre qu'on aperçoit visiblement quelles sont les
» mœurs, la religion, les lois du pays où elles ont été com-
» posées et représentées avec succès. C'est par le théâtre

» d'un peuple qu'on peut jugger des progrès de sa civili-
» sation. » L'histoire nous retrace le passé ; le théâtre nous
y transporte et le fait revivre à nos yeux.

Puisque Voltaire, Molière et les auteurs chinois ont
traité des sujets analogues, puisque le théâtre tient une
si grande place dans la vie en Chine et en Indo-Chine, il
était intéressant de comprendre dans notre étude compa-
rative du théâtre, celle du Céleste-Empire et des pays qui
ont copié sa civilisation.

Nous avons toujours remarqué au théâtre en Indo-Chine
que les scènes représentées reproduisaient les actes mêmes,
bons et mauvais, les mœurs des mandarins, des fonctionnaires civils et militaires, des hommes et des femmes présents à ces spectacles. D'où il est plus vrai et plus général
encore de dire que dans ces pays les habitants sont] à la
fois *spectateurs et acteurs* dans les manifestations de la
vie publique et privée, des mœurs et des sentiments du
peuple.

Or, ces peuples, il nous faut les bien connaître, puisqu'ils
sont les sujets ou les protégés de la France.

Cette étude de leur théâtre est donc intéressante pour
des Français. Il y a des pièces, comme l'*Histoire du luth*,
qui pourraient être transcrites en français pour la scène,
comme l'a été l'Orphelin de la Chine.

Ce qu'il y a de certain, c'est que les Chinois ont depuis
1200 ans des tragédies nationales retraçant leur histoire
aux yeux du peuple illettré. Pour nous, hormis le Mystère
d'Orléans, il a fallu arriver au XIXe siècle pour ressusciter
les principaux épisodes de l'*épopée nationale*. L'histoire
étant un drame, c'est au théâtre que ce drame doit être mis
sous les yeux du peuple qu'il instruira et charmera tout à
la fois. Il n'était pas inutile de montrer que, sous ce rapport, les Chinois nous avaient depuis longtemps devancés,
comme pour l'invention de la poudre, de la boussole, de
l'imprimerie, et que notre théâtre aurait peut-être encore
quelque profit à imiter le leur ou du moins à lui faire

d'autres emprunts. Ce serait une haute leçon de littérature étrangère comparée. Il n'est pas douteux qu'elle ne soit du goût du public français, si raffiné et si modernisé qu'il soit.

Ch. Lemire.

## II.

### Le Théâtre des Khmers

L'aperçu qui précède concernait le théâtre chinois comparé. C'est le théâtre adopté en Indo-Chine. Aux pièces chinoises jouées par des acteurs chinois s'ajoutent des tragédies annamites retraçant les luttes nationales avec les mois et les Kiams ; puis des comédies du crû viennent varier le spectacle.

Nous avons connu deux gouverneurs de haute réputation (1), fins lettrés, grands amateurs du théâtre, qui composaient et faisaient jouer des comédies annamites par leur troupe. Elle comprenait, chose rare, de jolies et habiles actrices annamites. Ces comédies n'étaient pas sans valeur, ni sans intérêt et avaient un cachet de modernisme et de critique qui les rendaient populaires parmi les mandarins, les lettrés et le peuple, et leur donnait une saveur suggestive pour quelques européens qui suivaient ces représentations.

*Fonds du théâtre cambodgien.* — Nous devons maintenant faire connaître le théâtre cambodgien dont le fonds est commun à tous les peuples de race Thaï (Siamois, Laotiens, Pouthaï, Pou Euns) et par analogie aux Birmans et même aux Javanais par extension. Ce théâtre est tout à fait différent du théâtre chinois et plus relevé dans les idées comme il est mieux machiné dans la mise en scène, les trucs primitifs et les ballets.

Il mérite donc une étude spéciale.

*Romans Khmers.* — Notre initiation à la littérature dra-

_____
(1) Les Tong doc Nguyen chàn et Dao tan.

matique thaï a pour base et pour guide la reproduction de quatre pièces tirées de romans Khmers (1). Deux remontent aux temps légendaires et préhistoriques ; le troisième nous montre les mœurs des habitants ; le quatrième est un drame national et religieux. N'oublions pas que ces quatre œuvres appartiennent spécialement à la littérature, à l'art dramatique et à la langue des Khmers.

Ce sont les Khmers (cambodgiens) vaincus qui ont imposé leur civilisation étonnante aux races thaï conquérantes. « Le souvenir magique du passé, dit Pavie, reste vivant au fond de leurs cœurs, dans les épaves de leur littérature, de leur théâtre, de leur dessin, de leur musique. »

*La Musique.* — Les œuvres littéraires sont adaptées au théâtre et la musique en est l'accompagnement obligé. Cependant, elle n'est pas écrite et le répertoire se transmet de mémoire. Les cortèges, les danses, les scènes mimées sont forcément accompagnés de musique.

A part la flûte. une sorte de hautbois et un orgue à main (Khên), connu sous le nom de flûte laotienne, les orchestres se composent d'instruments à cordes et de deux espèces de xylophones ou harmonicas, l'un en cercle formé de petits gongs en bronze, l'autre en forme de barque carrée dont le pont serait une série de lames de bois ou de métal. Des variétés de tambours, gongs et cymbales s'y ajoutent toujours.

*Danses.* — Les danses sont surtout une mimique spéciale employée dans les rôles muets, des marches lentes, avec séries de poses, des fleurs, des armes, des bannières en main. Deux particularités les rendent originales : le balancement en arrière du pied avant qu'il pose à terre, imitation curieuse et légère du même et lourd mouvement de l'éléphant ; un assouplissement des bras, allant jusqu'à la dislocation du coude et des phalanges des doigts, en permet le renversement et facilite des ondulations considérées comme le comble de la grâce.

---

(1) Traduits et publiés par M. Pavie.

Au théâtre, les acteurs évoluent dans une salle carrée longue que les spectateurs entourent sur trois faces ; la quatrième est réservée à l'entrée des personnages, au chœur et à l'orchestre.

Danseuse Cambodgienne

*Artistes.* — Les artistes dans une même troupe sont du même sexe, généralement des femmes, contrairement à ce qui a lieu pour le théâtre chinois.

Les troupes ambulantes sont quelquefois formées d'enfants des deux sexes.

Les figurations d'ogres, de géants, d'animaux, sont le plus souvent tenues par des hommes.

Les actrices ont les cheveux coupés courts, les pieds nus ; elles portent des ongles très longs, factices, en argent, se blanchissent comme nos pierrots avec du talc calciné et emploient le jaune de curcuma, dont sont teints aussi leurs bijoux d'or. Les perruques sont exigées par la plupart des rôles des femmes.

*Costumes.* — Les costumes très archaïques et très éclatants, rappellent ceux des bas-reliefs anciens. Au théâtre du roi Norodom, à Phnôm-pénh, ils sont riches et véritablement remarquables. Dans toutes les troupes, même de dernier ordre, ils restent dans les formes de la tradition.

*Le chœur.* — Une nuit suffit rarement au développement d'une épopée. Les monologues et les dialogues sont dits par les personnages en scène. Comme dans la Grèce antique, le *chœur* expose le fond de la pièce pendant que les acteurs exécutent la mimique qui convient, ou gardent des poses d'attente.

*Surnaturel.* — Dans cette civilisation d'origine indoue, le surnaturel et le merveilleux tiennent, comme dans nos mystères du moyen-âge, et même dans notre unique épopée nationale du XV\ :(e) siècle, une place prépondérante.

*Comparaison.* — Le nationalisme, c'est-à-dire l'esprit de race qu'on a nié à tort chez les peuples de ces deux branches indo-chinoises, s'y mélange à l'intervention des divinités protectrices des royaumes.

Les Annamites, refoulés de leur pays d'origine, la Chine méridionale, et gouvernés pendant mille ans par leurs dominateurs, empruntèrent à ceux-ci leur législation et leur civilisation. Les Thaïs, envahisseurs du pays des Khmers, adoptaient la civilisation et les œuvres du peuple plus ancien qu'ils tentaient d'incorporer à eux.

Chez ces peuples, la littérature et le théâtre sont le plus souvent inséparables.

*Répertoire.* — Parmi les œuvres littéraires cambodgiennes, dont nous sommes redevables à M. Pavie, outre les quatre romans dramatiques dont nous parlons plus loin, il faut citer celle qu'il a recueillies à Luang Prabang (Haut-Laos).

C'est l'épisode final du *prince Rathisen* et de la *belle Kéofa* ; c'est une scène biblique plus fine que celle de *Rébecca* à la fontaine.

Le roman de « *Roum Say Sock* », « deux femmes rivales abandonnées pas le même mari», exige des trucs, de nombreux figurants et se termine par un dramatique dénouement.

Les « *Douze jeunes filles* » sont une légende rappelant le *Petit Poucet* et le *Barbe bleue* de Perrault. La pauvre Kongrey se laisse mourir sur les bords du lac, nouvelle Ophélie délaissée par le prince Rothisen.

Le drame le plus populaire est celui des « *Deux frères* », les princes Vor-Vong et Saurivong.

L'amour maternel et l'amour filial y sont si bien dépeints que ces scènes arrachent des larmes aux belles cambodgiennes.

*Idéal religieux.* — En traitant de l'archéologie et de l'art des Khmers et des Kiams, nous avons, comme le poëte Pang, le chantre d'Angkor, traduit par M. Aymonier, fait ressortir quelle grande place tiennent dans ces manifestations artistiques les aspirations religieuses, intellectuelles, spirituelles et nobles !

De même, dans les compositions littéraires et dramatiques pour la scène, les évènements sont subordonnés aux *mérites et démérites* des personnages. Ceux-ci invoquent avec une foi vive et naïve les Brahmas, les Boudhas, puis es anges tutélaires et enfin les génies.

*Morale naturelle.* — Le théâtre chinois, plus habile comme facture, ne met en jeu, comme ressort des actions humaines, que la morale naturelle, la raison, la vertu ramenée à l'amour filial. Le ciel n'y intervient que comme une idée vague, tout à fait impersonnelle et abstraite. La Divinité, bien que dominant l'humanité, n'y est ni définie, ni personnifiée, ni apparente.

*Inspiration élevée.* — Les rois, princes et sujets, hommes et femmes, sont, au contraire, chez les Khmers, en communication d'esprit et de relations surnaturelles, en idée comme en fait, avec les génies, les esprits, les personnages divinisés et avec les divinités elles mêmes.

On conçoit dès lors que le peuple qui a élevé vers le ciel ces grandioses monuments et composé ces drames nationaux ait été inspiré par des sentiments d'une psychologie bien plus élevée que celle des Chinois rationalistes, matérialistes, fatalistes, bien qu'ils se soient montrés grands littérateurs, alors que chez nous l'art dramatique n'existait pas encore.

Ces considérations sont de nature à nous rendre plus sympathique encore ce peuple cambodgien si doux, qu'on se prend d'autant plus à l'aimer, qu'il a plus souffert.

Pour nous, humble ouvrier de la première heure, nous avons partagé et nous maintenons en nous-mêmes ce commun sentiment. Aussi nous désirions vivement voir ces scènes représentées dans un théâtre de Paris. On commence à s'intéresser aux œuvres des auteurs dramatiques de la *Chine*.

Combien plus attrayantes, dans la forme extérieure, sont les représentations de pièces *cambodgiennes* ! J'en fais juges les femmes qui en sont les spectatrices charmées.

Leur sentiment plus délicat, leur esprit plus idéaliste, les joies et les peines de l'amour conjugal et de l'amour maternel, plus intenses dans leur cœur, éveilleront en elles un goût bien plus vif pour le théâtre cambodgien que pour le théâtre chinois.

*Conclusion.* — C'est une noble et haute tâche que de faire connaître aux lettrés de France ces œuvres naïves et attrayantes des lettrés des pays thaï.

L'impression qui en résulte sera durable. On se rappellera qu'il existe là-bas un peuple placé sous notre protection, que ce peuple a ses fastes historiques et dramatiques ; qu'en les appréciant, nous avons appris, selon le mot de Montesquieu, à mieux apprécier ce peuple lui-même et à espérer pour lui un relèvement nouveau sous la tutélaire égide de la France.

Ch. Lemire.

# LES ARTS ET LES CULTES ANCIENS

# ET MODERNES EN INDO-CHINE

La plupart des voyageurs qui n'ont parcouru que le littoral de l'Annam ont déclaré qu'on ne trouvait dans ce pays ni monuments ni œuvres d'art. Il y a lieu cependant de signaler et comparer les nécropoles royales de Hué, œuvres modernes des Annamites, avec les monuments anciens, d'origine kiam, qui existent encore dans ia partie sud, entre la province de Binh-thuan et Hué. Ces édifices sont principalement des tours. Ils ne sont pas dûs aux Annamites; mais aux Kiams, les anciens habitants du Tciampa. (1)

Ces constructions remarquables méritent d'être décrites, et il n'est pas sans intérêt de faire connaître en France les plus beaux spécimens de cet art, dont les derniers vestiges auront bientôt disparu.

Il était encore dans toute sa splendeur lorsque le vénitien Marco Polo visita ce pays au XIII⁰ siècle.

Au commencement de 1868, étant à Saïgon, je signalais tout l'intérêt qui semblait s'attacher à des recherches sur cette ancienne civilisation et à une exploration de la région où les Kiams sont aujourd'hui confinés, au sud de l'Annam. Ils habitent, simultanément avec les Moïs, la chaîne de montagnes qui sépare l'Annam du bassin du Mé-Kong.

De 1883 à 1886, M. Aymonier parcourut toute cette région, et c'est lui qui exposa le premier la situation des représentants de cette race déchue dont il se fit l'avocat au-

---

(1) ou Tjams ou Tsiampois.

torisé. Il visita leurs monuments en ruines et releva de nombreuses inscriptions sculptées dans la pierre.

Elles sont tantôt en sanscrit, tantôt en langue kiam. On n'avait pas alors la clef de cette écriture, qui ne fut déchiffrée et transcrite qu'en 1887 par M. Abel Bergaigne. Il publia, d'après les inscriptions, une notice sur le royaume du Tciampa (ou Ciampa, des Tjiams ou Kiams).

Les explorateurs, les voyageurs, les savants, connaissaient donc l'existence de ces monuments ; mais il m'a paru utile de les décrire et d'en reproduire quelques vues photographiques, en les accompagnant des explications dues aux travaux des savants précités et à mes propres recherches en Annam, poursuivies depuis avec grand succès par M. C. Paris et surtout par l'Ecole Française d'Extrême d'Orient.

Les Kiams occupaient le territoire de l'Annam actuel, depuis Baria, en Cochinchine, jusqu'à Caobang au Tonkin. Au $\mathrm{III}^e$ siècle, ils eurent longtemps une capitale au Nghé-An où est Vinh actuellement. Il y a huit siècles, un de leurs principaux rois avait fondé la « capitale des Sapins », là où les Annamites ont, trois siècles et demi plus tard, construit Hué, en 1558. C'est peut-être en souvenir de cette capitale des Sapins que l'esplanade des Sacrifices royaux, à Hué, est entourée de quinconces de sapins. Chacun d'eux porte le nom du membre de la famille royale qui l'a planté.

Les Kiams, au $\mathrm{xv}^e$ siècle, possédaient encore une grande capitale appelée Cha-Ban, à 8 kilomètres au nord de Binh-Dinh.

Depuis trois cents ans la lutte était commencée entre eux et les Annamites. Cha-Ban succomba en 1458, mais conserva cependant un gouverneur kiam jusqu'au $\mathrm{xvII}^e$ siècle. A partir de cette époque le pays fut entièrement annamitisé. Cha-Ban fut ensuite détruite par l'empereur Gialong, qui construisit la citadelle actuelle de Binh-Dinh (1802).

L'enceinte de la citadelle de Cha-Ban avait plus de 10 kilomètres de tour. Il ne reste des édifices qu'elle contenait que deux édicules appelés, l'un, la tour de cuivre, l'autre la tour d'or, et les deux piliers d'une porte devant laquelle se tiennent deux éléphants monolithes de grandeur naturelle, et deux animaux fantastiques. Lors de la prise de cette citadelle, elle était défendue par 70.000 combattants ; 40.000 furent massacrés et 30.000 emmenés prisonniers à Hué.

Il y a encore dans le sud de l'Annam 50.000 Kiams, 60.000 au Cambodge, 10.000 en Cochinchine et 10.000 au Siam, soit 130.000 au minimum. Les uns sont mahométans comme les Malais, et ils ont des mosquées. Les autres pratiquent un boudhisme mélangé de brahmanisme. On admettra que ce chiffre de population est encore assez grand pour valoir la peine qu'on s'occupe de cette race primitive, qui a laissé dans les annales de si grands souvenirs.

Les temples renfermaient de grandes richesses, d'énormes statues d'or et d'argent aux yeux de rubis et aux dents de diamant. En 436, un général chinois, qui avait porté la guerre et le pillage chez les Kiams, avait brisé des statues et emporté 100.000 livres d'or. Les spectres de ces divinités le hantaient dans sa retraite, et il mourut de sa disgrâce et de ses remords, comme par un châtiment des dieux.

Chez les Kiams, ce sont les filles qui demandent les garçons en mariage. Aussi les femmes ont une grande influence, et ce sont elles qui gardent avec le plus de ténacité leurs traditions nationales. Il a été impossible au roi d'Annam Minh-Mang (vers 1820) de les forcer à remplacer la jupe par le pantalon annamite.

Elles n'ont pas les yeux bridés ; le nez est droit, le buste bien fait. Elles portent une robe verte, échancrée sur le devant. Leur type est bien supérieur à celui des Annamites, et on reconnaît en elle une souche aryenne. Une nation

n'est pas irrévocablement perdue tant que là femme occupe au foyer une place prépondérante.

« Les monuments Kiams, dit M. Aymonier, indiquent du
goût et une civilisation identique à celle des Kmers. » Les
Kiams étaient en rapports fréquents avec ce peuple, comme
avec les Malais, les Annamites et les Chinois.

L'alphabet est originaire de l'Inde du Sud et date de
plus de 1.500 ans. Il est dérivé du sanscrit, la langue savante de l'Inde du Sud.

Les inscriptions de leurs monuments datent du III° au
IX° siècle de notre ère. Les plus anciennes sont en vers
sanscrits, et celles qui sont postérieures au IX° siècle sont
en prose et en vers.

Ces inscriptions perpétuent la mémoire et font l'éloge

Ganeca Vischnou

des rois, des princes, des princesses et des particuliers qui
ont élevé ces monuments Elles établissent que ces temples
étaient dédiés à Civa et à son épouse Uma (ou Parvati);
chez les Kiams, le civaïsme dominait, en même temps que
le culte de Vishnou. Tous deux se trouvent souvent réunis
en un seul corps mâle dont chaque moitié porte des attributs différents. Laksmy, femme de Vishnou, y figure aussi.
Elle a quatre bras et porte dans sa coiffure l'image du dieu
son époux.

Les monuments kiams, en dehors des ruines de citadelles, sont des tours carrées rectangulaires ou octogonales.
Elles sont ordinairement trois ensemble, distantes à peine
de 3 ou 4 mètres, symbolisant croit-on la trinité brahmanique. Elles sont situées le plus souvent sur des hauteurs, à
l'entrée des vallées et en vue les unes des autres, de sorte
qu'on a pu les faire servir à la défense du pays, pour signaler l'approche des ennemis par des signaux visibles de
jour et de nuit. Nous y avons dans le même but installé
des télégraphes optiques en 1886-87, lors de l'insurrection
annamite. Les tours ont les unes 20 mètres et les autres
25 mètres de haut, mais elles n'ont pas plus de 6 mètres
sur 4 mètres de côté. La plupart n'ont qu'une seule porte,
encadrée dans des monolithes de plus d'un mètre de large
sur 2 m. 50 de hauteur. Le peuple n'entrait donc pas dans
ces monuments. aux murailles épaisses et massives et aux
voûtes en pointe.

Les édifices sont à la fois en granit, en grès et en briques ; le gros œuvre est en briques et les blocs de grès forment un revêtement extérieur. On ignore encore d'où proviennent ces matériaux, comment ils ont pu être amenés
et surtout comment on a pu les élever à une hauteur de
près de 25 mètres. On retrouve des cubes de pierre de plus
de 2.000 kilos. Près de Binh-Dinh gisent abandonnés une
vingtaine de monolithes de grès d'environ 6 mètres de
long sur près d'un mètre carré de base. Jamais les Annamites ne seraient capables de remuer et de mettre en œuvre ces blocs de 6.000 à 12.000 kilos.

Les frises, moulées en briques, ne présentant aucune
solution de continuité, on a été amené à penser que la
construction et l'ornementation ont été faites d'abord avec
des briques non cuites et que la cuisson a eu lieu ensuite
au moyen d'un immense brasier entourant l'édifice de la
base au sommet, méthode facile à employer dans ce pays
de vastes forêts.

Cet ensemble de monuments nous permet de résumer
nos idées sur leur construction et de reconnaître que leur

principe architectural est uniforme et général : c'est celui du monolithe, taillé avec une admirable précision.

Mais, si les plans des architectes sont partout à peu près les mêmes, l'ornementation et la décoration artistiques va-

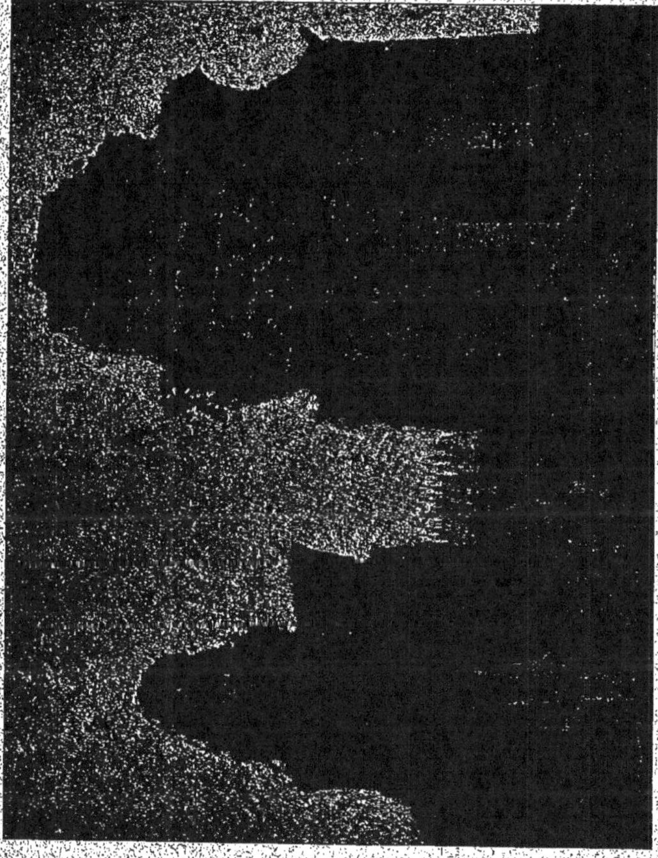


rient à l'infini. Elles sont d'une grande richesse, d'une grande harmonie et prouvent une science spéciale des jeux de lumière et du contraste des reliefs.

Cette ornementation est empruntée aux personnifications

et aux attributs de la religion brahmanique, à l'hindouïsme et à la flore locale.

Dans les monuments kmers, nous voyons un double soubassement formé de terrasses superposées, comme aux esplanades des sacrifices annamites ; sur ce soubassement, des nefs ou galeries sont disposées en croix, et à leur intersection se dresse une tour à huit étages. Dans les constructions kiams, pas de terrasses, ni de nefs ou constructions latérales, mais seulement des tours juxtaposées trois par trois en l'honneur de la trinité brahmanique.

Les soubassements, les chapiteaux, les corniches, les linteaux, offrent une série de guirlandes de fleurs, des lotus principalement, des théories de bayadères ou de femmes en prière, des lions, des éléphants ; des serpents nagas déroulent tout autour leurs replis écaillés. Aux angles se détachent les *kruts* ou *garoudas* faisant saillie. Celui du milieu est le plus gros et la série va en diminuant, sur chaque face, ce qui produit un effet original et puissant.

Certains monuments, ceux par exemple de Trakéu, dans l'ouest de Tourane, étaient précédés de larges escaliers et de pérystiles dont les rampes étaient garnies de statues et d'animaux divers : sphynx, éléphants, bœufs, lions à crinière, etc.

Les linteaux de portes et les tympans de frontons sont toujours en ogive. Ils renferment, dans des cadres sculptés dans un seul bloc, Vishnou et les yaks, moitié démons et moitié anges, qui lutinent les femmes ou les singes anthropoïdes formant l'armée du dieu Hanuman, singe lui-même, qui représente les sauvages, les autochtones vaincus par les aryens.

Puis paraissent Civa entouré de serpents nagas et Uma ou Parvati son épouse, enfin Brahma assis sur un calice de lotus. Son visage est placide et majestueux. Il semble planer sur la terre, sur les dieux secondaires, les démons, les serpents, les singes, les humains, sur tout l'univers.

Les voûtes sont tantôt ogivales, tantôt cylindriques. Huit

bandes doubles de pierre en saillie forment les étages. Au milieu de chacune un roi porte le sceptre ou l'épée.

Au sommet s'épanouit un énorme calice de lotus. Tel est le plan général de ces édifices et de leur ornementation ; on jugera sans doute que ces conceptions si anciennes de l'architecture kiam ne sont pas sans mérite.

Brahmas

Nous avons fait remarquer qu'il y avait là quelque analogie avec l'art occidental au moyen-âge. Ainsi, outre les diables, les serpents nagas qui entourent Civa sont les ennemis des hommes. Ils résident à la base du mont Mérou qui supporte l'univers. N'est-il pas curieux de retrouver dans la plupart des théogonies, dès l'origine, le serpent comme l'ennemi du genre humain, et comme obéissant à une divinité supérieure ?

Dans les environs des monuments kiams, des statues enfouies et brûlées ont été retrouvées. Les personnages qu'elles représentent ou symbolisent ont le type aryen très pur. La chevelure, la barbe, la coiffure, rappellent les types d'Assyrie, de Perse et même d'Égypte. Il y aurait, sous ce rapport, au moyen des éléments réunis au musée Guimet et au Louvre, à Tourane et à Hanôi, une étude comparée très instructive à tenter c'est l'œuvre de l'Ecole d'Extrême-Orient.

Plusieurs personnages, guerriers ou religieux, tiennent à la main un chapelet. N'est-il pas étrange de retrouver en leurs mains, à une époque aussi reculée, le chapelet qu'ils égrènent en méditant, comme le font les Chinois, les Annamites, les Musulmans, les Bonzes bouddhistes et les Chrétiens, parmi tant d'autres et si nombreux attributs adoptés par tous ces cultes, si divers au fond et si rapprochés dans les formes ?

Il est dommage que ces monuments soient aujourd'hui à l'état de ruines. Leur construction devait leur assurer longue durée. Mais les conquérants annamites s'empressèrent de desceller et d'enlever les blocs sculptés pour en faire des socles de colonnes pour leurs magasins à riz et leurs citadelles. De plus, ils ont coupé le nez, les oreilles, le ventre et souvent la tête des statues, et mutilé les bas-reliefs. La végétation tropicale, les banians surtout, (ficus indica) achèvent l'œuvre de destruction commencée par des barbares ignorants et jaloux.

Maintes fois déjà, les sociétés savantes de France, les amis des arts ont demandé que des mesures fussent prises pour la préservation de ces vestiges d'un grand passé historique.

Paul Bert avait bien compris que, puisque notre protectorat est établi sur ces territoires où ont autrefois régné les rois Kiams, il y avait un multiple intérêt à conserver et étudier les traces de civilisation laissées par ce peuple.

Les recherches poursuivies au Musée Guimet et au Louvre ont à la fois leur origine et leur complément dans l'étude sur place des monuments qui nous révèlent l'art, l'histoire, les religions, es transformations des peuples auxquels nous avons succédé dans le pays. C'est une tâche dont la France a toujours revendiqué l'honneur et pour laquelle a été fondée l'Ecole précitée.

Notre protectorat ne s'étend pas, quant à présent, jusqu'aux monuments d'Angkor, construits en territoire cambodgien par les ancêtres des Cambodgiens actuels, mais du moins notre protection éclairée doit-elle être effective pour la sauvegarde de ces grandioses œuvres d'art.

Ces temples sont un but de pèlerinage. Ils sont surtout l'objet de la vénération de millions de boudhistes. Leurs possesseurs bénéficient par suite d'une grande influence morale sur les peuples qui suivent les religions de Brahma et de Bouddha.

Les admirables travaux de Lagrée, Garnier, Delaporte, Fournereau, et de tant d'autres, ont fait connaître ces merveilles ; mais leurs réclamations en vue de leur préservation par les soins de la France n'ont pas encore été suivies d'effet. Il était utile de procéder nous mêmes à « l'étude et la conservation des monuments historiques et artistiques de l'Indo-Chine française ».

On objectera que ces monuments ne sont pas situés dans les territoires du protectorat ; mais ils sont à notre frontière, mis à notre portée par des services de paquebots français, et une convention peut facilement intervenir à cet effet, en attendant mieux.

## II.

Passons maintenant à l'étude des monuments annamites. Des édifices modernes, des temples surtout, couvrent tout le pays. Leurs toitures sont surbaissées, écrasées. Le jour n'y pénètre pas. Ils sont supportés par des colonnes massives en bois dur, sur lesquelles reposent des arbalétriers à têtes sculptées.

Ce qu'il faut appeler *œuvres d'art*, ce ne sont pas les bâtiments eux-mêmes, mais leur ensemble, les escaliers, les avenues qui les précèdent, les quinconces qui les entourent.

L'art annamite est terre à terre ; il est matériel et lourd. On peut dire que c'est l'image d'un peuple qui a subi une oppression séculaire, et dont le culte national et laïque, obligatoire pour tous, est le culte des ancêtres. Par de conception grandiose et hardie. Les édifices ressemblent à des tombeaux. Au lieu de s'élever vers le ciel, c'est vers la terre qu'ils s'inclinent, et c'est dans les monuments funèbres que

cet art spécial se révèle, à l'abri des profanations des vivants. Les spécimens les plus remarquables se voient dans les environs de Hué, la capitale ; nous allons en décrire quelques-uns.

*Tour de Confucius.* — En s'y rendant, on voit de loin surgir cette tour à l'angle du fleuve et d'un bras du canal. Elle est à sept étages. Un large péristyle et des escaliers étagés bordés de pilastres carrés conduisent du fleuve à la tour ; cette situation fait heureusement ressortir l'ensemble des bâtiments qui précédent la tour.

*Esplanade des sacrifices.* — Sur l'autre rive, de très belles routes carrossables, construites par les soins des représentants de la France en Annam, accèdent à l'Esplanade des sacrifices : c'est une grande enceinte carrée, plantée de quinconces de pins séculaires. Au centre, deux terrasses carrées, à balustrades ajourées, supportent une troisième terrasse ronde. C'est l'aire des grands sacrifices. Sur les quatre côtés s'appuient des escaliers orientés suivant les points cardinaux. On est frappé de l'aspect imposant de ces constructions. Les cérémonies du Nam Gias que le roi y accomplit tous les trois ans sont dignes de la majesté royale et comportent toute la pompe asiatique. Tous les mandarins sont présents en habits de cour. A la lueur des torches et des cires, ils gravissent les escaliers, entourés de bannières et d'insignes, au bruit des gongs et des tam-tam. Au signal donné par les maîtres des cérémonies, tous se prosternent cinq fois avec ensemble au son d'une mélopée religieuse. C'est, surtout la nuit, un spectacle solennel et grandiose.

*Nécropoles royales.* — Les véritables monuments annamites sont les nécropoles royales. Chaque souverain fait de son vivant construire la sienne, et elle est d'autant plus importante que le constructeur a régné plus longtemps. Les rois en sont donc à la fois les architectes, les régisseurs, les occupants.

*Construction.* — Par leurs ordres et sous leur direction, une armée de plusieurs milliers de travailleurs de tous les métiers se rendent sur l'emplacement choisi. Pendant de longues années, on approprie le terrain, on élève des terrasses, on plante des jardins, on dalle des avenues, on creuse des bassins, on y amène l'eau et on assure l'écoulement des pluies. On dresse des enceintes, on construit les bâtiments, les portiques, les ponts, le caveau. Il semble que le souverain ne désire vivre que pour mieux préparer sa tombe.

L'ensemble d'une nécropole comprend l'enceinte, avec une ou plusieurs entrées monumentales à trois ouvertures cintrées, à triple dôme, conduisant à une vaste cour dallée, analogue comme disposition à l'entrée du palais de Versailles. De chaque côté sont rangées les statues de pierre, en grandeur naturelle. des ministres et grands mandarins, les civils d'abord, la règle d'ivoire à la main comme les anciens sénateurs de Rome ; puis, les militaires, l'épée au côté ; les chevaux du roi, ses deux éléphants de guerre, taillés d'un seul bloc, et sur leur piédestal ; les deux grands dragons dorés à cinq griffes, symboles de la dynastie, gardent la première terrasse. Des serpents de pierre à dos écaillé hérissent de leurs crêtes les rampes des escaliers, divisés en trois compartiments, et flanqués de hauts pylônes.

La première partie d'une nécropole est le dôme à étage qui abrite la stèle, la tablette royale. C'est un énorme monolithe, en grès du nord de l'Annam, taillé, gravé et sculpté, extrait de carrières distantes de 350 kilomètres. Le travail de l'extraction et le transport exigent plusieurs années.

Le tombeau lui-même est placé dans un caveau, au fond de la nécropole. Il est entouré de murs, fermé par une porte de bronze et précédé de portiques en bronze. Ces portiques sont constitués par des colonnes autour desquelles s'enroulent des dragons et que surmontent des plaquettes en porcelaine aux couleurs impériales, qui sont le jaune, comme en Russie. La porte ne s'ouvre qu'une fois par an, devant le roi régnant seul. C'est par une marque de haute courtoisie qu'en 1892 le gouverneur général et le résident supérieur furent admis à entrer avec le roi dans le tombeau de l'empereur Gia-Long.

Le tombeau constitue la troisième partie de la nécropole; la seconde est le palais mortuaire, la maison funèbre, destinée aux mânes du défunt. Des stores peints en garnissent les entrées, flanquées d'énormes pylones carrés.

On y pénètre par trois portes dorées ét laquées, ornées de dragons. On ne s'y dirige qu'à l'aide d'une lumière; il y règne une obscurité et un silence funèbres; on dirait qu'on y attend le réveil d'une ombre royale, dont on craint de troubler le sommeil, et qu'on évoque à certaines dates, à grands coups de tam-tam, de gongs et de pétards.

Le palais se compose de plusieurs salles soutenues par des colonnes laquées rouge et or, comme les boiseries, les chevrons sculptés et les tables. Le sol est en carreaux vernissés. Au milieu des appartements sont suspendus des lustres et des lanternes.

Des guéridons, devant chaque colonne, supportent des corbeilles en émail, en cristal ou en or, contenant les fleurs d'or que les peuples tributaires apportaient autrefois du Laos comme hommage triennal.

Des bronzes anciens se mélangent dans une banale et même triviale promiscuité avec des tableaux chinois, des lithographies, des enluminures et des ustensiles de toute sorte.

Au centre de la première travée, l'autel ordinaire est garni de brûle-parfums, de chandeliers, de vases de fleurs. La lampe et les bâtonnets d'encens y brûlent sans cesse. La table à manger, le vestiaire, les objets pour le thé, pour écrire et sceller des ordres, restent à la disposition des mânes du défunt.

En! arrière, s'ouvrent les portes ajourées d'une alcôve dans laquelle se dresse le lit royal, entouré de tentures jaunes.

Dans les jardins et les bosquets de superbes vases de porcelaine bleue servent de jardinières. Des maisons de bain bordent les étangs. Des pirogues attendent le caprice du maître, et dans les bâtiments annexes ses anciennes femmes sont prêtes à venir le servir.

Les veuves des rois Kiams devaient s'immoler sur le bûcher de leur époux ; les veuves des rois d'Annam sont enfermées à perpétuité dans la nécropole de leur auguste souverain et en deviennent les gardiennes. Elles sont condamnées à rester inconsolables et inconsolées. Si l'on songe que les rois d'Annam prennent des femmes très jeunes et meurent trop souvent dans des circonstances prématurées ou tragiques, on trouvera peu enviable le sort de ces royales épouses. L'une des femmes du roi Minh-Mang est ainsi cloîtrée depuis 60 ans.

On ne saurait s'empêcher de remarquer le contraste entre les caveaux glacés de nos panthéons et les trianons verdoyants que se réservent les rois d'Annam. Leurs dépouilles entrent à leur mort dans de véritables Champs-Elysées, préparés par leurs propres soins, embellis par un soleil éclatant, une végétation luxuriante, des bassins d'eau vive, des palais où ils sont supposés retrouver avec leurs femmes, leurs serviteurs, tous les objets qui leur étaient familiers pendant la vie. Il en est ainsi pour l'empereur Gia-Long, pour son fils qui vint à Versailles en 1787, les membres de sa famille, pour les rois Minh-Mang, Thieû-tri, Tuduc, Dong Khanh, Kien Phuoc.

L'ensemble de chaque nécropole royale mérite réellement le nom de monument et doit être considéré comme une œuvre d'ensemble de l'art national.

### III

En Annam, les édifices sont, comme chez nous, communaux ou provinciaux, ou impériaux. Mais, en outre, ils ont tous, excepté les temples de la littérature, un caractère à la fois national et religieux. Pour comprendre cette affectation générale des monuments publics, il faut se rendre compte qu'en Annam il y a un culte officiel, une religion d'Etat qui est le culte des esprits du ciel et de la terre, de l'esprit de la dynastie, émanée du ciel, et un culte national, général, celui des ancêtres.

Ces divers cultes n'ont pas de prêtres. Les bonzes sont des religieux qui n'opèrent que pour leur propre personne, mais ne s'occupent pas du salut des autres, et n'exercent pas de sacerdoce.

Le pontife suprême est l'Empereur, parce qu'il est le Fils du Ciel, dont il a reçu le mandat et avec lequel il doit rester seul en communication, comme un mandataire avec son mandant, d'autant plus qu'il est en même temps « père et mère » de son peuple.

Les grands sacrifices aux Esprits du Ciel et de la Terre sont prescrits par un ordre royal et un avis du ministère des cultes. Les devoirs religieux des fonctionnaires civils et militaires sont très rigoureux. Lors des grands sacrifices, ils doivent, sous peine de retenue d'un mois de solde, s'abstenir pendant trois jours de tout festin, de musique, de fréquenter la maison d'un malade ou d'un mort, de manger des oignons, de visiter aucune femme. On les oblige à passer la nuit dans la salle d'audience en présence des gardiens. Ils ne sont pas astreints à ces pratiques rigoureuses pour les sacrifices moyens, parmi lesquels on compte les sacrifices aux drapeaux ou bannières. Chaque drapeau porte le nom d'un des génies protecteurs de l'Etat et de la dynastie.

De même, chez nous, plusieurs régiments célèbrent la fête de leur drapeau. Le génie dont il porte le nom est unique, c'est celui de la France. La religion de la Patrie, c'est notre autel laraire ; c'est notre culte des ancêtres.

Les lois annamites interdisent aux femmes de fréquenter les pagodes. Ces réunions, dit le législateur, peuvent être pour elles un sujet de scandale. En outre, plus explicite qu'un ancien concile, « les femmes, dit le code, ne connaissent pas les choses. »

Outre le ciel, les Annamites admettent dix enfers à la tête de chacun desquels est un juge avec greffier et secrétaires.

On peut choisir l'enfer du feu, ou de la glace, l'enfer des scies où les coupables sont coupés en deux entre deux planches. Les sept péchés capitaux sont punis de la peine du talion. Sur l'esprit de ces gens naïfs, la crainte des scieurs de long et des diables cornus exerce un effet salutaire.

Au fond des maisons communes, des mairies, se dresse toujours l'autel du génie de la commune. Mais ce qui vaut mieux, c'est que, dans les dépendances, il y a un asile pour les voyageurs, les gens sans ressources, où ils peuvent s'abriter du soleil ou se reposer la nuit. Nous n'avons encore créé rien de semblable, alors que chez nous l'hiver est si rude aux malheureux.

Les étudiants ont un patron qu'on nomme Van Xuong. Son esprit plane dans la constellation de la Grande-Ourse. Il a un temple à Hanoi. On l'invoque pour obtenir l'inspiration littéraire et le succès aux examens.

Quand les génies sont supposés avoir rendu des services méritoires, le roi, mandataire du Ciel, leur délivre de nouveaux titres avec brevets. Les génies annamites qui avaient figuré à l'Exposition de Paris, en 1889, n'y ont pas obtenu de diplómes parce qu'un jury mal avisé n'a pas su comment les classer. A leur retour en Annam, les bonzes et les sculpteurs annamites cherchèrent à expliquer cette omission. Ils prétendirent que les Français avaient redouté que ces génies, devenant trop puissants, ne fissent concurrence aux leurs.

Les pagodes du tigre si cruel et du dauphin si utile sont en vénération parmi les populations des régions forestières ou côtières. Elles voient dans le dauphin un auxiliaire pour la pêche au filet et, comme les Grecs, elles lui en savent gré.


## IV

Comparons maintenant les idées religieuses des Annamites et des Kmers et nous en déduirons la différence dans

leurs modes d'architecture. On sait que, dans la vie nationale de ces deux peuples, les actes officiels ou publics s'accomplissent comme les actes religieux dans un temple, une
pagode, un palais consacré. De là l'importance qu'on
attache à ces bâtiments sacrés dans les relations sociales,
au Cambodge comme en Annam.

Mais, dans ce dernier pays, les croyances générales, les
pratiques religieuses, se résument dans le culte des ancêtres. Le corps est enterré, mais l'âme plane autour des
tombes, et elle est satisfaite des offrandes matérielles de
riz, vin, encens, ustensiles divers, qu'on apporte à son
intention. C'est rabaisser les idées vers la terre, vers la
tombe, vers la matière. Les vivants ont peu de profit moral à en retirer.

Le Kiam et le Kmer se faisaient incinérer. Ils croient à
l'existence de cieux et de séjours de félicité où les jouissances sont matérielles d'abord, et de plus en plus grandes,
mais où les bienheureux s'immatérialisent ensuite de plus
en plus. On commence par le paradis de Mahomet pour
dépasser le septième ciel dont parlent les Ecritures. Cette
progression vers « l'auguste perfection », vers un spiritua-
lisme parfait, élevait l'idéal du Khmer et du Kiam et lui
ont fait apprécier les splendeurs de l'art et les beautés de
la forme en vue des splendeurs des cieux, et des mondes
supérieurs et immatériels.

C'est ce mysticisme qui poussait à peu près à la même
époque les peuples de l'Extrême-Orient à construire les
temples d'Angkor et les tours kiams, et les peuples de
l'Occident à édifier ces admirables églises gothiques, ber-
ceaux de l'art moderne.


V


Pour être complet, il faudrait passer en revue toutes les
industries artistiques annamites ou plutôt tonkinoises.

On a pu dire avec raison que les Annamites ne sont

qu'imitateurs et ne connaissent ni les innovations ni la variété. Leur talent d'imitation est en effet remarquable ; mais, en outre, les ouvriers d'art annamites, à quelque industrie qu'ils appartiennent, dessinent tous leurs modèles. Ce sont des artisans de race, c'est-à-dire par héritage de famille, des professionnels par tradition. Ils sont initiés au métier par leur père, mais les fils peuvent progresser sous notre direction. Ils se livrent déjà d'eux-mêmes à toutes sortes d'essais que nous a révélés l'Exposition de 1900 et celle de 1902 à Hanôi.

Leur œuvre principale en bronze, c'est le grand Bouddha de Hanoi, le Tran-Vu. Il fut fondu par un Annamite en 1680 et on employa 1400 kilos de bronze pour la fonte. On fabrique maintenant de beaux brûle-parfums, surtout à Nam-dinh. Ils sont très recherchés.

La province de Son-tay a de belles qualités de laques et de bons laqueurs. On y trouve des tables, des coffrets, des bibliothèques aussi finement laquées que celles du Japon.

Les broderies sur soie, satin, velours, faites au petit point, sont plus recherchées que celles sur drap. Ce sont surtout les hommes qui se livrent à ce travail, rival heureux de celui du Japon.

Les soieries brochées et surtout les crépons sont une spécialité de l'Annam, du Binh-Dinh principalement. La qualité du crépon y est très appréciée.

Les vêtements de cérémonie et robes de cour sont taillés sur des modèles prescrits par les lois somptuaires. Ces façons sont obligatoires pour tout Annamite, suivant son rang et ses titres.

Les ivoires travaillés à Hué ont un cachet particulier qui les distingue du style chinois.

Les meubles, tables, plateaux, coffrets en bois avec incrustations de nacre, d'ancienne fabrication sont rares. La fabrication récente n'a pas le même mérite, ni la même solidité du bois et de la nacre. La variété est grande dans ce genre d'objets.

L'industrie du papier, outre la fabrication des papiers, comprend l'imagerie, les éventails, les lanternes, etc. C'est toute une série de travaux qui tendent à se développer et à laquelle les indications des Européens ouvrent une voie nouvelle.

Bouddha du Laos

Les sculptures sur bois comptent beaucoup d'habiles praticiens. Les meubles, panneaux, les arbalétriers pour pagodes sont mal finis ; mais les meubles anciens, les bahuts en bois de fer ou de jacquier, sont fort bien fouillés. La sculpture est l'art où l'Annamite excelle.

Les bijoux d'or et d'argent sont fabriqués sur des modèles uniformes. On préfère donner à l'or une teinte vermillon au moyen de la racine du curcuma et de l'alun.

Les émaux de Hué sont un art perdu dont les rares spécimens excitent l'intérêt. On y fabriquait des aiguières sur des modèles venant du Yunnan et rappelant le style indou. Peut-être ces modèles avaient-ils été fournis par les musulmans du sud de la Chine. Il serait désirable que cette industrie pût être ressuscitée dans la capitale de l'Annam

D'après l'exposé qui précède, il y a donc un art annamite, et il n'est autre qu'un dérivé de l'art chinois. Les œuvres qu'il a produites constituent surtout un art décoratif colonial, c'est-à-dire un art aussi utile en Europe qu'en Annam. On sait, en effet, que le peuple chinois n'a pas construit de monuments bien remarquables, qu'il est resté stationnaire et qu'il se borne aujourd'hui à la reproduction invariable d'anciens modèles.

En Annam, les palais, les temples et autres édifices ne diffèrent des riches habitations particulières que par leurs proportions plus vastes et surtout par leur ornementation. Mais il faut remarquer que nous sommes en présence sur le même territoire de deux procédés d'architecture qui caractérisent deux aspects de la civilisation de l'Indo-Chine, pays de transition et de mélange de races si diverses D'une part, en effet, l'art kiam tire son origine de l'art indou, et l'art annamite est une imitation de l'art chinois.

D'une part, nous voyons les monuments d'un peuple fier se disant *libre,* de race *thai*, les Kmer, les Kiam, les Pou-thai, les Laotiens ; d'autre part, ceux d'un peuple servile et opprimé.

D'un côté, l'élévation des idées, de hautes conceptions

dans l'exécution des monuments ; de l'autre, l'étroitesse de vues, un esprit matériel, rapportant tout à la terre et non au ciel, escomptant ici-bas des jouissances d'outre-tombe.

Chez les uns, le culte de la forme et de la femme ; chez les autres, l'exclusion des femmes qui ne doivent pas prendre part aux fêtes des pagodes.

Ici, des figures féminines de saintes en prière, de bayadères, de déesses et le linga créateur.

Là, d'autres personnages féminins au fond des pagodes immobiles et délaissés.

Qu'on ne dise pas que l'inspiration est étrangère à l'art ; sans elle il n'y a plus d'art.

En voici les preuves :

Un lettré annamite voyant les tours d'ivoire des Kiams les décrit en vers comme il suit :

« Ces monuments anciens sont faits pour durer longtemps. Ils sont solides et couvrent un grand espace. Leur origine est inconnue. »

Et c'est tout... Il ne célèbre que la beauté matérielle des monuments.

Ecoutons au contraire une description des merveilles d'Angkor :

« Celui qui contemple ces monuments se reporte à l'auguste perfection. Il adore avec extase les statues du maître qu'il n'a pu contempler vivant, et il s'inspire de la vue de ces monuments pour diriger ses aspirations vers le bien, la science. la pureté, la charité et l'éloquence. Les statues des personnages entourant Civa lui font admirer avec eux la splendeur de cette lumière des trois mondes, et lui demander victoire, puissance et vie ! » (1).

Suivons un moment encore notre cicérone en contemplation devant les statues des déesses, des bayadères et des femmes entourant Civa et Vishnou : « Les figures de ces femmes, dit-il, sont admirables. Leur corps souple et arrondi est doué de toutes les perfections connues. Leur tête

______

(1) Traduction Aymonier.

est couronnée de fleurs. Les unes ont la chevelure nouée, les autres l'ont coupée (1). Leur taille est ronde, svelte et gracieuse. Leur seins fermes et ronds sont semblables à la fleur du lotus. Les unes tiennent des fleurs célestes avec leur tige ; d'autres se regardent mutuellement en s'inclinant ou se saisissent les épaules en se disputant les tiges des fleurs. D'autres sourient gaiement comme si elles étaient livrées à une causerie agréable. On croirait les voir faire un aveu doux et voilé, puis baisser la tête. partagées entre l'amour et la pudeur. Couvertes de bracelets, de colliers, d'anneaux, elles s'inclinent, se tournent, se renversent, souriantes, flexibles et ondoyantes.

«Dans la fleur de la jeunesse, on ne peut les regarder sans amour. L'œil ne se fatigue pas, l'âme est réjouie, le cœur n'est jamais rassasié. Lorsqu'on les a contemplées, l'esprit plein d'elles ne peut se résoudre à les quitter. Ce ne sont plus des statues sculptées par la main des hommes, ce sont des femmes vivantes, belles et agréables. Le doute saisit et l'émotion paralyse ! « Vous diriez certainement que ce fut écrit par Théophile Gautier, et qu'il n'a jamais mieux célébré la forme, le culte de la femme. C'est le khmer Pang, un cambodgien de l'antiquité, qui s'enflamme, comme Pygmalion, à la vue de ces œuvres artistiques. Quel contraste entre le lettré annamite et le lettré khmer ! Le premier est matérialiste et le second est un artiste.

Le prince Henri d'Orléans signale dans son remarquable ouvrage le rôle de la femme dans la société laotienne, les cours d'amour, l'influence reconnue de la femme. C'est un indice que le sentiment du beau n'est pas éteint et que l'appréciation du khmer Pang est aussi celle de ses congénères d'aujourd'hui.

Notre appréciation à nous, l'opinion de tous ceux qui ont vu ces monuments, n'est pas au-dessous de l'enthousiasme des artistes khmers. A Paris, en 1900, au Trocadéro, il a suffi d'une imitation bien imparfaite et bien peu exacte

---

(1) Les filles rasent leurs cheveux au moment de leur mariage.

pour éveiller le même sentiment dans l'esprit de tous les visiteurs.

Depuis quelques années, on s'est engoué en Europe de l'art décoratif des Chinois ; puis est venu le goût des œuvres japonaises, bien supérieures d'exécution et autrement variées dans leurs délicates manifestations.

On a paru ignorer jusqu'ici que dans nos possessions indo-chinoises l'art ancien et moderne était représenté par des vestiges de monuments remarquables, par des ouvrages modernes pittoresques et imposants dans leur ensemble, et par des industries artistiques susceptibles de perfectionnement.

C'est ce qu'ont si bien compris le regretté Paul Bert, en organisant une *Exposition* à Hanói, en créant, un *comité d'études* industrielles, agricoles et artistiques en s'occupant de l'étude et de la conservation des monuments, en faisant venir du Japon pour les ouvriers d'art annamites les livres d'enseignement du dessin, de la peinture, de la fonte du bronze, etc. Nous avons vu que les Japonais avaient initié les Annamites à l'art des émaux, vers 1720. Le roi Dong-Khanh n'a pas assez vécu pour faire revivre cet art perdu. La mort prématurée de Paul Bert a également interrompu ses projets de donner à l'art local les moyens de se retremper, de se perfectionner, de se développer.

Quant à l'étude et à la conservation des monuments, M. Doumer y a pourvu par la création de l'Ecole française d'Extrême-Orient qui a déjà donné de si féconds résultats.

Il faut à signaler aussi la société des artistes orientalistes, dont le salon est annuel, et la société *Coloniale* des Beaux Arts comme devant contribuer à faire connaître en France les arts de ces pays lointains. Enfin une société de vulgarisation de l'art étranger s'est fondée en France en même temps que le Colonel et Madame Van Zuylen travaillaient à propager l'art des Indes Néerlandaises.

Il est à désirer qu'en France, où tout ce qui est exotique

est recherché, on s'attache un peu plus aux choses d'art émanant de sujets ou protégés français, des pays où flotte notre pavillon. Nous avons le devoir, au lieu de laisser tomber ces arts indigènes, de les ranimer, de les aider de nos connaissances et de nos moyens, de leur faire reprendre leur cachet spécial.

C'est dans ce but que nous voudrions voir se développer à Paris, comme à Londres, à Amsterdam, à Anvers, à Berlin, l'organisation des *musées d'art colonial* pour lesquels le département de l'Instruction publique et des Beaux-Arts a montré déjà une si généreuse initiative. Nous apprendrions ainsi à mieux connaître et apprécier nos propres richesses et à encourager les producteurs et les artistes indigènes. Nous trouverions dans cette noble tâche plus de satisfactions qu'en demandant aux pays étrangers ce que nous pourrions nous procurer chez nous. La France métropolitaine et la France d'outre-mer en recueilleraient des avantages multiples par le développement et la prospérité de cet *art colonial* qui n'est pas autre chose qu'une branche de l'*art national*.

Ch. LEMIRE,<br>
*Résident honoraire en Indo-Chine.*

# HISTOIRE GENERALE DU *TYA-NO-YU*

## (*Cérémonial du Thé*) AUX XVᴱ ET XVIᴱ SIÈCLES [1]

### Par M. Amédée GUIBERT

(EXTRAITS)

---

L'histoire de cette curieuse institution demanderait de longs développements. En ce modeste extrait je me bornerai à : 1° résumer son origine, sa direction générale, son rôle sur les mœurs civiles, religieuses et littéraires, son cérémonial ; 2° traiter plus particulièrement de son influence au point de vue artistique.

*Origine : Les Tya-Kwai du XIVᵉ siècle.* — Le *Tya-no-yu* vient de Chine où il remonte au VIIᵉ siècle de notre ère. Ce ne fut d'abord qu'un ensemble de préceptes médico-religieux pour la propagation, en Chine au VIIᵉ siècle, au Japon au IXᵉ, du précieux breuvage dont les vieux auteurs chinois vantèrent tant les propriétés. « L'usage général du thé et les cérémonies qui aidèrent à sa vulgarisation commencèrent en Chine avec le moine bouddhiste *Riku-u* qui vivait sous la dynastie *To* (*Tang*, 618-980) ». Au Japon sa propagation est due à des bonzes de la secte Zen qui reconnurent eux aussi dans le thé des propriétés merveilleuses, entre autres celles de les empêcher de dormir et de leur permettre de se livrer à la méditation.

Au Japon, jusqu'au XIVᵉ siècle, le thé ne donna naissance qu'à un très simple cérémonial religieux ; s'il fut déjà question d'une « Doctrine secrète du thé », si des

---

diplômes pour son enseignement furent déjà délivrés par des prêtres *Kiyau-to*, néanmoins propagateurs et adeptes firent peu de bruit.

Les soins mystérieux dont les prêtres entouraient le précieux arbrisseau produisirent cependant leurs fruits ; dès le règne de Saga (810-823) le thé fut considéré comme un don des génies, une panacée, et toutes les classes de la société en avaient apprécié les propriétés bienfaisantes. Sous les premiers *Asikaga*, des nobles eurent l'idée d'en faire un prétexte à « Réunions de thé » où furent conviés non les anachorètes, mais des *Daimyo* « qui profanaient le saint breuvage en l'associant à des liqueurs » ; ce furent les premières grandes « associations de thé » ou *Tya Kwai*. Voici, d'après M. Chamberlain (*Things Japanese*), une description de ces associations : « Les descriptions des cérémonies au xive siècle nous font songer aux *Mille et une nuits*. Les Daimyo qui chaque jour y prenaient part reposaient sur des couches recouvertes de peaux de tigres et de léopards. Les murs des spacieux appartements où l'on se réunissait étaient ornés de peintures bouddhistes, de damas, de brocarts, d'objets d'or et d'argent, d'épées aux splendides fourreaux. Des parfums précieux brûlaient, des poissons rares et des oiseaux étranges, des gâteaux, des sucreries, du *saké*, étaient servis. Le point culminant de la réjouissance consistait à deviner la provenance du thé bu ; tout convive qui devinait juste, avait le droit de s'approprier un des « trésors » décorant la salle, mais ne pouvait l'emporter chez lui, car les règlements du cérémonial exigeaient que tout objet de valeur fut offert par les gagnants aux *Sei-Sya*, jeunes femmes exercées au chant et à la danse, et chargées de servir les convives ».

Cette période de luxe, qui ne pouvait être que très favorable aux artistes, se continua avec la plupart des *Asikaga* et atteignit son apogée avec le 8e syaugun, *Yosi-Masa* (1435-1490).

*Les Tya-Kwai transformés en Académie des Beaux-Arts. Le Tya-no-yu de Yosi-Masa*. — De Yosi-Masa, ce

prince des dillettanti, date ce qu'on peut appeler la transformation des *Tya-Kwai* en véritable Académie des Beaux-
Arts et Belles-Lettres, sous le nom bizarre de *Tya-no-yu*
« l'eau chaude (yu) du thé (tya) ». Il prit en effet fantaisie
à ce syau-gun, qui mêlait volontiers le sacré au profane, la
débauche à la religion, de reconstituer sur de nouvelles
bases, et dans un but dont je parlerai, les « anciennes
doctrines du thé » pour en composer ce qu'un auteur japonais appelle un « divertissement à l'usage des gens, instruits et retirés du monde ». Il frayait volontiers avec les
plus savants religieux. *Siu-kwo*, bonze de la secte *zen*,
avait alors la plus parfaite connaissance des traditions relatives au thé ; fils d'un chef de la corporation des aveugles
masseurs de *Kyau-to*, il s'était fait bonze et était entré au
monastère de *Siyau-miyau-zi*, dont il devint abbé; à 30 ans
il se rendit au monastère de *Dai-toku-zi*, fondé en 1268 et
dirigé alors par le fameux *Ikkyu*, qui lui transmit les
secrets de la Doctrine du Thé.

Yosi-Masa, qui étudiait alors cette doctrine, prit *Siu-kwo*
en affection, lui fit quitter son couvent et fit édifier pour lui
un pavillon à toit de chaume (1er modèle des pavillons à
thé), le *Siu-kwo-an* « pavillon de Siu-kwo ». Ce bonze fut
le premier honoré au Japon du titre de « Maitre en la Doctrine du Thé ». Mort en Bummel (1469-1486), il fut enterré
au monastère de *Dai-toku-zi*. De toutes les notices qui lui
sont consacrées, aucune ne donne de détails sur la mysté-
rieuse Doctrine. Ce silence général s'explique par la pré-
tention, en partie justifiée, des Japonais d'en faire une
création purement nationale : ils avouent cependant tous
que la première idée en vint de Chine. « Le bonze chinois *Riku-u* publia, dit l'auteur du *Tya-do-sen-tei*, les
*Tya-ki-kiyau* (livres sacrés du thé), détermina ses 5 noms,
*Tya-ka-go-mei-sen*), en fabriqua les premiers ustensiles
(*Tya-ki*), en fit adopter et aimer partout l'idée..... ; il est
l'ancêtre vénéré du *Tya-no-yu* chinois.... Bien que l'usage
du thé se fut généralisé sous les dynasties *Tô* et *Sô* (*Tang*,
618-960 ; *Soung*, 960-1206), il ne donna point naissance en

Chine à cet amour de la solitude, de la méditation, de la simplicité, de la pauvreté, exigé des puissants et riches, à ces lois rituelles du raffinement et du goût qui caractérisent si fortement le *Tya no-yu* de notre pays..... En Chine, les résultats ne portèrent jamais que sur des points matériels : goût, couleur, eau chaude, etc., du thé ». Bref, les Chinois n'auraient vu dans le thé qu'un simple breuvage, et *Siu-kwo* seul aurait eu l'idée de s'en servir pour propager des « principes élevés et purs ». Je démontrerai que la part chinoise fut bien plus considérable, et c'est ici, le cas de dire quelques mots sur la soi-disant Doctrine secrète du Thé, œuvre personnelle de Siu-kwo, disent les Japonais, en réalité mélange curieux des principes indiens, chinois et japonais.

*Le soi-disant Doctrine secrète du Tya-no-yu.* — Les éléments religieux du Tya-no-yu proviennent de la secte bouddhiste indo-chinoise *zen*, dont Siu-kwo et son maître Ikkyu furent les ardents propagateurs au Japon.

Le mot *zen* est une abréviation de *zenna*, translitération du sanscrit *Dhyâna* « contemplation ». Le but de cette secte paraît avoir été en Chine de protester contre la multiplication et la confusion des doctrines bouddhistes, pour revenir à des formes plus simples de culte et de conduite. Le caractère général de la Doctrine est brièvement expliqué par les huit idéogrammes : *Kio - gé - betoù - den - fu-ryu-mon-zi* « transmission spéciale (de la pensée) indépendamment d'un enseignement ordinaire et ne reposant sur aucune tradition orale ou écrite ». La vérité, soutiennent les adeptes, n'est point dans les traditions ou les livres, la pensée se transmet par la pensée, d'une manière entièrement indépendante des lettres ou des mots. Je choisis deux des textes fondamentaux du Tya-no-yu japonais, dont les seuls « grands maîtres du Thé », prétend-on, connaissent le sens mystérieux : 1° *Den-atte-den-nasi* « (dans le Tya-no-yu ou pour les *tya-zin*) il y a une tradition et pas de tradition » *Hô-atte-hô-nasi* « il y a une loi et pas de loi » *Toki-atte-toki-nasi* « il y a un moment (ou temps) et pas de moment (ou temps), » 2ᵒ *Tya no yu to wa* « Pour ce qui est du Tya no yu », *Mimi-nite-tutaé* « il se transmet par l'oreille », *Mé ni tutaé* « il se transmet par l'œil », *Kokoro ni tutaé Hito fudé mo nasi* « Il n'y a pas même (besoin d') un trait de pinceau ».

On peut s'en tenir à ces citations ; la corrélation est évidente, et Siu-kwo a simplement pris à la secte *zen* ces textes mystérieux des « Livres sacrés du Thé » qui, en dernière analyse, sont d'origine indienne. Mais ces doctrines bouddhistes indéniables, qui présidèrent à la première organisation du Tia-no-yu ne tardèrent point à se mélanger aux doctrines du Sintauisme. En effet, c'est précisément par les adeptes japonais de la secte *zen* que s'opéra ce curieux mélange du bouddhisme et du sintauisme appelé *Ryo bu-sin-taù*. Pour le *Tya-no-yu* il ne pouvait qu'obéir à cette tendance générale qui poussait les meilleurs esprits d'une époque éclectique par excellence à ajouter aux idées nationalistes en matière de religion comme en matière d'art, de philosophie, de littérature, ce qu'ils trouveraient de mieux adapté à leurs goûts dans les idées étrangères. Ainsi se concilient et s'expliquent les conflits des auteurs japonais et européens, qui ont traité de l'élément religieux primordial du Tya-no-yu.

« Malgré les assertions de sir C. Arnold, qui attribue au Tya-no-yu une origine bouddhique, j'y vois clairement une émanation directe du Sin-tau, dont cette cérémonie reflète toutes les idées de simplicité, politesse et pureté ». (M. Lasenby, *Liberty*).

C'est bien, en effet, à la prédominance des idées sintauistes à partir du xvᵉ siècle que le Tya-no-yu japonais doit son élégance et son raffinement, opposés à juste titre à la matérialité chinoise et qui sont le meilleur ittre de gloire de Siu-kwo ; ces qualités caractérisent les œuvres d'art, exécutés au xvᵉ siècle, sous le patronage des *Tya-zin*.

*Théories de Siu-kwo. Première Codification du Tya-no-yu.* — Tels furent les principes religieux qui servirent de base à la première codification du Tya-no-yu au

XVe siècle. Mais *Siu-kwo* connaissait le scepticisme profond de son protecteur et collaborateur ; il savait que ces prescriptions de la secte *zen* qui visaient sincèrement à la simplicité, à l'amour de la pauvreté et de la solitude, ne pourraient avoir pour lui qu'un attrait de curiosité. Aussi, les réduisant provisoirement à quelques formules mystiques, s'efforça-t-il d'élaborer un programme de nature à plaire à son fastueux patron. Ici je laisserai les Livres du Tya-no-yu parler des théories de Siu-kwo : « Nul ne peut entrer dans la Voie (Doctrine) du Thé s'il ne connaît les poèmes chinois et japonais, s'il ne possède une sûre connaissance des objets d'art de la Chine et du Japon, de l'art pictural, de l'art botanique, de l'art de travailler les gemmes, de l'art des jardins ». Les yeux du Tya-zin doivent tout voir, ses oreilles tout entendre, ses mains tout toucher. Que jamais l'*adepte* n'oublie que le sentiment qu'il doit nourrir en son cœur est celui d'un grand raffinement, d'une suprême *élégance*. Qu'il n'ait jamais à rougir de ne savoir expliquer la peinture suspendue dans le *Toko-no-ma* (partie d'une chambre formant une sorte de mèche où l'on place d'ordinaire les objets d'art). Qu'il ait toujours dans son cœur l'idée (de la doctrine, des traditions) du thé et n'en oublie jamais la *saveur*. Le *Tya-no-yu* est le *sens* du thé ; son étude doit être constante et exige une immense lecture. Lors des Réunions, quand le repas est fini, quand est venu le moment de boire le thé, il importe que les convives, la cérémonie terminée, se séparent en emportant une bonne impression. Pour cela il convient que, soit par le goût du maître de maison, soit par celui des *invités*, bien ordonnancé soit l'amical festin, belles soient les choses montrées, que tous soient réjouis par les *poésies*, que lorsque vient le moment des joûtes d'esprit nul ne soit à court pour répondre. Il faut donc une étude profonde. Les mêmes remarques s'appliquent aux femmes qui veulent pénétrer en la Voie du Thé ». Ce texte contient, à peu de chose près, toute la *réforme* de Siu-kwo et tous les principes que mettra plus tard en pleine lumière son successeur, le moine *Rikyû*. Il y avait là un programme comprenant, non-seulement l'étude de la vieille et curieuse doctrine religieuse de la secte zen, mais aussi celle de toute l'antiquité chinoise et japonaise au triple point de vue historique, artistique et littéraire. A l'époque de Yosi-Masa il ne pouvait être question de son application intégrale ; ce syaugun ne fut séduit que par l'intérêt artistique et pratique qu'il avait à s'entourer d'érudits capables de le renseigner sur ce qu'il aimait plus que tout, les objets d'art. « Ce prince aimait les Réunions de Thé ; il collectionna les objets (d'art) antiques et même ceux extrêmement beaux de fabrication nouvelle ». (*Wa-kan-san-sai-du-e*, « 5ᵉ encyclopédie japonaise ». Yosi-Masa). Yosi-Masa fit construire en une annexe du Pavillon d'argent (*Sin-kaku*) des salles spéciales pour préparer le thé ; les premières du genre, elles furent construites suivant des règles édictées par Siu-kwo et que je vais rapidement indiquer parce qu'elles complètent ce que j'ai dit de la doctrine : 1ᵒ toute *salle de thé* ne devait avoir que 4 *tatami* « nattes » et demi ; 2ᵒ elle devait être construite loin de tout bruit (pour aider à la méditation religieuse, à l'amour de la solitude, etc.); 3ᵒ les matériaux devaient être d'une grande simplicité, les bois sans couleurs ou sculptures mais de premier choix (Idée sintauiste), les murs en terre de vase *tutchi* (symbole de pauvreté) ; 4ᵒ les ornements pour la *Toko-no-ma* devaient classiquement se réduire à (a) une peinture (du plus grand choix) parfois remplacée par une inscription poétique, magnifiquement calligraphiée, (b), un vase à fleurs ou un brûle-parfums (en bronze, poterie, porcelaine) de quelque grand artiste ancien ou moderne, et d'autres *ornements* que pouvaient apporter les convives ; une 5ᵉ règle s'occupait du bol à thé, de la bouilloire et des autres ustensiles du Thé (*Tya-ki*). Seule la première de ces règles veut une courte explication. Elle est d'origine chinoise, comme le prouve le texte suivant : « Dans la secte chinoise *zen*, il est établi qu'il faut boire le thé avec 1 à 3 compagnons, alors cela s'appelle : boire le thé avec délices ; s'il y a plus de 5 compagnons, alors cela s'appelle simplement : boire ». *Siu-kwo*, s'inspirant de ce texte, édicte que la salle de thé n'aurait que 4 1/2 *tatami*, ce qui est bien la place strictement nécessaire à 5 convives au plus, assis à la japonaise ; cette règle fut plus tard nettement spécifiée par Rikyû.

Ces premières « salles de thé » de Yosi-Masa existent encore ; elles sont d'une grande simplicité dont le caractère vraiment artistique est frappant. Là se tinrent les premières réunions du Tya-no-yu. Yosi-Masa, sous prétexte d'expliquer la nouvelle doctrine, y invita les plus grands seigneurs de sa cour. Par ce que l'on sait du caractère de l'amphitryon et des invités il est facile de comprendre que les « séances » ne purent garder longtemps un caractère purement formaliste et se passer en graves discussions morales et religieuses. Les nobles étant seuls admis en ce club essentiellement aristocratique, en ces Réunions de raffinés d'une époque toute de luxe et d'un luxe parfois extravagant, les mystérieuses formules de Siu-kwo n'y servirent guère que de signes maçonniques compris de quelques rares initiés, en général bonzes de la secte zen. Aussi, les sujets profanes de discussion ne tardèrent pas à supplanter tous les autres. Si aux réunions l'on continue à boire religieusement le thé avec des gestes et des poses hiératiques, c'est pure question de forme. Le but réel est d'engager la discussion sur l'origine, l'histoire, la valeur des objets d'art réunis par le syau-gun et ses favoris ou apportés par les convives. Des experts, comme *Sô-a-mi*, *Nô-a-mi*, *Siu-kwo*, dressent le catalogue des peintures, laques, bronzes, étoffes, produits céramiques, accumulés, à grands frais dans le Pavillon d'Argent et ses annexes, et font appel aux meilleurs artistes de l'époque, les chargeant de la copie des modèles anciens ou de l'exécution de pièces nouvelles dont les formes, les dimensions, longuement discutées, doivent suivre rigoureusement *les canons* fixés par les *tyazin*. Des moines érudits, disciples de Siu-kwo, partent, par ordre du Tya-no-yu, pour la Chine, l'Inde, la Corée, et beaucoup ont mission, non d'y étudier le bouddhisme, mais d'y échanger avec les souverains, auprès desquels ils sont accrédités, des livres rares, des manuscrits, des peintures, des antiquités.

Les premières grandes écoles de peinture se forment dans les monastères et ont des moines pour premiers chefs. Sous Yosi-Masa, la littérature, sauf exceptions, fait peu de progrès, la tendance générale est aux plaisirs, jugés plus raffinés, des Beaux-Arts ; seuls encouragés, ceux-ci prennent vite, avec les industries d'art, un développement extrêmement marqué.

C'est la grande époque des collections. Syau-gun et nobles tiennent avant tout à faire étalage aux Réunions de Thé d'objets artistiques, beaux sans doute mais surtout acquis à grands frais et soucis. La consécration que donnent à cet engouement les Tya-zin du XVe siècle contribue à développer, à provoquer même, cette fièvre artistique qui s'empare des classes dirigeantes. Cette autorité souveraine que prend le Tya-no-yu dans le domaine d'art est toute la raison de son influence sur l'aristocratie du XVII* siècle.

Il va sans dire que cette influence ne fut pas toujours bonne. Beaucoup d'artistes, et des meilleurs, se laissèrent entraîner par cette passion, souvent irraisonnée, des premiers *Tya-zin* pour les « Anciens » et se bornèrent à les copier trop servilement, sans se créer un style original, personnel. Tous ne cédèrent pas pourtant à cette fureur d'imitation, et nombre de créations artistiques qui font époque dans l'histoire de l'art japonais datent, comme on le verra plus loin, de la période *Higasi-yama* (milieu du XVe siècle).

J'ai indiqué les ombres du brillant tableau du Tya-no-yu sous Yosi-Masa, c'est-à-dire l'immoralité de la plupart de ses *adeptes*, choisis parmi les *favoris* du Syau-gun, la profonde misère de la plèbe victime d'un dédain que ne pouvaient effacer les timides protestations de Siu-kwo. On doit cependant tenir compte à ce moine, un des rares dont la piété fut sincère, de ses premières revendications en faveur des simples et des pauvres, car c'est en relevant ses principes que, un siècle plus tard, *Rikyû* et *Hidéyosi* battront l'aristocratie sur ce même terrain artistique qui lui semblait réservé et feront de la simple Académie des Beaux-Arts de Yosi-Masa le plus puissant centre de renseignement pour les études artistiques, littéraires, philosophiques, religieuses, qui formeront le patrimoine de tous et ne seront plus l'apanage des seuls privilégiés de la naissance ou de la fortune.

*Le Tya-no-yu au XVe siècle. Période de Nobunaga* (1576-1582). — Jusqu'à l'arrivée au pouvoir du célèbre Hidéyosi (1582), les Tya-kwai ne présentent aucun changement important, soit au point de vue de la doctrine proprement dite, soit au point de vue de l'influence sur les milieux d'amateurs, d'artistes, de littérateurs.

La courte période du régent Nobunaga (1576-1582) marqua le point culminant de la manie des collections. « *Ota-Taïra-Nobunaga*, dit le *Tableau généalogique* des Tya-zin, fut initié à la doctrine du Thé par le bonze *Tiyau-ô* ; sous son gouvernement, le prix des vieux objets augmenta prodigieusement.... Nobunaga, amateur passionné, était jaloux des magnifiques objets d'art possédés par le tya-zin *Aketi-Mitu-Hidé*, seigneur de Hiu-ga, et tenta vainement de les acquérir à grand prix. *Aketi* refusa l'argent, mais comme il connaissait la violence de Nobunaga il s'avisa d'un stratagème qui devait le débarrasser à jamais d'un dangereux envieux de ses collections et de ses domaines ; feignant d'accéder à ses désirs, il l'invita à visiter ses trésors, (qu'il disait) réunis pour cela dans un temple de *Kyau-to* ; Nobunaga s'y rendit, mais n'y trouva que des assassins qui le tuèrent lâchement (en la 10e année de l'ère Ten-siyau, 1882) ».

*Aketi* ne sauva point ses collections car, en la même année, Hideyosi, successeur de la victime, le fit mettre à mort et s'empara de ses trésors et de ses domaines. Je pourrais multiplier ces anecdotes ; elles révèlent un des côtés peu brillants du Tya-no-yu : la passion pour l'objet d'art poussée jusqu'au meurtre, le culte de l'art servant à masquer les plus machiavéliques intentions de ces féodaux qui se jalousaient et ne reculaient devant rien pour s'assurer la suprématie.

*Le Tya-no-yu au XVI<sup>e</sup> siècle. Période de Hydéyosi* (1582-1598). *Réforme de Rikyu. Codification définitive.* — Pour l'étude complète Tya-no-yu, il faut se transporter à l'époque de son plein développement, à la fin du 16<sup>e</sup> siècle, sous la période dite de *Taikô, Taikô-Didai*(1582-1598). Il était réservé à Rykiû, moine de la secte Zen, de comprendre toute la portée des idées de Siu-kwo et, plus heureux que lui, de trouver un milieu entièrement favorable à leur propagation.

Avec ce savant réformateur, inspiré et dirigé par *Taikô-Samd* (Hideyosi), le tya-no-yu subit sa plus curieuse transformation. Il ne sera plus uniquement un dillettantisme de hauts personnages ; les Beaux-Arts et les industries d'art, et cette fois l'art céramique tout spécialement, continuent à en bénéficier, mais il va contribuer surtout à la réalisation d'un plan politique cher au *Taikô* : la fusion, l'union sur le terrain littéraire, artistique, religieux et moral, des nobles et de la plèbe, la pacification générale des esprits, et la restauration du pouvoir mikadonal s'appuyant sur les théories nationales du *Sin-Tau*. Après la série de luttes soutenues par Hideyosi contre l'aristocratie, une paix pleine d'inquiétudes et sans espoir de durée s'était provisoirement faite.

Tout d'abord et pour la conserver, il pratiqua la politique de ses prédécesseurs, les « syau-gun amateurs », gorgea de fêtes inouïes les grands, les éblouit de son luxe, les maintint par l'appât d'un or prodigué à pleines mains. Mais l'aristocratie commençait d'être saturée de plaisirs, et le peuple qui n'y participait point murmurait de cettte apparente indifférence de l'un des siens.

A ce moment Rikyù, issu, comme Hidéyosi, de la plèbe, tentait la réforme du Tya-no-yu dans le sens simpliste de Siu-Kwo. Sous la toute puissante influence de Yosi-Masa, les Tya-Kwai étaient devenus des clubs fermés, aristocra-

tiques. Rikyû voulut que les hommes d'une forte science,
titrés su non, qui feraient preuve des connaissances les
plus étendues sur les sujets habituels de discussion du
Tya-no-yu (l'art, le rituel, les traditions des Tya-zin) eussent droit au rang le plus élevé. Il décréta qu'une parfaite
égalité régnerait entre les adeptes pendant les réunions,
sans distinction de classe ou de rang. Il régla définitive-
ment les rôles de l'amphitryon et des convives. Lors d'une
réunion, le maître de maison devait renvoyer tous ses
domestiques et tout préparer lui-même. Les invités, 6 au
plus, devaient laisser leurs sabres à la porte et se pénétrer
de l'idée qu'en entrant dans la Saile du Thé, toutes distinc-
tions sociales disparaissaient momentanément. Pour mieux·
pénétrer et juger cette psychologie du Tya-no-yu, il faudrait, mais l'espace nous est trop limité pour cela, expliquer
longuement cet ensemble de principes nouveaux, de théories esthétiques, qui forment le code de Rikyû et, après lui,
de tous les Tya-zin ; je ne vais donner que le caractère général de la Réforme là où elle s'exerça.

Les 4 principes par lesquels le Rikyû résume sa doctrine
paraîtront admirables à qui sait ce que le Japonais d'autrefois entendait par l'expression *Yamato-damasi* « l'esprit
du Yamato (Japon ancien) », charmant et délicieux fan-
tôme, génie familier des Sages du Thé et dont le Japon
moderne ne subit plus, hélas ! la douce influence. Son
prestige, fait de ce qu'il y a de plus pur dans les idées propagées par deux courants contraires, l'un étranger, l'autre
national, s'est déjà manifesté dans les théories *du Sin-
Tau* ; nous le retrouverons beaucoup plus sensible dans
celles de Rikyu.

« Rikyû renouvela le *Tya-dô* (Voie du Thé) en la réduisant à 4 principes essentiels ; par le 1er, il dit ; que toute
action soit douce ; par le 2e, il dit: que toute action soit
respectueuse ; par le 3e, il dit : que toute action soit pure ;
par le 4e, il dit : que toute action soit calme ». Ces 4 principes, qui s'appliquent à tout, doivent être entendus dans
un sens sintauiste et confucéiste.

Dans le domaine de l'art (et des industries d'art), aux époques où il est régenté par le Tya-no-yu (milieu du 15ᵉ siècle ; 16ᵉ, 17ᵉ et 18ᵉ siècles), c'est l'élément sintauiste ou de Yamato qui l'emporte très sensiblement sur tous les éléments étrangers. Aux 15ᵉ et 16ᵉ siècles, la chaste esthétique japonaise adoucit d'heureuse façon ce que l'art chinois a de trop somptueux, de trop éclatant, de trop opposé au tempérament simplificateur des Japonais.

Il est évident qu'une telle réforme dans les luxueuses habitudes des Tya-zin n'aurait eu, comme celle de Siu-kwo, qu'un mince succès si son auteur n'avait rencontré, en même temps qu'un milieu modifié, les encouragements du maître omnipotent de l'époque. Hydéyosi avait suivi avec intérêt la tentative de Rikyû ; il l'appuya de tout son pouvoir, la jugeant très favorable à ses idées de pacification et à celles de consolidation d'une autorité supportée par une aristocratie momentanément matée mais ne voyant en lui qu'un parvenu. Il alla chez Rikyû, se fit son disciple et, en réalité, son plus actif collaborateur. Le *Tya ka-sui-ko-siu* dit de Hydeosi : « Les cérémonies du thé commencèrent à la fin des Hozo (1333). Peu importantes alors, elles devinrent florissantes à l'époque de Yosi-Masa, mais leur splendeur n'atteignit son apogée que sous *Tokotomi* (Hideyosi). Après lui, tous, nobles, bonzes, gens du commun, purent en pénétrer le sens. Ce prince fit mettre en ordre par *Soyéki-de-Sen* (Rikyû) tout ce qui n'avait pas été réuni au temps des Anciens et transmit cet ensemble au monde ; c'est pourquoi quand on parle des choses du thé il est vrai de dire qu'il n'y a rien dans les *méthodes* de tel ou tel (maître du Tya-no-yu) qui ait échappé à l'action de Rikyû. Un auteur dit : *Soyéki* compléta les cérémonies du Thé et fut aidé dans le choix des matériaux à recueillir par Hideyosi même ».

Hideyosi ne s'en tint pas là. Il observa rigoureusement les nouveaux rites, donnant l'exemple de l'humilité et faisant place à tous, riches ou pauvres, lorsqu'il présidait un Tya-no-yu. Son exemple entraîna la haute société ; les

plus fiers seigneurs tinrent à honneur d'être les disciples
de Rikyû et fraternisèrent bientôt avec leurs plus humbles
confrères. C'est ce qu'avait voulu et prévu l'habile Hideyosi.
Quand il organisa le fameux Tya-no-yu de *Kita-no-mura*,
tous, nobles et plébéiens, répondirent à son appel ; plus de
1.000 invités de toutes classes, installés en plein air, prépa-
rèrent le thé suivant les rites nouveaux. « Aux chants de
guerre succédèrent les *uta* (poésies) au clair de lune, au
bruit des armes le murmure de l'eau chantant dans les
bouilloires et doux comme celui du vent à travers les
pins ».

Le but politique était atteint, et avec lui le but artistique.
La puissante et querelleuse féodalité était acquise à des
idées plus douces, plus généreuses, et le moment n'étant
pas loin où le sage législateur *Ikekasû* (il prit le pouvoir
en 1603) allait recueillir tous les fruits des idées de
Hideyosi.

Au point de vue artistique, le résultat ne fut pas moins
intéressant. En se popularisant, l'art devint plus naturel,
plus original ; les artistes ne prirent des éléments étrangers que ce qui leur convenait et, grâce au contrôle sévère
des Tya-no-yu, firent la part la plus large aux idées de leur
propre pays

La céramique surtout bénéficia de ces tendances nationales et populaires. Les nobles, qui jusqu'alors s'étaient
contentés d'acheter fort cher les produits céramiques étrangers, n'hésitèrent plus, quand la simplicité fut mode officielle, à faire établir des fours dans l'enceinte même de
leurs palais, à se faire eux-mêmes potiers, et, ce qui valait
mieux, à mander de tous les points du pays et à combler
de faveur les céramistes les plus réputés. La protection
accordée aux artistes potiers du 16ᵉ s'ècle fut telle que des
prix fabuleux s'établirent et se maintinrent pour de simples *tya-wan* et *tya-iré* (bols et pots à thé) qui ne méri-
taient pas toujours cet excès d'honneur.

Pour les autres branches d'art, jugées plus hautes, peinture, sculpture, architecture, l'époque de Taikô fut aussi

féconde que celle de Yosi-Masa en célébrités de tous genres.

A la fin du 16ᵉ siècle se termine pour les amateurs japonais la période la plus curieuse du Tya-no-yu. Remarquons en passant que l'expression *Zi-dai-mono* « choses (d'art) anciennes », si souvent employée par les experts du Japon, cesse d'être appliquée après la mort de Hydeyosi. Tout objet d'art est dès lors qualifié de *wakai* « jeune » et classé suivant l'époque de tel ou tel syaugun de la famille *Tokugawa* (1603-1868).

# LES GEISHAS

Par M. THOMAS

(EXTRAIT)

Dès le XIe siècle, il y avait, au Japon, des femmes, en même temps danseuses et courtisanes, et appelées *Shirabio-shi*. Certains prétendent trouver là l'origine des Geishas. Nous ne le croyons pas. Nous estimons que la geisha est d'une origine beaucoup plus récente et qu'elle remonte seulement à la *maïko*, danseuse de l'époque d'Horéki (1751-1763). Jusqu'à cette date, en effet, nous voyons la courtisane ou quelquefois la *shinzo*, candidate courtisane, jouer elle-même du *shamisen* et danser pour amuser les habitués des maisons à thé et autres lieux de ce genre. Nous voyons ensuite les courtisanes, de plus en plus disso-lues, délaisser bientôt totalement la musique et la danse ; vers la fin du XVIIIe siècle, on se vit contraint, pour conserver à ces établissements leurs divertissements, d'avoir recours à des musiciens et à des bouffons aveugles. Une foule d'es-tampes, notamment celles de Nishigawa Sukenobu, repré-sentent diverses scènes de ce genre, où l'on voit toujours figurer, dans une salle de festin, les trois personnages du joyeux viveur, de la courtisane et du musicien aveugle. Mais, chose inévitable, les clients se plaignirent bientôt que le rôle de ce dernier était entièrement dépourvu d'intérêt, de sorte que les aveugles furent peu à peu congédiés et que chaque maison dut engager à leur place un certain nombre de jeunes *maïkos* ou danseuses. C'est là, croyons-nous, la véritable origine des geishas, que l'on rencontre non-seule-ment dans le quartier de Yoshiwara, affecté spécialement aux mœurs faciles, mais dans presque toutes les maisons à thé (*chayas*).

Aujourd'hui le mot de *maïko* ne s'applique qu'aux geishas au-dessous de quinze ans. Elles sont la propriété d'entrepreneurs qui les achètent à l'âge de cinq ou six ans à des familles pauvres pour une somme minime, de 40 à 60 francs. L'entrepreneur fait instruire l'enfant à ses frais et avec beaucoup de soins ; il lui fait apprendre la musique, la danse et le chant, lui apprend à déclamer et à servir gracieusement à table, et exerce sur ses mœurs une stricte surveillance. Pendant son apprentissage, elle ne fait guère qu'accompagner les geishas, sortir avec elles, exécuter de temps en temps quelques danses et verser le saké aux consommateurs. A cause de cette dernière fonction, elle est aussi appelée *oshaku* (verseuse de saké). Elle touche la moitié des appointements d'une geisha ; mais, dans les premiers temps de son apprentissage, elle n'a pas à proprement parler de salaire fixe et n'a guère que des pourboires. Ensuite, pendant 2 ou 3 ans, les exercices redoublent et le travail devient très pénible ; vers l'âge de quinze ans, elle doit pouvoir danser en public. Elle reçoit alors de la Préfecture de Police l'autorisation d'exercer. Il lui faut, à cette occasion, accomplir une sorte de cérémonie pour faire connaître son nom au public ; pour cela, elle doit, somptueusement vêtue, rendre visite à tous les établissements qu'elle pourra dès lors fréquenter. Dans chacun d'eux, elle distribue à profusion des cadeaux à tous ceux et celles qui pourront à l'avenir lui être utiles et la protéger.

Pour les frais, très élevés, de cette cérémonie, la geisha est à peu près toujours obligée d'avoir recours à un personnage riche auquel, par reconnaissance, elle accorde ses bonnes grâces.

Pour les étrangers et souvent même pour les Japonais, il est difficile d'établir une distinction bien tranchée entre le costume d'une courtisane et celui d'une geisha. Cependant on peut dire, d'une façon générale, que les geishas portent un costume moins luxueux et une coiffure moins monumentale que la courtisane ; leur chevelure, ornée de fleurs, de peignes d'écaille, de riches épingles et de bijoux de grande valeur, sort néanmoins de beaucoup du domaine de la simplicité. Elles portent également, comme toutes les femmes, leur grande et large ceinture nouée par derrière, tandis que les courtisanes la nouent par devant.

Au point de vue professionnel, la distinction est plus difficile encore, car, si en théorie, la geisha est une chanteuse et une danseuse, en fait elle est une courtisane non autorisée. Aussi le gouvernement fit-il paraître de temps à autre des règlements relatifs à la surveillance des geishas et créa-t-il, pour empêcher les relations qui parfois s'établissent entre elles et les habitués des maisons à thé, un bureau de surveillance appelé *Kenban*, dans le quartier de Yoshiwara.

Les principaux articles du règlement actuellement en vigueur sont ainsi conçus :

1° Toute personne qui désire embrasser la profession de Geisha, doit en informer la Préfecture de Police et lui demander son autorisation. Si elle abandonne cette profession, elle doit aussitôt renvoyer la carte qui lui avait été accordée ;

2° Un quartier spécial est affecté à la résidence des geishas et il leur est interdit d'en habiter aucun autre ;

3° La demande introduite à l'effet d'embrasser cette profession doit être approuvée par les parents ou par la famille de la candidate ;

4° La geisha doit payer une taxe.

En 1848, le gouvernement défendit, sous peine de fortes amendes et d'emprisonnement, qu'un père obligeât sa fille, ou un frère sa sœur cadette à devenir geisha, sauf le cas de misère absolue.

Il y a deux classes principales de geishas, qu'on appelle *jimaï* et *kakaé*.

La *jimaï* est la maîtresse et quelquefois la fille de la maîtresse d'une maison de geishas. Elle est d'ordinaire libre et indépendante ; cependant elle aliène son indépendance et sa liberté quand elle a des parents d'adoption, ceux-ci l'adoptant pour faire d'elle un commerce dont elle est la marchandise.

La *kakaé* est une pensionnaire ou une apprentie dans une maison de geishas ; elle est tout à fait assimilée à une esclave. Toute *kakaé* appartient à l'un des trois systèmes suivants :

1° Le *schitchibu*, dans lequel il lui faut verser à sa maîtresse une certaine somme par mois pour sa pension ; elle bénéficie des 7/10e de ses gains, mais là-dessus, il lui faut encore payer l'intérêt de la somme qu'on lui a avancée, ainsi que son habillement ;

2e Le *sambu*, qui ne diffère du schitchibu qu'en ce que la kakaé ne touche ici que les 3/10e de ses gains ; quand son engagement est terminé elle peut, si elle trouve quelqu'un avec qui traiter, signer un engagement schitchibu, évidemment beaucoup plus avantageux pour elle ;

3° Le *nenki*, dans lequel la geisha est gardée par une *jimaï* en apprentissage pendant ordinairement trois ans ; elle doit être habillée aux frais de la jimaï, mais, en réalité, celle-ci, qui lui prête d'abord ses robes défraîchies et abandonnées, les lui porte bientôt en compte et se les fait payer après un certain délai.

Jusqu'aux modifications apportées en 1872, les geishas et les maïkos habitaient en commun une maison spéciale du quartier de Yoshiwara : mais à partir de cette date on établit, dans Tokio même, divers quartiers, une douzaine, où elles résident actuellement. Parmi ces quartiers, les deux plus renommés, les deux plus grands, les deux plus coûteux, sont ceux de Yanaghibashi et de Shinbashi.

Les maisons des geishas sont bien plus petites que celles des courtisanes ; elles sont aussi moins belles, mais toujours très propres et même assez élégantes. Presque toutes construites sur un même plan, disposées de la même façon, ayant les mêmes dimensions, elles contiennent au plus dix geishas. Au-dessus de la porte extérieure, on suspend des lanternes de papier portant le nom de chaque geisha résidant là ; quand l'une d'elles est obligée de s'absenter, même pour quelques instants, on retire aussitôt sa lanterae.

Le personnel se compose de la maîtresse, d'un certain nombre de geishas et de maïkos, de une ou deux servantes et de un ou deux chaperons appelés *hakoya*.

La fonction de hakoya, qui signifie *porteur de boîte*, parce qu'il porte toujours une boîte à shamisen à la main, était généralement autrefois remplie par une femme ; aujourd'hui, elle l'est toujours par un homme. Le hakoya est le compagnon, le gardien et le conducteur de la geisha ou de la maïko. Il est souvent aussi l'intermédiaire des affaires secrètes.

Une fois entré dans une maison à thé, le consommateur qui veut entendre chanter et voir danser en informe la maîtresse de maison ; celle-ci fait immédiatement venir du plus proche quartier de geishas une, deux, trois ou davantage d'entre elles, selon les ordres donnés. Elles arrivent, escortées de leur orchestre de musiciennes, le sourire sur les lèvres, fraîches et pimpantes, et, aussi longtemps qu'on le désire, restent là à égayer les convives de leurs danses lascives, jouant de l'ombrelle et de l'éventail et semblant laisser leur corps s'abandonner à d'invisibles caresses. Les danses terminées, elles portent avec volupté à leurs lèvres les coupes de porcelaine remplies de *saké* qu'elles offrent ensuite aux convives ; après quoi les danses et les chants reprennent, à moins que les clients ne quittent l'établissement, auquel cas les geishas, retournent dans leurs quartiers.

En général, les geishas paraissent plus actives et d'humeur plus enjouée que les courtisanes. Dans l'intimité cependant, elles ont beaucoup de points de contact avec elles. Sans doute elles n'ont pas la vie claustrale de la courtisane et disposent plus librement de leurs actions ; elles sont néanmoins opprimées par leurs mères adoptives ou leurs patronnes, dont l'avarice sordide a rendu le caractère presque inhumain. De là un travail incessant de la geisha qui devient une source de revenus pour celle qui l'exploite.

Le costume des geishas a toujours un cachet spécial. Leurs longues robes flottantes, étincelantes de chamarrures d'or et croisées sur la poitrine, leurs larges ceintures aux nuances exquises et dont le nœud, fait entre les épaules, tombe artistement sur les reins, leurs coiffures constellées de fleurs faisant ressortir encore davantage leurs magnifiques chevelures noires et lisses, tout cela forme un ensemble qui ravit les yeux.

Ces jeunes filles, ordinairement fort économes, n'ont d'autre but, en embrassant leur profession, que d'amasser une somme assez rondelette (elles y arrivent presque toujours) pour pouvoir se marier ; une fois mariées (parfois avec de très hautes notabilités) elles n'encourent aucune déconsidération.

Pour terminer, énumérons les instruments de musique dont jouent les geishas :

Le *shamisen* ou guitare, instrument à 3 cordes, à caisse carrée et à longue anse, dont on joue avec une sorte de plectre en ivoire ou en bambou ou une bague protégeant le doigt ;

Le *koto*, instrument de l'espèce des psaltérions, et qui correspond vaguement à notre piano, élégamment construit, très richement orné, composé de 13 cordes tendues sur deux chevalets fixes et mesurant près de 2 mètres de longueur ;

Le *kokiou*, violon possédant 4 cordes ; on en joue avec un archet de crin, en mettant entre les genoux l'instrument placé tout droit sur une cheville métallique, de façon à pouvoir le faire tourner librement autour de son axe vertical ;

Le *fouyé*, flûte traversière de bambou, à 7 trous ; les Chinois et les Japonais en revendiquent l'invention ;

Le *taïko* ou tambour, recouvert d'une peau vernissée ; on en joue avec deux baguettes en bois ;

Le *tsouzoumi*, petit tambour cylindrique, très décoratif ;

les danseuses frappent de leur main droite l'instrument tenu de l'autre main.

De tous ces instruments, c'est le shamisen qui est le plus employé par les geishas. C'est avec lui que s'accompagnent toujours pour chanter de leurs voix inégales et heurtées, de délicieuses petites mélodies, pleines de langueur et de poésie.

# ON THE ETHNIC VARIATIONS OF MYTHS

By Mr John FRASER

The brown natives of Eastern Polynesia have a literature hundreds of years old, but that literature is oral
and unwritten, for it has been handed down from generation
to generation by public and private recitation. It consists
of genealogies of their gods and noble men, songs in
praise of their chiefs and ancestral heroes, mythical stories
and folk-lore. In India, and there especially in the province
of Rajputana, there is a class of professional bards whose
duty it is to treasure in their memories the genealogy of
each noble family and the folk-songs of the race. At certain
times of the year such a bard sets out on his journey of
visits, travelling from the court of one prince to another,
and is everywhere welcomed and treated with kindness.
If, since his last visit, some joyful incident has happened
in the family of his host (birth of a boy, marriage of a
princess) he sings a poetical and much embellished
account of the ancestors of the house and adds something
new to suit the occasion. At banquets he give songs and
recitations of any kind that his patron or the guests may
ask for.

Amongst the Polynesians something similar has long
existed, and I shall now speak of that branch of them
which occupies the Samoan group of islands. A very large
body of native tradition, about things both human and
divine, is preserved as folk-lore or *sagas* in the memories
of certain official men whom we may call « legend
keepers » ; their functions are something like those of the
Greek *rhapsodists* or the German *minnesingers*. They are

15

honourable men both in morals and by rank, for by birthright they are mostly *ali'i*, that is « chiefs « ; and as an idea of sacredness is attached to their rank and their office, they are above the suspicion of falsifying the records which they keep, or of allowing them to be corrupted ; for that would be sacrilege. Of course, I am speaking now of Samoa as it was half a century ago.

I happen to have in my possession a considerable bund of myths from Samoa, written down there about 1865-70 by an English missionary who laboured long in that field, and who, having gained the confidence of one or two of these « legend-keepers » was allowed to preserve in writing to their dictation, many of these interesting records. One of these myths I have chosen as my theme to-day.

It has for title *Le malanga na alu i le langi*, that is « The travelling-party that went (up) to the heavens ». It so much resembles the classical story of « The war of the gods and the giants » that it may interest you to trace the local colouring which the Polynesians have given to that story. And to enable you to do so, I will first give you an outline of the myth as translated from the Samoan text and will then offer some remarks on it.

*The Myth* — In the Samoan pantheon the supreme god is Tangaloa, who dwells in the 9th or highest heavens, a region of unclouded brightness and unruffled calm. He has many sons, who collectively are called *Sâ-Tangaloa*, for *Sâ* in the Samoan language means « race, family ». Some of these sons he permits to occupy the lower heavens ; others again, the sons of these but born of human mothers, remain on the earth below ; and many of them are giants, bearing such names as *Losi, Pava, Le-Fanonga, Moso, Ti'i-ti'i-a-Talanga*. These giants are not regarded as *Sâ-Tangaloa*, but are treated as inferiors. The chief of them was *Losi*, who was the fisherman of the gods and had charge of the sea. He is the son of Malae-La*, who

---

* *Malae* is the open space in a village where the people assemble on public occasions. *La* is « the Sun. »

was the husband of the daughter of the first human pair.

One day, the Sâ-Tangaloa wanted some fish to eat ; so they sent down a message to Losi. Losi obeyed orders, went and caught some very large fish, tied them by the tails to a strong cord ; and then told the messengers to come and take the fish away. They came but the fish were lively and dragged them hither and thither, so that they had to call to Losi for help. He said : « You go on first and I will bring up the fish ». Sohe went up to the heavens with one hundred large fish ; he took so many because the spacious house in the heavens where the single young men lived had a hundred doors. When he arrived there, Losi placed the fish, during the night, one fish on the threshold of each door, and in the early dawn, when the young men were coming out, they stepped upon the slippery things and got a fall. One had a broken arm, another a wounded head, and so on ; *that* took away all enjoyment of their fish-meal and left them a grudge against Losi for his practical joke. Hospitality, however, required that the young men should prepare an oven of food as a compliment to their visitor, and Losi went and stood beside them, looking on while it was preparing. In those days there was no *taro** « food or bread-fruit » or « yams » on the earth below. Losi therefore slily picked up and hid one of the scraps of *taro* about his person under his waist-belt. The young men observed his movements and, suspecting what he had done, they laid hold of him and, searching him roughly, they most indecently exposed his private parts. But they did not find the treasured *taro*, Losi went off in great indignation, at this disgrace. But on the earth he planted the *taro* ; it became very productive and he got from it a fine crop in due time. After a while, some of the Sâ-Tangaloa came down to earth, and, seeing the plantation of *taro*, they said, « Nevertheless, he

---

* *Taro* is an esculent root much used in Polynesia. So also the yams (*ufi*).

did bring down the things of heaven ». And so they carried off all his fruit. This made him still more angry against them, and he resolved to have revenge. And Losi took counsel with his brethren, the earth-born giants, who were men of prodigious strength and bigness. So they all met and went up together to the heavens as a friendly travelling party of visitors. But the Sà-Tangaloa suspected their design, and, although offering the usual civility of food, they meant to attack the giants when engaged in eating. But Losi's men were on their guard, and while the rest of them stood by on the alert, two brethren came forward and ate up all the offering along with the baskets in which it had been carried thither and the yoke-sticks for carrying it. So the Sâ-Tangaloa werefoiled. Next day the visitors were invited to share to the sports of the young men and trials of strength. The gods had one champion « Tangaloa-of-eight livers » who, they thought, would conquer and kill all their adversaries. This was a chief about whose body hung his livers, eight in number. But the earth-born *Moso* encountered him ; they two joined in a hand-to-hand combat with clubs ; their blows descended and the eight-livered hero got a gash ; one of his livers was cut off ; again another blow caught him and another liver was crushed ; the eight livered champion became weak   Then his friends the *Lava-sii* came forward to pay his ransom. Thus again the Sâ-Tangaloa were foiled and the earth-born Moso got all the honour. Again, the next day, the rain-makers of the heavens brought down a deluge of rain. But the visitors were prepared for that ; for Moso had caught many birds, and, taking off their wings and feathers, he had decked himself with them, and sitting down like a gigantic brood-hen, he sheltered all his comrades from the rain under his wings. Last of all, came on the next day the sport of floating on the bosom of the river, which, with its impetuous current swollen by the recent rains, was likely to sweep away and drown the visitors not accustomed to it. But *Lau-tolo*, one of them, stood in the middle of the water, and when anyone of his friends was swamped, he took hold of him and lifted him out. The Sâ-Tangaloa looked for drowned men, but lo ! the giants were all there on the bank of the river, shaking the waterouf of their hair. The warriors now attacked the Sâ-Tangaloa, beat them severely and made them acknowledge themselves vanquished. So the travelling party returned to earth again, carrying with them the spoils of heaven—*taro* and bread-fruits and cocoa-nut and *kava** and *kava* bowls in which to make that drink.

*The Variations.* — There can be little doubt, I think, that this myth is of the same origin as the Grecian story about the War of the gods and the giants, — the same but different. It now remains for me to show the analogies and the contrasts between the two, and, if possible, to account for the variations.

1. In the early days of mythology there was a coming and a going betwen gods and men, between heaven and earth. In that, both Greeks aud Polynesians conspicuously agree.

2. There were giants on earth in those days, strong enough and daring enough to beat variance with the inferior gods and to make war on them and to conquer them. — The Titans of Ilesiod's *Theogony* correspond with the Sâ-Tangaloa for they are all gods but of a inferior kind. In Greece, the giants and the cyclopes who assisted Zeus in the war against the Titan gods were sprung from the union of heaven (Ouranos) and earth (Gaia). In Samoa, the father of Losi is a celestial (*La* = the Sun), but his mother is one of the ancients of the human race. IIis comrades too are tremendous fellows ; one of them, Le-Fanonga « Destruction », sweep everything before him in battle, as he well may, if he is worthy of his name ; another of them, Tii-tii, went down to Tartarus, fought

---

* It is a native plaut (*piper methysticum*) from which a much-used drink is made.

with *Mafui'e*, the fire-king, there broke his arm and his leg, conquered him and brought up fire to men on earth above.

3.  The Sâ-Tangaloa occupy a house with one hundred doors. The colouring of the story is here Polynesian, — one large house-gallery where all the young men live together. In the Grecian story, the sons of Ouranos and Gaia have each a hundred arms.

4.  In the Samoan myth, the war ends on the 10 th night. The Grecian account makes the war last for 10 years.

5.  In Greece, the legends about the Giants and the Titans are very confused; in Samoa, the whole tale is a plain, intelligible narrative arising out of the practical joke of one of the giants — a pastime to which giants are believed to be rather partial.

6.  As spoils of war, taro and all other things good for food and drink were brought down from heaven. Losi had at first *stolen* a bit of *taro* from the Sâ-Tangaloa. *Ti'i-ti'i* as a victor carried fire *up* from below to earth wherewith to cook food. In contrast, Prometheus *stole* fire from heaven and brought it *down* to earth.

7.  Modes of life in the lower heavens of the Polynesians are much the same as they are on earth; for there is vegetable food there is the *kava* drink a appurtenances; and the gods there behave like mortals. In the Grecian mythology, the *ambrosia* and *nectar* of the gods are something *finer* than *kava* and *taro*, but the gods themselves are not much better than men on earth, for one of them gets drunk, another is caught in an amour, a goddess is very jealous of her spouse, and the thunder bearer of Olympus is not so calm and dignified and pure as Tangaloa.

8.  The Tangaloan demi-gods are *sensual* in this respect that they must have fish to eat and *kava* to drink and thus so far the Samoans regard them as anthropomorphic; but the myths bring no charges of sensuality against them such as we find in the Geeek tales about Poseidon and

Hephaistos and Aphrodite. Like the Samoans themselves the Tangaloans are swift to observe the laws of hospitality, for they at once prepare food for their visitors although these have come on a hostile errand.

9. In the Samoan language the noun Losi means « envy, jealousy, emulation ». This name may have some references to the causes which led to the war. In Greece, a wily Titan, Kronos, had dethroned the aged Ouranos, and set up a new monarchy. Perhaps envy and ambition led him on to this. Zeus, with the help of his half-brothers, the Cyclopus, and the Giants made war on the Titans and recovered his father's throne.

10. The Grecian war proceeds by brute force; for Pelion is piled on Ossa and attempts are made to take Olympus by storm : at last Zeus launched all his stores of thunder and lightning and quelled the might Titans. But in Samoa it is « diamond cuts diamond » in pretented trials of skill and strength and at last in open fight.

11. As to the Tangaloan sports, let us observe in how many points this myth corresponds with legends in the Old World :

(a) The giants are prodigious gluttons; for *Le-Sâ*, one of them, ate up the whole supply of food, and the baskets and the neckyoke.

(b) There is single combat to settle the strife by a club-match.

(c) The conquered man is admitted to ransom and the victor is highly honoured.

(d) Some of the giants are very tall as well as strong. *Lau-tolo* could stand in the bed of a swollen river and rescue his friends.

(e) In the Samoan language, *Moso-moso* is the name of a bird and in this myth Moso covers himself with feathers. In legends elsewhere there are tales about giant-birds such as the Roc.

12. But in three other parts of the sports in this myth, the analogies are not European or Indian. For :

(*a*) In Australia and Polynesia there are professional rain-makers and there are rain-medicines. The Samoans strongly dislike heavy rain falling on their warm naked bodies ; it chills them through and trough.

(*b*) Swimming and floating is universal in Polynesia as a sport and trial of skill.

(*c*) There is a river in the heavens ; the Milky Way is that river ; its Samoan name is *Aniwa*.

13. The champion of the Tangaloa party had 8 *livers*. In classed languages the liver is « courage ». To be « white-livered » is to be « a coward ».

14. The number 8 is remarkable here, for it is evidently used as a *complete* number. I have found it similarly used in some other of the Samoan records. The word in Polynesia is *valu*, « twice four ». Now I do not know any other part of the world *except India* in which the number 8 is so used. I intend to write more fully someday on this point, for I think it proves that the ancestors of the Polynesians had some connexion with India.

15. In the Samoan pantheon, the supreme god is Tangaloa and the beliefs as to celestial arrangements remind us often both of the Vedaism of India and the Buddhism of the East. I take the name Tangaloa to mean « the lofty (*loa*) encompassing »(verb *ta'a-i*, root *takâ*, tang-a) heavens. If that is its meaning, the name thus corresponds with the sanskrit *Var-una*, the Greek Ouronos. His abode is in the 9th hoavens, he is a calm, quiescent being. In this respect he ressembles the Indian Brahma. His palace there is called *fale-ula* « the house-of-brightness » ; there is no noise or din of any kind there ; all is calm, bright, pure. The councils of the great gods are held there. The upper gods have the right to assemble there with him, but the inferior gods come only on invitation. For analogies, we may refer to the Roman *Dii Consentes*, the *Dii majorum gentium* and the *Dii minorum gentium*. And even in mediaeval England the highest of the nobility had the right of *entrée* to the council room of the sovereign, bu

the lower barons must wait till summoned by the royal writ.

16. The distinguishing name of the Supreme Tangaloa is *Tangaloa-i-le-lanji* « Tangaloa in the sky », but there are many Tangaloas, all of them however being functions or attributes of the one god. As « creator of lands » he is *Tangaloa-fa'a-tutupu-nu'u*; as the « immoveable », unchangeable one, he is *Tangaloa-savâ'li* ou *Tangaloa-asi-asi-nu'u*; and so on. With all this, compare the Indian Brahma and his manifestations. Just as in the beginning, the sole self-existing spirit Brahmá by his *will* created the waters, so the Samoan Tangaloa-i-le-langi created the lands and men merely by *willing* it. And Brahmâ, in one of his aspects, is *Brahma prajâpati*, the personal creator; as the preserver he is Vishnu; as the destroyer he is Siva; and so on.

This is all akin to the Samoan beliefs I have quoted.

The whole of the Samoan conception of Tangaloa and his heavens is somewhat like Buddhist ideas. To show this I quote from Childers : — « Brahmaloko is the world or heaven of Brahma angels, the Brahma world. It is divided into two parts : —(1) *Rupa-Brahma-loko*, the world of corporeal Brahmas, and (2) *A-rupa-Brahma-loko*, the world of formless Brahmas. The first consist of 16 heavens; placed one above the other and inhabited by Brahma *devas* or angels of different sorts; the other consists of 4 heavens and is placed immediately above the Rupa-Brahma-loko. The Brahmas are a higher order of angels than the *devas* of *Deva-loko*, being free from *kama* or sensual desire or passion and insensible to heat and cold. In some of the worlds they are self-resplendent, and have purely intellectual pleasures. Those of Rupa-Brahma-loko have a former body but those of A-rupa-Brahma-loko are mere effulgences or spirits without form. The *devas* of Deva-loko are superhuman beings living a life of happiness, and exempt from the ills of humanity.

Now, in another Samoan myth I have edited — ''The

story of Creation" – many Samoan beliefs, parallel to those I have now given about Tangaloa and his heavens, come out more clearly than in this one. In fact it would be easy for me to enlarge everyone of the 16 parallels I have just written down here, but the space I have at my disposal forbids. And so at present this is only an outline of what might be said about this Samoan myth, *le malanga na alu i le langi,*

# LE SIN-TAU

Par M. Amédée GUIBERT

(EXTRAITS)

---

Le Sintauisme (sinico-japonais *Sin-Taû*, japonais *Kami no miti* « voie [doctrine] des Kami [génies] »), était la religion du Japon avant l'introduction du confucéisme et du bouddhisme ; malgré la guerre sans merci que lui a fait ce dernier et les profondes modifications qu'il a subies, il est encore le culte de la majorité ; il a, en outre, le mérite d'être, sinon dans ses primes origines, du moins dans son développement, entièrement japonais.

Il s'est modifié avec le gouvernement. Celui-ci ne fut à l'origine qu'une rude féodalité, et c'est alors que naquit le sintauisme primitif, fort différent de celui que décrivent les plus anciens documents écrits et qui ne fut qu'un système politico-religieux destiné à assurer la puissance mikadonale. Pour se faire une idée des premières croyances japonaises, ces livres antiques, bien que d'un précieux secours, ne suffisent pas, et il faut puiser à une autre source de renseignements, trop négligée jusqu'ici, les traditions orales, les survivances, l'archéologie. Quelques excursions et de nombreux entretiens avec les paysans et les prêtres sintauistes (*Kan nusi*) renseignent souvent mieux que des documents fabriqués après coup pour les besoins de la cause.

L'animisme, un fétichisme aborigène, le culte phallique, celui de l'arbre et du serpent, les sacrifices humains réels ou simulés, et ce qu'un exégète japonais appellerait la *zoologie mythique*, voilà ce que nous révèlent les traditions orales, les vieilles coutumes et les premiers livres. L'espace nous manquant, nous nous bornerons à une esquisse rapide.

*Animisme. Fétichisme.* — Les premiers Japonais croyaient le monde physique peuplé, gouverné, par des myriades d'esprits ou de génies (*Kami*), bons ou mauvais, dont on pouvait obtenir les faveurs ou conjurer la malignité par des prières, des incantations, des rites magiques.

Le fétichisme qui exige un objet visible, tangible, demeure d'un esprit, et que l'on invoque et parfois l'on maltraite, était et est encore répandu partout au Japon, aussi bien dans les plus hautes classes que chez les ignorants. Le paysan, avant de donner le premier coup de bêche à son champ, n'oublie jamais d'ériger une pierre, un morceau de bois, et cette pierre ou ce bois apaisera les esprits méchants. Ce sont des fétiches qui protègent, qui assurent contre l'incendie, la peste, le choléra, les tremblements de terre, voire les raz de marée.

*Culte phallique.* — Ce culte n'a guère laissé de trace que dans les campagnes. Dans les grands centres le gouvernement l'a fait presque complètement disparaitre (abolition de ses chapelles et emblêmes en 1872). Comme il constituait une partie importante de l'ancien sintauisme, il est nécessaire d'en dire ici quelques mots, d'autant que si ses accessoires ont disparu des temples, si on ne les porte plus solennellement dans les processions des *maturi* (fêtes japonaises), ils se sont maintenus dans nombre de familles) et nous en avons vu occupant la place d'honneur dans le *Tokonoma* (chambre de réception). Il suffit de lire le récit de la création du monde, tel que nous l'a transmis le livre des vieilles traditions (*Ko-di-ki*), pour voir que ce culte, qui jusqu'à ces derniers temps faisait partie de la croyance, *parfaitement innocente d'ailleurs*, appartenait bien au sintauisme primitif ; bien des pages de cette Bible du Sin-Tau ne sont que des mythes phalliques et cosmogoniques : le mystère de la paternité était aussi celui de la création.

*Culte de l'arbre et du serpent.* — Au Japon, dans les temps les plus reculés et de nos jours encore, les arbres et les serpents étaient vénérés comme *Kami* (1) tout-puissants ; dans les arbres habitaient des êtres surnaturels. Aujourd'hui encore on suspend des ex-voto à leurs branches, on applique sur leurs troncs des papiers contenant des prières, on évite de couper certains d'entre eux, et le *Sakaki* « arbre des Kami » (*Cleyera Japonica*) joue un grand rôle dans toutes les cérémonies. Naguère encore, l'arbre était l'intermédiaire choisi par les femmes trahies pour appeler sur leurs amants la vengeance des Kami. La délaissée confectionnait un mannequin de paille sur lequel elle fixait un serment de vengeance, préalablement écrit, puis lui enfonçait des clous dans la bouche ; parfois elle lui posait sur la tête un trépied renversé où brûlaient trois chandelles , arrivée près d'un temple, elle choisissait un arbre voué à un kami et clouait au tronc le mannequin, suppliant le dieu d'exterminer l'infidèle ; cette effigie restait ainsi jusqu'au jour de la mort vraie ou supposée du traître, et alors on adressait à l'arbre ou plutôt au kami vengeur des remerciements et des offrandes. Infiniment plus agréables sont les cordes de paille symboliques étendues d'un arbre à l'autre, en souvenir de la déesse du soleil.

Le serpent occupe une place très importante dans la littérature. Il est parmi les ancêtres du mikado et les kami se sont souvent incarnés en lui. Le *Ko-di-ki* lui fait souvent jouer un rôle. Il est donc tout naturel qu'il ait ses temples.

*Sacrifices humains réels ou simulés.* — Le *Ko-di-ki* ne fournit que peu de preuves de l'existence des sacrifices humains ; voir pourtant l'histoire de la jeune fille offerte en holocauste à un dragon monstrueux (Kami malfaisant) et sauvée par le dieu *Sosa no o.* Par contre, les vieilles légendes, les traditions orales, donnent de nombreux exemples. Ils parlent souvent de très belles jeunes filles

---

(1) *Kami*, traduit d'ordinaire par *dieu* ou *génie*, signifie en réalité tout ce qui est merveilleux, surnaturel, surhumain.

sacrifiées à des Kami de la mer ou dévorées par un dragon, dieu d'un lac ou d'une rivière. De vieux paysans du village de *Hakoné*, au bord du lac de même nom, m'ont montré, près de ce qui dut être le déversoir de ce lac, et assez loin de la rive, immergé en un endroit où la profondeur est de 20 mètres, un arbre paraissant assez solidement enfoncé et dont la cime émerge presque ; ils m'ont tous affirmé qu'il servait jadis aux sacrifices *hito-gasira* « pilier humain » ; on y attachait une jeune fille choisie parmi les plus belles, et on la laissait, cheveux dénoués, corps flottant, jusqu'à ce que le Kami du lac (dragon ou autre bête fantastique) l'eût dévorée. Les mêmes légendes parlent d'hommes noyés pour assurer les fondations de ponts ou de jetées, enterrés vifs pour consolider celles de temples, forts, châteaux, etc. Dans le sacrifice *Ziun-si* le serviteur était enseveli vivant auprès du tombeau de son maître. Du livre intitulé : *Sin-tau-mei-mohu-rui-siu-syau*, je traduis *in extenso* le récit suivant qui nous parle certainement d'un simulacre de sacrifices humains : « *Nao-é maturi* (cérémonie du *Nao-é*). Cette cérémonie avait lieu au temple de *Koku-fu* (*Koku-fu no mya*), province d'Owari, canton de Naka. Le 11° jour du 1er mois, les *kan nusi* (prêtres sintauistes), portant des drapeaux, se portaient des deux côtés de la route (du temple), et, s'emparant de force du premier passant qui se présentait, le plongeaient dans un bain, l'obligeaient à accomplir les rites corporels de purification, à revêtir de blancs habits, et l'amenaient devant le Kami. Là on disposait sur une planche de forme spéciale, appelée *mana-ita*, un couteau en bois et des baguettes servant à préparer le poisson vivant (*mana-hasi*). Cela fait on fabriquait, suivant la tradition, un mannequin qu'on plaçait sur la planche au lieu du passant dont on s'était emparé. On obligeait ce dernier à se tenir tout près de la planche pour être témoin de la cérémonie qui durait toute une nuit. Les offrandes traditionnelles étaient présentées aux Kami. Le lendemain matin, les *kan nusi* venaient enlever les offrandes et délivrer l'homme. On fabriquait alors, avec de la terre, quelque chose ayant la forme d'un gâteau de riz, que l'on chargeait sur le dos de l'homme dont on entourait le cou d'un collier de monnaies de bronze ; puis on se mettait à sa poursuite, le forçant à courir jusqu'à ce qu'il tombât épuisé, hors d'haleine. Alors on attendait un instant qu'il eût repris ses sens, puis il s'enfuyait à toutes jambes. On élevait, là où il était tombé, un tertre sous lequel le gâteau de terre était enfoui..... Ces pratiques divines, conservées traditionnellement dans les familles de Kan nusi sont très mystérieuses ; on dit que d'abord des courriers ainsi arrêtés s'étant plaints, on abandonna la coutume de se saisir des gens chargés d'un message. Cette cérémonie se pratiquant annuellement, tous ceux qui en connaissaient l'existence se gardaient de passer, le jour où elle avait lieu, par cette route. Actuellement on dit que les prêtres s'emparent des villageois voisins en pénetrant de force chez eux ; s'ils ne peuvent les saisir le 11e jour, ils reviennent le lendemain. »

*Zoologie mythique.* — Les monstres mythiques du Japon sont pour la plupart hideux. Citons-en quelques-uns. D'abord les quatre chimères : le *Kirin*, le *phénix* (*Hô-ô*), la tortue (*Kamé*) et le dragon (*Riô* ou *Tatu*). Le Kirin, mâle et femelle, cerf unicorne à queue de bœuf, vivant 1000 ans, est un symbole de sagesse et de perfection. Le phénix, merveilleux, apparaissant très rarement sur terre où sa venue présage l'avènement d'un empereur parfait, a la tête du faisan, le bec de l'hirondelle, le cou de la tortue, et ses couleurs symbolisent les cinq vertus cardinales : droiture, obéissance, justice, fidélité, bienveillance. La tortue (fantastique) et le dragon sont deux symboles de longévité. Il y a, en outre, toute une ménagerie mythique : le *kappa*, mi-singe mi-tortue, qui saisit, Croquemitaine japonais, les petits enfants ; la *belette volante*, qui se meut dans un tourbillon et a sur ses griffes des glaives en forme de faucilles ; le *génie du vent*, Eole du Japon ; le *génie du tonnerre*, qui dans les nues frappe des tambours disposés en cercle au-dessus de sa tête ; *Namadu*, poisson souterrain, cause des tremblements de terre ; *Dia*, dragon centipède ; le *Tengu* au long nez, esprit des monts, messager des dieux ; le *Kumo*, araignée géante ; le *renard*, célèbre entre tous ; le *blaireau*; le *chat* des vieux contes, qui se transforme et possède les humains.

*Le sintauisme d'après les livres canoniques.* — Les plus anciens documents écrits ne remontent pas au-delà de l'an 712 après J.-C. Nous avons vu que le sintauisme était plus ancien et comment il était, mais était-il aborigène ou importé? Cette question, fort controversée, n'est pas résolue. L'opinion générale est qu'importé à l'origine il a eu un développement japonais. Les documents écrits, historiques, poétiques, liturgiques, qui permettent d'étudier le sin-tau sous sa forme relativement moderne sont : le *Ko-di-ki* (mémorial des choses antiques), le *Man-yo-siu* (10,000 feuilles), le *Norito* (liturgie). Le *Ko-di-ki*, précieux entre tous, est la vraie Bible (théologie, mythologie, cosmogonie, histoire ancienne) du Japon sintauiste. Le *Man-yo-siu*, recueil de poèmes, est un reflet fidèle des rêves, des idées, des mœurs et des coutumes des premiers Japonais. Le *Norito* nous donne le rituel des prières sintauistes.

Ce fut le boudhisme, avec son culte somptueux, parlant à l'esprit et aux sens, sa belle ordonnance, sa discipline, qui donna aux sintauistes l'idée de codifier ce qui n'avait été jusqu'alors qu'un amas informe de traditions et de superstitions plus ou moins grossières, et en peu de temps ce fut fait. Les propagateurs de la doctrine de Çakya-Mouni ne désespérèrent pas ; ne pouvant triompher ouvertement, ils adoptèrent tout d'abord les principales idées de leurs adversaires, mais en les dénaturant graduellement jusqu'à les rendre méconnaissables, et bientôt la foi nouvelle eut à peu près absorbé l'ancienne. Les Kami devinrent des avatars à noms boudhistes de Siddharta. Les antiques temples, en bois blanc, sans peintures ni décors, firent place à de somptueuses constructions. L'encens, réservé aux idoles bouddhistes, brûla devant les statues des ancêtres, sur des autels où, jusqu'alors, il n'y avait eu pour tout ornement que le miroir sacré de la déesse solaire *Amaterasu* et les *gohei* (papiers votifs).

Les adorations des prêtres sintauistes s'adressèrent aussi bien aux membres du panthéon bouddhiste transformés en *kami* qu'à leurs anciens dieux.

Cette période de confusion, appelée *ryobu-sin-taü* (le sintauisme mêlé au bouddhisme), dura du 9e au 19e siècle. De nos jours seulement et non sans effort, le gouvernement a pu séparer nettement les deux cultes ; il reste cependant encore beaucoup à faire dans ce sens.

Revenons aux premiers essais d'organisation du sintauisme originel. Enfermé en des formules plus précises, ce culte devint un système mi-politique mi-religieux, destiné à établir la divinité de l'Empereur (c'est son vrai dogme); le premier système gouvernemental s'établit sur cette base, et les compagnons du premier empereur furent placés à la tête des premiers territoires conquis avec les titres religieux de fondateurs de temples et furent plus tard vénérés comme Kami et considérés par les collecteurs de légendes mythiques (*Ko-di-ki, Norito*) comme les descendants des divinités célestes. Le ciel, la terre, les astres, le tonnerre, le vent, etc., devinrent autant de dieux, ancêtres des premiers conquérants, et ce à la plus grande gloire du premier mikado et de ses descendants. Le *Ko-di-ki* n'a donc point créé le sintauisme ; il n'a fait que prendre un culte préexistant comme point d'appui et justification du premier système gouvernemental.

*Cosmogonie.* — Au commencement le Ciel et la Terre n'étaient pas séparés, la substance du monde flottait dans la masse cosmique. Le mouvement commença, la séparation se fit, et la partie légère devint Ciel et la partie lourde Terre. Lorsque le ciel et la terre commencèrent, dans le *Tatama-no-hara* « plaine du ciel élevé » naquirent, émanant d'eux-mêmes, 3 Kami lesquels *disparurent ou moururent*. Puis vinrent ce qu'on appelle les 7 générations ou successions de Kami célestes. De cet exposé il semble résulter qu'avant l'esprit était la matière et que les Kami naquirent par évolution spontanée. La première chose qui apparut, née de la matière, fut comme un roseau et devint un Kami. duquel vinrent d'autres Kami, tous mâles, et cela jusqu'à la différenciation des sexes et des pouvoirs.

Passons à la création du monde habitable par les derniers-nés. le mâle *Izanagi* et la femelle *Izanani* ; la plupart des sintauistes les qualifient de *Kami célestes* bien qu'ils soient descendus sur la terre. Les autres Dieux leur ordonnent de consolider la terre qui « va à la dérive ». Se tenant sur le *pont flottant du Ciel*, le Mâle plonge sa lance de jade dans l'élément au-dessous (l'eau) jusqu'à congélation ; lorsqu'il la retire, les gouttelettes restées à la pointe forment *Ono-goro-sima* « île de la goutte congelée » ; lui et la femelle y descendirent et s'y séparèrent, tournant celle-ci à droite, celui-là à gauche d'une colonne. A leur réunion, elle parla la première : « Quel bonheur de rencontrer un si beau garçon ». Indigné qu'elle eût parlé ainsi la première, il fut d'avis de tourner à nouveau autour du pilier. A la nouvelle rencontre il s'écria : « Quel bonheur de rencontrer une aussi belle fille. » Puis un dialogue s'échangea dont voici la traduction latine par M. Léon de Rosny (*Yamato Bumi, Genèse*, p. 78) : « Quomodo factum est corpus tuum ? — Corpus meum habet locum originis femineæ. — Corpus meum habet etiam locum originis masculinæ. Cupio corporis mei locum originalem unire loco originali corporis tui ». (Dans le *Kodiki* ce dialogue est plus détaillé et beaucoup plus brutal). De l'union qui s'ensuivit naquit... l'île d'Awadi, à l'entrée de la Mer Intérieure. Puis furent créées d'autres îles, les monts, les rivières, les herbes, les arbres, etc.

Après la naissance de la déesse solaire Amaterasu et celle du dieu du feu, Izanami se rendit dans ce qui est supposé l'enfer sintauiste. Izanagi l'y suivit et la supplia de revenir sur la terre ; mais comme il ne se conforma pas à certaines injonctions qu'elle lui fit, il ne trouva qu'un corps à demi putréfié des parties les moins nobles (ici des détails d'une crudité toute primitive) duquel naquirent les huit dieux du tonnerre. Effrayé de la saleté de l'enfer, le Mâle se sauve poursuivi par les huit filles infernales. Pour leur échapper il sème les obstacles derrière lui : sa perruque noire puis son peigne changés en plantes qu'elles dévorent, pêches dont il se sert comme projectiles, rivière qu'il crée par la satisfaction de certaine nécessité mais qu'elles traversent, son bâton transformé en porte ; enfin il échappe en fermant d'un énorme rocher une passe étroite à travers les montagnes. Tous ces objets métamorphosés ont donné naissance soit à des noms de lieux vénérés aujourd'hui, soit à des superstitions mentionnées dans les liturgies ; d'autres sont devenus des Kami qu'on invoque contre les génies malfaisants auxquels ils ont barré la route.

De là tireraient leur origine les offrandes présentées aux dieux bienfaisants dans les cérémonies sintauistes. Izanagi pour se purifier des souillures de l'enfer se plonge dans une rivière, et les diverses parties de son corps donnent alors naissance à une foule de divinités. D'après certains récits, Amaterasu serait née alors seulement, pendant qu'il lavait son œil gauche. Avec cette déesse nous arrivons à ce qui forme le centre du sintauisme, car à c'est elle que les premiers organisateurs du culte firent remonter tous les décrets assurant au mikado et à ses descendants la souveraineté spirituelle et temporelle du monde.

*Vie des anciens Japonais.* — Les premiers conquérants du Yamato étaient des agriculteurs assez expérimentés, connaissant l'art de fabriquer avec du fer des ustensiles et des armes, vivant dans des huttes, et n'ayant aucune idée de l'écriture et du commerce. La famille existait, mais de rudimentaire façon. Les enfants du même père pouvaient se marier, mais non ceux de la même mère.

Peu ou point d'art. Le *Ko-di-ki* mentionne bien les bijoux *magatama*, mais comme ceux retrouvés dans des fouilles modernes sont en jade, minéral n'existant point au Japon, ils seraient donc venus du continent. Ce qui apparut le plus clairement en ces premiers temps, c'est l'amour des Japonais pour la nature, pour les beautés de leur pays (nombreuses descriptions dans le *Ko-di-ki*, le *Man-yo-siu*), c'est leur grande solidarité, le soin avec lequel ils s'attachaient à se bien connaître et à avoir d'excellentes ralations ; à ce point de vue, le Japonais moderne, malgré les profondes influences occidentales, diffère bien peu de son ancêtre de l'époque des Kami, et le peuple a conservé le même amour du merveilleux, de l'étrange, et les mêmes idées enfaniines sur la religion.

*Morale du Sin-Tau.* — Les livres canoniques montrent que le culte des Kami avait le double but de se rendre favorables les dieux et de sanctifier l'adorateur, mais il est impossible de trouver dans ces ouvrages l'exposé précis d'un système de morale. Point de ligne de profonde de démarcation entre le naturel et le surnaturel ; les Kami comme les hommes appartiennent à un même règne, le règne animé ; les uns et les autres vivent et meurent et ont semblables défauts et pareilles qualités. L'idée d'une vie future, bien que n'étant clairement énoncée nulle part, semble cependant indiquée par la coutume d'enterrer vivant le serviteur auprès de son maître.

Dans la suite des siècles la doctrine a fini par se préciser davantage.

Ecoutons d'abord les grands commentateurs du sintauisme, Moto-ori et Hirata.

Moto-ori dit : « Toutes les idées morales nécessaires à l'homme sont fixées en son cœur par les Kami et sont de même nature que ces instincts qui le poussent à manger quand il a faim, à boire quand il a soif...... La morale formulée est l'invention d'un peuple mauvais, comme les Chinois. Les anciens Japonais, naturellement purs en pensées et en actes, n'avaient nul besoin d'un code de morale ; ils vénéraient les Kami et leur représentant terrestre le Mikado ; ils gardaient pur leur cœur et obéissaient à ses impressions ». Un autre auteur : « Confucius formula plus tard une morale, des règles de loyauté et de bienveillance, mais le seul fait que les premiers Japonais n'en avaient pas eu besoin pour bien se conduire prouve leur supériorité morale. Ils faisaient le bien naturellement. Quand le vice apparut la morale devint nécessaire ». Moto-ori : « Aucun enseignement moral ne vaut celui que tout homme a dans son cœur..... Avoir appris qu'il n'y a point de voie (morale) à suivre et à pratiquer, c'est réellement avoir compris la voie (morale) des dieux ». Hirata : « Si vous désirez pratiquer la véritable vertu, ayez une crainte respectueuse de l'Invisible, et vous ne ferez point le mal. Obéissez aux scrupules de votre conscience (ma-gokoro) et vous ne vous écarterez jamais de la Voie...... Le culte rendu à la mémoire des ancêtres est la principale source de toutes les vertus. Celui qui remplit ses devoirs envers eux ne sera jamais irrespectueux envers les Kami et envers ses parents ; il sera fidèle à son prince, loyal avec ses amis, aimable et tendre pour sa femme et ses enfants ». Ainsi aucun code de morale n'est nécessaire, la conscience est le seul guide ; les Kami régentent toute action, mais chaque homme a le pouvoir de discerner l'impulsion vraie dûe aux bons Kami de la fausse dûe aux mauvais.

En résumé : 1° Se rendre propices les Kami par des offrandes et des purifications multiples ; 2° Pratiquer le culte des ancêtres ; 3° Vénérer l'empereur, descendant terrestre des Kami ; 4° Obéir aux impulsions de son cœur, telles sont les quatre grandes formules morales du Sin-Tau. Si simple que soit ce système, il faut reconnaître qu'il a fait la grandeur du peuple japonais. Les purifications si fréquentes dans ce culte expliquent l'admirable propreté morale et physique qui constitue aujourd'hui encore la principale et grande qualité du Japonais de race comme du grossier paysan.

Le Sin-Tau attribue le mal aux Kami dépravés qui polluent tout ce qu'ils touchent, et toute pollution est un crime. Le sens original du mot *tumi*, traduit aujourd'hui par « crime, offense » est « pollution ». Pour faire disparaître le mal qui vient des Kami mauvais (sales) on offre des sacrifices aux Kami de pureté. C'est sur cette base du pur et

de l'impur que le vrai sintauisme établit la classification
du Bien et du Mal.

*Culte des Ancêtres. Piété filiale.—* Inutile d'insister sur
la bienfaisante influence qu'a eu sur le Japon le culte des
ancêtres. Les morts sont moins facilement oubliés que chez
nous ; ils sont toujours supposés vivre au milieu de ceux
qu'ils ont aimés. Les offrandes et les marques de respect
auxquelles ils avaient droit pendant leur vie leur sont re-
nouvelées chaque jour. De ce culte découle la coutume de
l'adoption, si bien faite pour perpétrer la religion de la
famille et qui a pour origine la nécessité d'éterniser la mémoire des disparus.

Le sintauisme est le véritable créateur de la grande
solidarité des Japonais, de leur affabilité, de leur politesse
exquise. S'ils ne comprennent pas comme nous la charité,
si la pitié chrétienne semble leur manquer, il faut dire cependant que jusqu'en ces dernières années il n'y a point eu
au monde de pays où la vie ait été plus simple, plus facile,
plus assurée à tous ; la vieille fille et le mendiant, ces
deux tares de notre civilisation, y étaient inconnus.

*Vénération pour l'Empereur.* — Le véritable culte des
Japonais pour leur empereur, leurs idées d'obéissance
absolue à cet être être revêtu d'un caractère divin, n'ont
pas peu contribué à exalter leur courage, leur patriotisme.
En réalité, la meilleure façon de comprendre l'influence
bienfaisante du sintauisme serait l'étude des idées et des
sentiments non d'une classe mais du peuple en général. Il
est certain que cette religion est beaucoup mieux que le
bouddhisme en harmonie avec le système gouvernemental;
aussi, loin de s'affaiblir, s'est-elle affermie sans cesse ; éclectique comme la race elle-même, convenant parfaitement à
son génie, elle s'est assimilée toutes les idées européennes
qui pouvaient fortifier sa morale ; sa vitalité vient de ce
qu'elle est avant tout une religion du cœur. Les efforts des
bouddhistes et des chrétiens arriveront à modifier quelque
peu ses manifestations extérieures, son antique cérémonial,
mais ne changeront point sa morale. Si c'est au sintauisme

que les Japonais doivent leurs défauts les plus saillants, leur orgueil, leur vanité parfois insupportable, ils lui doivent aussi leurs plus belles qualités, leur courage, leur politesse, leur sentiment de l'honneur, et surtout leur patriotisme si brillamment manifesté dans leur récente guerre contre la Chine, leur piété filiale, leur esprit de sacrifice à un principe sans idée de récompense future.

Profondément conservateurs, ce seront les sintauistes qui ramèneront leurs compatriotes, trop pressés peut être de rejeter tout leur passé pour s'assimiler notre présent, au sentiment de la juste mesure.

Le sintauisme est bien une religion qui a son dogme, *la divinité de l'Empereur*. Ce dogme peut périr, mais le Sin-Tau restera une religion transformée en impulsion morale héréditaire parce qu'elle est la pure vie sentimentale de toute une race, ce que les Japonais appellent *Yamato-Damasi*, c'est-à-dire l'Ame même du Japon.

# NOTES

## SUR LES TRIBUTS DE L'ANCIEN MEXIQUE

Par E. BOBAN

Les provinces conquises par les Mexicains étaient contraintes à payer un tribut (1). Ne possédant aucune espèce de monnaie, elles devaient forcément le payer avec leurs produits naturels ou industriels : maïs, fruits, métaux précieux, pierres fines, vêtements, armes, peaux d'animaux, et même animaux vivants.

Cet impôt était déterminé d'après le genre des productions de chaque province. En traduisant, en étudiant avec un peu d'attention les noms géographiques mexicains, on peut facilement se rendre compte de ce que fournissaient les diverses provinces.

Le meilleur document que l'on puisse consulter à ce sujet est évidemment le Codex Mendoza.

Quelques mots sur ce manuscrit :

Don Antonio de Mendoza de Mondejar fut envoyé par Charles-Quint comme vice-roi de la Nouvelle-Espagne (1535 à 1550). Plus intelligent que la plupart de ses contemporains, il fit faire une histoire, en caractères hiéroglyphiques, des anciennes populations du Mexique. Elle fut divisée en trois parties :

Dans la première, on voit se dérouler, depuis la fondation de Tenochtitlan (1325), les principaux événements, année par année.

(1) Voir : Documents pour servir à l'histoire du Mexique. T. II, p. 230 ; Leroux, Paris, 1891.

La deuxième partie donne la liste des villes et des populations tributaires des Mexicains, avec des détails sur les
objets qui devaient être remis comme tributs.

La troisième partie, la plus intéressante, nous renseigne
sur la vie privée, les mœurs et les coutumes des Aztèques,
depuis la naissance d'un enfant, son éducation civile, militaire, artistique et religieuse, jusqu'à son mariage, sa mort
et ses funérailles.

Ce précieux Codex a été peint, sur papier européen, une
vingtaine d'années après la Conquête, par des écrivains
mexicains parfaitement au courant de l'histoire politique
et civile de leurs ancêtres ; aussi sera-t-il toujours l'un des
documents les plus authentiques et les plus intéressants à
consulter sur le Mexique ancien.

Don Antonio de Mendoza eut l'excellente idée de faire
ajouter à chaque page de ce recueil la traduction des hié-
roglyphes en nahuatl et en espagnol.

Quand le Codex fut terminé, il fut envoyé à Charles-
Quint, vers 1549, mais, en route, le navire qui le portait
fut capturé par un corsaire français.

A la suite de cet événement, le Codex de Mendoza tomba
entre les mains d'un savant qui connaissait bien le continent américain, Thévet, géographe du roi de France
Henri II.

A la mort de Thévet, le Codex fut vendu (environ
500 francs de notre monnaie) par ses héritiers à Hakluyt,
aumônier de l'ambassade anglaise à Paris (1584).

D'après Humboldt, il passa de là à Londres, où Sir Wal-
ter Raleigh voulut le faire publier. Les frais de gravure
retardèrent cette publication jusqu'en 1625, époque à laquelle Samuel Purchas, cédant aux vœux du savant antiquaire Spelman, inséra tout le recueil de Mendoza dans sa
collection de voyages : Pilgrimes (1626).

Les figures en ont été copiées aussi par Thévenot en 1696
et insérées dans sa « Relation de divers voyages. » Le Codex
de Mendoza fut égaré pendant longtemps ; on le cherchait
à Rome, à Londres, à Paris, à Vienne, à Madrid, quand,

subitement, on apprit qu'il se trouvait à Oxford, dans la Bibliothèque Bodleienne.

Lord Kingsborough, dans son magnifique ouvrage : « Antiquities of Mexico » (1830-1848) ; donne une excellente copie du Codex de Mendoza complet, avec les couleurs et les traductions en espagnol.

A Mexico, en 1878, Don Manuel Orozco y Berra en donna une autre copie coloriée, dans les « Anales del Museo Nacional de Mexico » (t. 1er).

En 1885, Don Antonio Penafiel publiait, à Mexico, un livre ayant pour titre : « Catalogo alfabético de los nombres de lugar pertenecientes al idioma « Nahuatl ». Estudio Jeroglifico de la Matricula de los tributos del Codice Mendocino. »

Le même auteur a fait paraître à Berlin en 1890 « Monuments de l'art mexicain ancien, Ornementation, Mythologie, Tributs, etc., » dans lequel on trouve : « Libro de los tributos, reproduccion calcada en el manuscrito original de papel de maguey que existe en el Museo nacional de Mexico, con el signiente titulo : Tributos que pagaban algunos pueblos de Mexico al Emperador Moctezuma. »

Le Codex Mendoza a pour nous le plus grand intérêt, car il nous donne l'explication, la traduction des caractères figuratifs des noms géographiques des provinces tributaires et nous indique leurs productions respectives.

Nous allons donner maintenant un léger aperçu de la production de certaines provinces antérieurement à la conquête de Cortés.

Les Aztèques ou Mexicains, après avoir occupé militairement une province conquise, dont la langue était différente de la leur, débaptisaient immédiatement cette province ; les noms géographiques étaient transformés, traduits en langue mexicaine, en prenant généralement pour base la production de la contrée, ou bien encore ce qu'on rencontrait : des animaux, des arbres, des fleuves, des lacs, etc.

Puis les tlacuilo (les peintres écrivains) étaient chargés

de dresser le plan topographique sur papier de maguey, afin d'établir la Matricula de los Tributos.

Nous citerons quelques exemples de ces transformations de noms géographiques.

La ville de Oaxaca fut nommée par les Mexicains, lorsqu'ils conquirent cette province du sud, Uaxyacac, de uaxin, arbre dont le fruit est semblable à celui du caroubier (Acacia esculenta, L.), et yacac, nez, pointe ; on voit combien ce nom géographique a été altéré depuis l'arrivée des Castillans.

Oaxaca était la ville principale du pays Tzapotèque ou Zapotèque, que les Mexicains avaient nommé Tzapotecapan, de tzapotl ou çapotl, fruit du sapotier ou sapotiller.

Les ruines célèbres du Palais de Mitla étaient situées à une dizaine de lieues de la ville de Oaxaca, et pour les Mexicains c'était Mictlan « lieu des morts » ; pour les populations Zapotèques, c'était Lyobaa « el centro del descanso ; era un santuario celébre y pantéon de los Reyes de Teotzapotlan, etc. »

Il est évident que les Mexicains, arrivant au milieu des habitants de la ville de Oaxaca, furent frappés de l'abondance des arbres produisant le uaxin, et alors le nom géographique fut immédiatement donné.

Le Père Bernardino de Sahagun nous cite une autre localité connue sous le nom de Tzapotlan, ville située dans le pays de Jalisco, où la sapotille vient en abondance (de tzapotl, sapotille, et tlan, suffixe de nom de lieu, près, auprès, à côté ; on peut donc traduire par « auprès des sapotilles ou des sapotillers ».

Cette répétition dans les noms géographiques devait être fréquente sur les Livres des tributaires, car plusieurs provinces fournissaient de l'or, de l'argent, des pierres précieuses, des perles, des plumes, etc.

Très probablement les hiérogrammates indigènes devaient posséder des signes particuliers pour marquer les points cardinaux, pour établir tout au moins des différences.

Une autre difficulté se présente quelquefois ; un certain

nombre de villages indigènes n'existent plus ; ils ont disparu, quoique figurés sur la Matricula de los Tributos ; les causes de cette disparition nous échappent : probablement les guerres, les épidémies, l'émigration, etc. En parcourant le pays on aperçoit souvent des ruines peu apparentes naturellement ; la plupart des maisons dans les villages étaient construites en adobe, brique séchée au soleil ; aussi c'est plutôt aux fragments d'idoles, de poteries et d'armes que l'on reconnaît l'emplacement d'un village, car les pluies ont vite raison des murs, qui arrivent à se fondre, ne laissant d'autres traces qu'un petit monticule de terre, souvent recouvert d'herbes.

De nombreuses provinces devaient expédier de l'or comme tribut aux habitants de Mexico. Les Nahuatl ou Mexicains avaient une singulière expression pour désigner le précieux métal, qui était connu sous le nom prosaïque de Cuzticteocuitlatl, de coztic ou cuztic, jaune ; teo ou teotl, Dieu ; et cuitlatl, excrément, fiente ; l'or était donc pour eux l'excrément jaune divin.

Nous copions dans le livre de Penafiel, *Nombres Geograficos de Mexico*, p. 184, le nom d'une localité produisant de l'or : Teocuitlatlan. — Teo-cuitla-tlan.

« La figura 4 de la lamina 13 del Sr. Orozco y Berra se
« compone de un circulo amarillo, con una cruz en el centro
« y dos laminas metalica, aspas o banderolas en la parte
« superior, simbolo del oro, o teocuitlatl, « producto divino »,
« que por si solo expresa Teo-cuitla-tlan, « lugar del oro. »
« Mas la escritura de que nos ocupamos no produce esos
« elementos foneticos ; consta de una mano teniendo el
« oro, tecuitlatl, estando el signo atl, agua, por un lado,
« que da la terminacion apan : Teocuitl-apan, « en el rio
« del oro », o « en el lugar en que se recoge ese producto. »

— Du même auteur, dans sa reproduction « Tributos que pagaban algunos pueblos de Mexico al Emperador Moctezuma » :

« Los tributos del antiguo reino Zapoteca eran : Veinte

« tejuelos de Oro fino, del tamano de un plato mediano del
« grueso del dedo pulgar, etc. » (Planche XXII, page 76.)

Voici quelques noms géographiques ayant rapport à certains animaux :

Huitzilapan (de huitzitzilin, colibri), dont la traduction
nous donne : dans l'eau ou la rivière des colibris ; le caractère graphique nous montre en effet un colibri dans un vase
contenant de l'eau.

Mazatlan (de mazatl, lieu où abondent les chevreuils) est
figuré par une tête de chevreuil ou cerf, surmontant le déterminatif « tlan » représenté par une paire de dents.

Ocelotepec (ou mieux Ocelotepetl (d'ocelotl *felis pardalis*)
est figuré par la tête de cet animal surmontant le signe
tepetl, cône qui représente une montagne, une localité,
une ville, terminaison de beaucoup de noms de lieux.

Tehuantepec, anciennement tecuantepetl (de tecuani ou
tequani, animal féroce, grand carnassier du Mexique), était
figuré par un tepetl surmonté d'une tête de tequani.

# ETHNOGRAPHIE DE L'ASIE CENTRALE

Par le Dr Albert REGEL (1)

---

## PREMIÈRE PARTIE

# GÉOGRAPHIE PHYSIQUE ET NATURELLE

---

Le nord des deux continents septentrionaux est occupé par des plaines immenses qui, dans le vieux continent, s'appuient sur le squelette des Alpes, du Caucase, sur l'Himalaya et sur son rameau le Thian-chan, et enfin sur les montagnes de la Chine et de la Sibérie méridionale.

Le sol des steppes de l'Asie centrale est formé par le résidu quaternaire argileux connu sous le nom de lœss. Les enfoncements de terrain qui se trouvent au sud-est de la mer Caspienne, près de l'Aral, des lacs Balkach, Alakoul, Ebinor et d'autres lacs encore, peu connus de la Dchoungarie chinoise, du côté du Lob de Tourfan et aussi les lacs de la province lobnorienne, du Kachgar, sont les plus profonds du globe. Ils se caractérisent par des amas de sables mobiles, situés au-dessus de l'argile et se tenant auprès du bord des bassins dans la direction méridionale des branches avancées des montagnes voisines desquelles ils proviennent; cependant, au milieu des bassins intérieurs ils se tiennent dans la direction équatoriale des vents temporaires, en sui-

(1) Nous reproduisons ici une intéressante et originelle étude telle qu'elle a été prononcée au Congrès. Le savant russe, parti en mission, n'a pu corriger ses épreuves.

vant perpétuellement les grands fleuves qui coulent dans la même direction. C'est au milieu des sables que passent le fameux Amou-daria, qui déjà, à la moitié de son étendue, atteint une largeur d'environ 7 kilomètres, le Syr-daria, le Tchou, l'Ili, la Borotala et les autres fleuves de la Dchoungarie, l'Algoï et le fameux Kachgar-daria. Malgré l'irrégularité du cours de ce fleuve, il est cependant à remarquer qu'on ne peut supposer, par suite de la configuration du terrain, qu'il ait jamais eu une étendue beaucoup plus grande qu'aujourd'hui.

Evidemment, les topographes ne peuvent, d'aucune façon, admettre que l'Amou-daria ait dépassé les limites de l'Oust-jourt et c'est une des causes qui empêchent l'homme de vivre au-delà de l'Amou-daria et de ses canaux.

Dès que l'on quitte les parties humides du terrain, nous voyons apparaître l'erianthus, l'apocynée textile, le roseau et l'orobanche ; parmi les animaux : le tigre, le chacal, le daim cachmirien, le sanglier bigarré, tandis que l'ibis brunâtre, le pélican et le flamand animent l'eau. Voilà pourquoi la culture, dans le Khiva et dans la Turcomanie, ne s'est développée à un haut degré que partiellement et temporairement.

En étudiant les sables mouvants, on serait certainement étonné de la végétation abondante dans ces tépidaria de la nature qui, à un moment donné, rappellent les sables de l'Arabie et constituent le meilleur district végétal. Quelle belle contrée que celle où poussent le terula à tige très épaisse, le fameux dorema ammoniacum et les très caractéristiques buissons de tamarix, d'ephedra et de calligonum qui servent tous de soutien à des collines sablonneuses. La faune est constituée par des lézards, le varanas caspien, d'une longueur de plus de deux mètres ; par des serpents, des tortues, des scorpions, des araignées gigantesques et une multitude d'insectes.

Si vous avancez un peu plus vers le centre de la steppe argileuse, vous remarquerez qu'elle reste stationnaire et qu'elle ne contient d'autre liquide que celui que nous trouvons très souvent dans les marais salins. C'est aussi ici que nous trouvons fréquemment des forêts remplies du peuplier de l'Euphrate qui, à cause de son feuillage de cuir, semble si pittoresque au loin et si sec lorsqu'on est auprès. Vient ensuite la saksaoul, arbre salsagineux, privé du feuillage ordinaire comme le casuarine de la Nouvelle Hollande et qui peut, à la rigueur, remplacer la houille.

Ce n'est point l'élévation absolue, en latitude ou en longitude, qui nous amènerait à de nouvelles découvertes ; le chemin de fer lui-même, n'allant que dans une seule direction, n'a pu augmenter nos connaissances là-dessus ; mais si nous explorions à cheval, nous sommes sûrs d'arriver à un bon résultat. Dans les environs de l'Amou-daria les plantes sont très rares, mais de temps en temps on trouve quand même des herbes et des buissons. Si nous montons plus loin, c'est-à-dire du côté de la Mongolie, les plantes deviennent tout à fait rares, et ce n'est que dans les sables qu'on trouve encore quelques buissons, des saksaouls et, dans l'argile, une flore plus riche. La faune est représentée dans les steppes khirgisiennes par des koulans, des saïga, des antilopes à queue noire, des loups, des renards, des animaux rongeurs et quantité d'oiseaux. En Mongolie, cette faune est remplacée par une autre plus primitive : chameaux sauvages, dchigetaïs et ânes prezevalski. En général, le type végétal de l'Europe orientale se trouve répété dans l'Asie moyenne et ici il se lie aux labiéees de la Perse, aux zygophyllées, aux capparidées et aux algues des confins de la Méditerranée, tandis qu'au nord de l'Asie, ce type végétal se rattache aux prairies de la Sibérie méridionale. Enfin, dans quelques enfoncements de la Kachgarie et du Turfan, il existe des étendues de quelques centaines de kilomètres, couvertes de cailloux et de petites calcédoines, mais les insectes, les lézards et les lichens ne s'y montrent point.

Dès que l'homme a vu un ruisseau, tout de suite il s'est mis à l'œuvre et a creusé des canaux dont quelques-uns souterrains conduisent l'eau très loin et jusqu'à l'entrée d'étangs qui se succèdent les uns les autres ; cés canaux connus sous le nom de Kharys, que l'on retrouve en Perse et en Arabie, donnent lieu à une grande végétation de sorgho, de riz et d'ailantus qui rappelle la richesse de la Chine.

Au milieu du désert on a retrouvé de merveilleuses ruines qu'on attribue à la personne de Takianus. Une de ces ruines représente une tour gigantesque divisée en marches, à la façon de la fameuse tour de Babylone. On voit ces murs colossaux avec des voûtes sous lesquelles les hommes avaient trouvé un abri, quelques colonnes et aussi quelques colombarium de style gréco-romain.

Le type de la solitude argileuse et sablonneuse se trouve aussi dans les grandes vallées où les grands fleuves prennent leurs sources en suivant la plaine. Mais plus on pénètre dans la partie arrosée, plus le type du désert est remplacé par celui de la terre fertile et celui des montagnes.

. Ce sont ces beaux paradis du monde ancien qui présentent à la vue des golfes admirables entourés d'un cercle de murailles neigeuses élevées presque perpendiculairement au-dessus de la plaine, de sorte que depuis le niveau moyen de la plaine, à environ 1,000 pieds; jusqu'au bord supérieur de cette muraille qui, à la Logdiana, à la Fergana et au Kachgar atteint de 19,000 à 20,000 pieds de hauteur, il ne reste qu'une distance de 25 à 100 kilomètres. C'est sur ces plaines heureuses que s'est développée la culture historique des peuples bactriens, iraniens, turcs et ouigours ou houngars ; c'est là que l'influence des cultures arienne, grecque et arabe, a provoqué des changements pareils à ceux que pourraient produire aujourd'hui les Européens sur les races mêlées de Boukhara, des Sartes, des Tarantches et des Kachgariens.

La population des grandes villes de Boukhara, du Kokan et de la Kachgarie n'est pas comme on le prétend incapable d'accepter les idées modernes et de les suivre en tout ; du reste, leurs arts et métiers prouvent qu'ils pourraient imiter les Européens en quoi que ce soit. Cependant, nous avons vu détruire des villes de 100,000 habitants, ce qui démontre que les anciennes coutumes existent encore de nos jours. Voilà d'où proviennent ces ruines énormes, de temps différents. A l'heure où nous vivons elles ne forment, autour de chaque point habité, et aussi dans l'Asie centrale, qu'un immense tombeau de l humanité.

La science, depuis son origine, s'est occupée vivement des pays montagneux où les grands fleuves de l'Asie moyenne prennent leurs sources. En suivant la chaîne de l'Elbrouz et le détachement du Paropamise, nous nous approchons de ce centre de l'Asie centrale où commence l'Hindoukouch, connu des anciens sous le nom de Caucase indien. Sa partie ouverte atteint une hauteur de 20,000 pieds et est peuplée par les Afghans et une quantité de tribus d'origine indo-européenne.

A l'est de l'Hindoukouch central et du Karakoroum, se dresse un massif de 24,000 pieds de hauteur dont le système thianchanien se détache de la ligne équatoriale du squelette en formant tout d'abord le fameux massif du Pamir qui occupe l'espace compris entre l'Inde et le Syrdária et sert de limite entre l'Oxus et le Kachgardaria.

Au nord, le Pamir se termine par la vallée de l'Alaï qui est séparée du Khokan et du Syr par la chaine alaienne d'une hauteur de 18,000 à 20,000 pieds. Le Pamir est constitué principalement par de vastes vallées équatoriales abondantes en lacs, situées à la hauteur de 13,000 à 15,000 pieds; elles appartiennent au type salsagineux et possèdent une flore alpine. Ces vallées sont habitées par des Alamans de la tribu Karakirgiz qui, entre autre bétail, possèdent des yacks.

Des chaines neigeuses, d'une hauteur de 18,000 pieds, bordent ces vallées, et sur la cime des montagnes s'étendent des vallées ondulées, peu enfoncées, où se tiennent les brebis gigantesques et les antilopes du Thibet. Les yacks paissent dans ces vallées à l'état demi-sauvage. La légende prétend que c'est ici le domicile de l'oiseau fabuleux, connu dans le Caucase sous le nom de l'oiseau-roc, et du cheval unicorne. Dans toutes les pharmacies de la Chine, on expose ces cornes qui ne sont que des dents de narval.

Les vallées de la partie méridionale du Pamir sont en communication directe avec le plateau thibétain et à l'ouest avec la vallée méridionale du Sérab, source directe de l'Amou qui sépare le Pamir du massif de Badakchan. Avant d'atteindre cette vallée, la première chaîne équatoriale parallèle à l'Hindoukouch constitue la chaîne Wakhan avec des pics en forme d'obélisque de presque 20,000 pieds de hauteur; au-delà se trouvent les montagnes qui bordent le côté méridional de la grande vallée de la rivière Hound. Les montagnes situées au nord de cette rivière forment la chaîne du Chougnan avec des pointes de plus 24,000 pieds de hauteur, et, au-delà du Latksou, la chaîne du Rochan, avec des pointes d'environ 26.000 pieds.

Au-delà de la vallée de Wandeh se trouve la chaîne du Darwaz avec le pic sacré Binaï, surmonté de deux pointes, d'une hauteur de 24,000 pieds ; viennent ensuite les hautes montagnes du Mouksou et de l'Alaï.

Avant que les vallées s'enfoncent dans le Kachgar, elles s'élèvent jusqu'à 24,000 pieds, en formant le Moustague, ainsi que le milieu du Pamir en forme de bassin plus enfoncé que ses quatre bords.

Les légendes des peuples ariens se rattachent au Pamir, mais il est cependant bien évident que leur civilisation n'y a jamais existé. Ce ne sont que les habitants des vallées profondément cachées derrière les hautes montagnes situées au bord de ce massif qui ont gardé la culture arienne primitive et patriarcale, ainsi que leurs anciennes langues, ce qui prouve encore que le problème d'une seule nation arienne primitive est imaginaire. Il suffit de voir les Tadjicks, à la grande taille et au profil régulier, aux longues chaussettes, au plaid rayé, et d'entendre leurs chants sonores qui ressemblent si bien aux nôtres, pour comprendre que ce sont les vrais descendants de la race indo-européenne.

La formation plastique du Pamir se trouve répétée au-delà du Sérab dans le massif du Badakchan septentrional, formé de plaines parallèles et par le lac Shiva, situé sur une hauteur d'environ 13,000 pieds et flanqué de chaînes de montagnes parallèles ; il paraît qu'il en est de même du Kafiristan, qui s'enfonce ensuite dans un pays de cèdres et de santals. Le massif entier des montagnes d'origine amoudarienne est limité à l'ouest par les derniers rameaux des montagnes de Darwaz qu'accompagne le genou du Pandek. C'est là aussi que se trouve le pic Walwalac, d'une hauteur de 20,000 pieds, visible de toutes les montagnes du Boukhara oriental. La légende nous dit que, du haut de la montagne, à l'entrée de ce fameux pays, veille un vieux berger ; on retrouvera cette même légende sur la montagne Bogdeola, dans la Dchoungarie et dans la Suisse. Elle me paraît être beaucoup plus ancienne que celle du paradis des Sémites gardé par un ange gardien qui existe au Caucase, en Asie centrale et aux Indes.

Les chaînes neigeuses des montagnes du Hissar commencent à l'Alaï et forment avec lui le pays du Kohistan qui est traversé équatorialement par les branches de la fameuse rivière Sarafchan. De Samarcande, on voit encore, au-delà des montagnes du Hissar, la source neigeuse du Woran où se trouve le lac sacré cité dans le Zend-Avesta. Ajoutons que les montagnes d'Horauty, citées aussi dans le Zend, se trouvent près de Kabadian, ainsi que le pays de Ragha, appelé aujourd'hui Ragh, près de la frontière Badekchan et de Boukhara. C'est aussi les derniers rameaux des chaînes du Kohistan qui, en passant au-delà de la capitale de Boukhara, pénètrent dans le steppe du Kysil-koum, situé entre l'Amou et le Syr, et forment le squelette de cette plaine stérile.

Le confin oriental de l'Alaï forme un large isthme entre le Fergana et le Kachgär, lequel se trouve en cohésion avec les prolongements du massif du système thianchanien vers le Nord lesquels forment les bords septentrionaux des deux vallées énormes connues sous les noms de Syrdaria et de Kachgardaria.

Du côté du Syr, les embranchements du Thianchan ont une hauteur de 18,000 pieds. Ils y sont connus sous les noms de Thianchan, de Kokan ou Kohart, et de l'Alatou de Tachkent ; ils forment des chaînes parallèles dont la plus septentrionale est connue sous le nom de montagne d'Alexandre.

Au-delà de Tschiankont, cette branche du Thianchan aboutit dans le steppe kirgiz, sous le nom de Karatou, et atteint une hauteur de 10,000 pieds. C'est ici la limite septentrionale du Turkestan, si fameux par sa flore et très riche par sa faune. Ici des montagnes prodigieuses avec des arbres fruitiers de différentes espèces : pommiers, poiriers, amandiers, muriers, cerisiers et grenadiers, cognassiers, noisetiers, pistachiers et figuiers, etc., etc.

Dans le Boukara oriental, le seigle, l'orge et l'avoine sauvages couvrent toutes les montagnes ; là aussi le froment commence à se montrer à l'état sauvage. L'arbre le plus caractéristique des montagnes du Turkestan est le genèvrier qui y forme des bois magnifiques de différentes espèces ; en Boukara, on trouve les calosphaca, les aniseia en forme d'arbres, et, dans les montagnes plus basses, le sarcozygum ? Les buissons les plus saillants sont les rosiers féroces aux fleurs jaunes.

C'est un vrai bonheur que de visiter le Turkestan et de contempler ces belles plantes herbeuses de la famille des Liliacées, telles que les iris rouges, blancs ou jaunes, les jacinthes et les tulipes, ainsi que les coris, le zanthoxylum, l'irinus. On sera frappé de la grandeur imposante des féroula et d'autres ombellifères, telles que le fameux soumboul et des espèces comestibles de rhubarbe.

Quant aux quadrupèdes, nous ne nommerons que l'ours jaune, le tigre, l'ibis, la panthère, la chèvre afghane, le capricorne et la brebis orientale ; les aigles, les vautours des Alpes, les vautours gris et d'autres espèces volent sur ces gigantesques montagnes.

On a trouvé jusqu'ici les formations du Jura et de la craie ; dans a constitution de la dernière, existe aussi le sel qui, dans le Boukara oriental, forme une montagne de 6,000 pieds de hauteur, ne contenant que d'insignifiantes couches d'albâtre et de pierre sablonneuse.

Dans la constitution géognostique se trouvent encore les marbres, en Chougnan ; les marbres blancs et l'albâtre exploités en Boukara, le serpentin et le labrador en Darwaz.

On exploite aussi au Kokan, des houilles et du pétrole, et dans le Darwaz, le soufre, de l'alun et du salmarc, en Afghanistan du graphite.

On lave l'or à l'Amou, on y exploite aussi le plomb, et en Chougnan le fer. Le sulfate de fer se trouve en grande masse au Darwaz, et près de Tachkent le cuivre.

Dans l'Afganistan, on exploite le lapis lazuli, la tourmaline ; on la trouve aussi au Darwaz, et les grenats au Chougnan. Les fameuses mines de hyacinthes, que les indigènes connaissent sous le nom de lal, se trouvent à Horon, du côté droit du Sérab où on les exploite ainsi que des granites, des cristaux, de la topaze fumée et de la topaze blanche et jaunâtre.

Le Thianchan en s'allongeant vers l'Est forme un banc d'une étendue méridionale de quelques centaines de kilomètres, et le système des chaînes équatoriales atteint, du côté du Kachgar, une hauteur de 20,000 pieds, et du côté de la Sibérie, entre l'Ili et le Tchou, dans l'Alatou transilien de Werny, pas plus de 16,000 pieds. Dans la partie australe de ce banc, les plaines équatoriales, élevées, sont du même caractère que du côté de Pamir et forment le Syrt qui s'élève jusqu'à 12,000 pieds et produit les sources du Naryn, origine principale du Syr-daria, redouté pendant un certain temps pour son mauvais air.

Au nord de la dernière chaîne du Syrt est interposée une plaine équatoriale enfoncée jusqu'à 5,000 pieds et où se trouvent le Tchou, le lac Issikhoul et les systèmes latéraux de l'Ili.

Le Thianchan central commence au méridien oriental de l'Issikhoul ; il a une étendue de 300 kilomètres, et sa hauteur reste toujours au-dessus de 20,000 pieds. Près du Usoart, la chaîne est surpassée par l'obélisque du Khantenhri, de 26,000 pieds, que l'on appelle le *Roi des Esprits* et que l'on peut voir des montagnes situées au delà de l'Ili. Ces montagnes transiliennes forment un conglomérat compact de chaînes parallèles dont la septentrionale forme l'Alatau de Kopal et de Lepsa de 14,000 pieds de hauteur, visitée par tous les voyageurs venant de la Sibérie depuis 80 ans. Elle se trouve à une distance de 1000 kilomètres de l'Altaï.

La partie méridionale de ces montagnes renferme le Borotalac et au delà de cette vallée le lac Saïram. C'est ici que commencent les montagnes Borokhoro qui se prolongent sous le nom de l'Irenkharbirgan et forment plus loin la limite septentrionale du système de l'Ili et des plateaux du Souldouze et de l'Algoï qui, du côté méridional, s'appuient sur les montagnes du Kachgar.

Aux environs de la ville de Manas et au méridien de l'Iouldouze, au delà de la source du Kach, l'Irenkhabirgan atteint une hauteur de 17 à 20,000 pieds, mais les plateaux n'atteignent pas plus de 11 à 12,000 pieds de hauteur.

Au méridien d'Ourouotchi, l'Irenkhabirgan s'approche du fameux Bogdoola avec trois cîmes de 16,000 pieds chacune. C'est là que commence le dernier rameau du Thianchan qui, en parcourant le Khobi, occupe plus loin le méridien du Khami en quelques chaînes parallèles.

Le caractère naturel du Thianchan reste, en général, le même que celui de l'Altaï. C'est ici qu'on trouve les mêmes plantes européennes, comme par exemple le dryas octopetala qui pousse sur toutes les élévations des montagnes, depuis les plaines circumpolaires du bord de la Mer Glaciale jusqu'aux glaciers de l'Irenkharbirgan. C'est là aussi qu'on trouve les forêts éternelles du picea-cembro qui remplacent les grands arbres conifères de la Sibérie ; le caragana jubata, le juniperus et le pseudo sabina y montent jusqu'aux neiges.

La quantité des espèces nouvelles est grande et variée.

Les plaines enfoncées rappellent le caractère salsagineux de la steppe ; sur les plateaux ce type est mêlé au type alpin, et plus on s'approche du Pamir, plus il se confond avec celui de la flore himalaïenne. Les parties des vallées qui sont privées de bois sont occupées par des prairies où poussent les plantes des montagnes sibériennes.

Du côté du Kachgar, la flore change d'aspect : on y voit déjà les buissons gigantesques du rosa algogensi, de l'ulmus suberosa, du sarcozygum et aussi des plantes chinoises connues, par exemple une variété de loudsera syringantha ; l'arbre conifère prédominant est le picea smithiana.

La faune du Thianchan est représentée par l'ours brun, une variété d'ours à collier, l'ours thibétain et le cheval sauvage ; on y trouve aussi le cerf de l'Altaï, le cerf thibétain, le chameau sauvage, la brebis géante des plateaux, des capricornes de deux espèces, des sangliers et la grive blanche gigantesque qui circule sur des hauteurs inaccessibles au-dessus de l'Irenkhabirgan.

Le règne minéral du côté de Tourfan produit des houilles et du naphte ; on y exploite même de l'or ; on trouve aussi des forêts pétrifiées au bord de la rivière Kach.

Les nouvelles couches corallifères apparaissent près de l'Issikoul et les anciennes couches ont presque toujours des noyaux organiques.

La population d'origine est nomade : elle se compose de Kosaques et de Karakirgiz, au centre ; de Mongols Rolka, à la Borotala, et près de Werny d'Oclutes ; de Dourboun-Soumoun au Bèkes, et de Tourgouts à l'Irenkhabirgan.

De grandes parties de l'Irenkhabirgan sont restées désertes, et cependant cette immense contrée pourrait nourrir une population beaucoup plus grande que celle qu'elle possède.

En effet, on trouve partout des indices de l'existence

d'une population disparue : on y découvre souvent des tombeaux ronds, en usage chez les Kirghis qui, de même que les anciens Germains, ensevelissaient leurs morts dans la position assise.

On y trouve aussi des remparts de pierres où ils installaient le bétail, des trous où ils mettaient ordinairement du feu pour faire la cuisine. Comme dans les montagnes de l'Europe moyenne, il n'y manque même pas les tas de pierres qu'aujourd'hui les Mongols érigent en l'honneur des dieux et où ils déposent leurs morts.

Les dessins sur pierres représentent les mêmes animaux, des cerfs ou des rennes, qui se font encore aujourd'hui en Sibérie. Mais il y a aussi de vastes tombeaux rectangulaires à la façon de ceux qu'érigent aujourd'hui les Tadjicks.

Au Borotala et à l'Issikoul on a découvert des ruines qui, d'après leur style, surtout celui des colonnes, rappellent le temps iranien.

On y trouve aussi ces idoles de pierre qui sont répandues dans toute l'Europe et qui ont plus ou moins le type mongol.

Partout, sur les montagnes et devant elles, on trouve des rangs tout entiers de khourganes qui sont encore aujourd'hui imités par les Chinois qui arrangent de cette façon leurs forteresses, appelées en Tartare khourgan ; les inscriptions sont en vieux chinois.

Bien que les anciennes civilisations iranienne, indienne et chinoise se ressemblaient entre elles, on peut néanmoins dire qu'on a eu affaire à un peuple de la race indo-européenne. Des pierres, des colonnes existent dans la Karélie où les noms des endroits sont restés tartares et gothiques, ainsi que dans l'Alamanie persane ; peut-être y trouvera-t-on aussi, outre les inscriptions en caractères gothiques, des inscriptions en caractères runiques.

Les Dounganes, près d'Ourountchès, adorent encore aujourd'hui une pierre noire, taillée en forme de colonne, qui, disent-ils, est tombée du Bogda ; il est plus vraisemblable encore que c'est une réminiscence indienne venue de l'Asie centrale.

Dans le Thianchan on trouve, çà et là, des inscriptions et images boudhistes et thibétaines, et il n'est certainement pas impossible d'y trouver aussi des inscriptions sanscrites assez répandues dans le Boukhara.

Certainement, en décrivant le relief de l'Asie moyenne, on ne saurait passer sous silence les volcans de cette haute partie de la terre.

Cette question a été tout d'abord soulevée à propos des tremblements de terre observés à Weng, Pishpek, Tokmak, Kouldja, Tachkent et Kachgar.

En Chougnan, les tremblements de terre se répètent souvent et l'équilibre du pendule y est troublé.

Une quantité de sources chaudes existent, le long de l'éclive méridionale de l'Irenkhabirgan, du Kach et du Kounguèz. De pareilles sources se trouvent aussi près de Kopal, à la Boratala, au Mansar, près de Pishpek, de Karakol, à l'Angrène et au Kokan.

Dans la vallée du Varsole, au Kissar, il y a aussi une source chaude dans laquelle on peut faire bouillir un veau entier en quelques minutes. Le rocher de syénite est si chaud autour de cette source qu'on ne peut y rester debout ; tous les rochers de syénite des alentours ont la forme d'obélisque.

Dans le district d'Obigarma et du Hissar, se trouve une jolie source chaude. Il y a aussi des sources chaudes au Darwaz et au Chougnan, dans la vallée du Chak-Déré. Près de ces sources on voit pousser l'adiantum capitus et veneris ; les indigènes mettent à cet endroit des peaux de serpents et de grenouilles !

Dans les anciennes chansons des Tadjicks, il est beaucoup parlé de la merveilleuse source de Horan qui se trouve à l'Auder, branche orientale du Sérab, près de Massar.

Ici se trouve un banc couvert de kali soufreux, des fissures duquel sortent des jets d'eau bouillante qui forment au-dessus du banc quelques trous ronds.

Les rochers de syénite, à l'alentour, ont la forme d'obélisques, et les plus proches sont couverts d'une couche de kali soufreux. On dit qu'il existait une source semblable au Tchatral ; cette source devait présenter des phénomènes pareils à ceux que l'on remarque en Islande et au Dakota.

Enfin, il existe au Turkestan quelques sources qui ont une communication directe avec l'eau souterraine et d'où l'on voit sortir de la boue et une grande quantité de poissons : notamment au Hissar, à Baliktchiata, dans le Karatan et à Tchingéldy. En 1876, un trou profond s'était formé dans le lœss au Karatan.

Voilà des phénomènes que pourrait expliquer le neptunisme. Cependant il est bien vraisemblable qu'une volcanité existe.

Au printemps de 1876, une colonne de fumée qui atteignit la hauteur de l'Irenkhabirgan (près de 10,000 pieds), s'éleva auprès de Sygachou, dans la Dchoungarie chinoise.

En 1879, on pouvait observer à cet endroit une colonne de fumée sortant d'une colline pyramidale de la chaîne basse avancée située devant les montagnes.

On racontait que des éruptions avaient eu lieu près de Karaartcha, dans la vallée de la Boratola, auprès du Boityn-bogds, à l'Ourten Moussar et en Iasgolam. Ce sont des formations tuffeuses et mélées, en désordre, à la manière des volcaniques qu'on voit au Dchin.

Bien que l'on puisse prétendre que l'on a plus souvent étudié le niveau de l'Asie centrale que son élèvement, cependant il vaut mieux se représenter ce pays en l'état où il est.

Quelle belle et jolie steppe, unie comme une table, infinie comme une éternité, couverte d'un ciel bleu qui, au coucher du soleil, s'éteint dans les couleurs les plus ardentes et que nous voyons creusée nettement par des bassins profonds remplis de sel brillant avec, autour de ces enfoncements légers, des terrasses uniformes et élevées les unes au-dessus des autres ! Puis ces montagnes reposant sur une forteresse gigantesque de syénite et de gneiss avec le ruban des vallées enfoncées dans les couches et, çà et là, des bancs isolés de granit et de porphyre ; et ces parois gigantesques de rochers, et ces pilastres sablonneux, lacérés et colorés aussi bien que dans les parties les plus pittoresques du monde, et aussi ces fleuves, lacs, cataractes, avalanches, glaciers ; enfin, à vol d'oiseau, le bassin arrondi du Pamir sillonné par des vallées, et portant encore sur leurs cimes des pics circulaires, des bassins secondaires où commencent les glaciers d'aujourd'hui entourés des marbres et d'autres couches anciennes, et à la fin, le sillon énorme Anti-Thianchanien allant du Pamir jusqu'à la Mongolie.

En voyant ce beau pays, on comprendra la légende qui raconte que les eaux du Nouan-kho s'étaient écoulées du Saïram où les dieux avaient enseveli leurs selles d'or et que les prêtres des Tourgouts allaient chercher leurs anciens livres sous les tas de pierres du Iouldoug.

---

# CIVILISATION ARIENNE

---

## CHAPITRE PREMIER

La légende prétend qu'à la fin des siècles, l'empereur chinois viendra s'asseoir sur la pierre blanche à Samarkand, qui a été le trône de l'empereur Timour. C'est dans le mausolée de Timour qu'on trouve inscrites en caractères quadratiques vioufique, les paroles suivantes : « Je suis Timour, descendant de Tchingiz-Khan, descendant d'Iskoudor, descendant du roi Suleima, descendant du roi David, descendant du patriarche Abraham ».

Les nombreuses légendes de l'Asie Centrale se groupent autour d'Alexandre le Grand, et souvent les héros, qui l'ont précédé ou suivi, sont confondus avec lui. Dans la plupart des cas, c'est l'ancien cycle des rois Médiens et Iraniens et de leurs héros célèbres, jusqu'à la dynastie des Sassanides.

Dans la poésie d'Europe, un semblable cycle existe pour les rois Arthur et Charlemagne, et se retrouve aussi chez les Slaves.

Enfin, les mêmes légendes locales se rapportent aussi bien à l'époque la plus ancienne, qu'aux périodes de Tchingiz Khan, de Timour et d'Abdila-khan.

C'est le roi Kaïkaïous qui est mentionné dans les légendes de Darwaz, sous le nom de roi mage Khakai, et c'est le roi Kaïkhobad, l'auteur des anciennes ruines en forme de terrasses de Chougnan, dont le nom a été adopté par les princes de ce pays, qui ne parlaient qu'avec vénération du fameux Iskander, du grand Kaïkhobad et du grand Wandeha. C'est à Alexandre le Grand qu'on attribue les actions du Fezidouz des Parsis et à qui on impute l'exécution des guerriers prisonniers à l'Iskanderkoul, pour célébrer l'ouverture du fameux canal d'où sort l'Iskander-Daria. C'est à ce massacre que, suivant la légende, on rapporta la couleur rouge des rochers sablonneux qui en bordent les bords.

C'est le roi Touranien Akronab qui a bâti l'ancienne citadelle de Samarkand, tandis que le mur gigantesque de la nouvelle citadelle a dû être érigé par Timour. C'étaient les guerriers de Tchingis-Khan ou de Timour qui, en partant à la guerre, avaient érigé les tas de pierres répandus partout, afin que chaque guerrier en ôtant une à son retour, on pût ainsi compter le nombre des morts.

Bien que l'histoire et les inscriptions disent le contraire, ce sont également ces monarques qui ont fendu les rochers et ouvert les gorges qui forment la porte des dragons près de Samarkand, et celle de fer, près de Baïssoun. C'est Abdula-khan qui a bâti les citernes à coupoles énormes, d'un style ouvré, qui rappellent les constructions de Babylone. C'est encore à lui qu'on attribue de nombreuses ruines de mosquées et d'écoles musulmanes, d'un style moderne, à coupoles rondes, tandis que les constructions à coupoles plates ou aigües remontent, croit-on, à un temps plus reculé.

C'est à un autre cycle de légendes, que se rapportent les mythes des Mongols, et c'est bien ce groupe qui nous rappelle le mieux le mythe des peuples germains. Là, le Dieu Odin règne encore sur les hauteurs des montagnes et y a mis ses chevaux dans l'écurie céleste. C'est pourquoi le défilé qui conduit au Douldouz s'appelle Odin-Kourcé, c'est-à-dire écurie des chevaux, tandis que le lac qui est situé au bas du Bogoda est nommé Aidyn-Koub, c'est-à-dire lac des chevaux ; au bord de ce même lac, les Mongols et les Dounganes apportent leur offrande devant la pierre noire sacrée.

C'est la sorcière mongole Kourdikara, dont le nom, évidemment germain, se retrouve aussi aux Indes, qui, dans la bataille contre les géants, a transporté les rochers et dispersé les cailloux dans la gorge de Tchagastaï, à l'entrée du Karachar.

Enfin, il y a un cycle de mythes au Zounan, cités aussi dans le Charnan, analogues à ceux des Grecs et des Indiens. Ce sont les mythes sur les hommes à tête de singe et sur les amazones.

Dans l'ancien Iran, au sommet des montagnes, règne la femme céleste Chahmawa, qui nous rappelle la mythologie germaine; en son honneur, ont été élevés les colosses de Bannian, dont le culte est souvent remplacé par celui d'Ormuzd et de Zoroaste. Ce sont les divas ou les djines, ces esprits masculins ou féminins, dont le principal est la Perias, confondue avec la fille d'Alexandre le Grand, nomme Roélan, c'est-à-dire le soleil, qui règnent partout dans l'Iran et sont remplacés plus profondément dans l'Asie par les esprits du ciel chinois.

Un autre cycle de légendes, évidemment voisines de celles de la période grecque et se rapprochant de l'idée des Germains sur les sorts, se rattache à la personne du roi Alpamich, qui aurait régné dans les Indes. Les chansonniers improvisateurs ousbecks, récitent les chants d'Alpamich en vers hexamétriques, donnant bien le rythme et parfois la rime. Le roi Alpamich de Baïssoun, disent ces chants, fut transporté par une sorcière géante dans la tour de Chierabad et délivré par son fils Schadiguère ou Chadouman. En rentrant dans son pays, le roi trouva sur la colline des Guchous son cheval Bajehwart, qui le reconnut aux paroles émues qu'il lui adressa. Puis, aidé de son fils, ils délivrèrent la femme du roi qui, pendant dix années, avait tissé et retissé sa robe de noce pour faire patienter les fiancés *insolents* qui aspiraient à sa main et que les deux héros tuèrent avec leurs flèches.

Les mythes du cheval blanc céleste, nommé Azyr-Ali, qui se retrouvent chez les Germains et les Slaves, sont très communs dans l'Asie centrale, où les Sartes et les Khirgiz, ainsi que les Mongols, adorent des pierres qui devaient représenter ce cheval-là.

Il existe encore plusieurs petits cycles de légendes, dont l'un se rapporte à l'empereur ousbec Adil, qui ne serait autre qu'Attila, et le fait l'inventeur de la musique et du dontar, instrument en forme de guitare. Un autre peut être désigné comme le cycle de l'empereur Fabienus, qui est cité avec les Sept Dormants, dont parlent les légendes de l'Église, sur les persécutions des chrétiens par les empereurs romains. Enfin, l'on trouve aussi un grand nombre de fables arabes, quelquefois improvisées, où il s'agit surtout de sorcières et d'animaux. Ces fables se racontent aussi autour du feu, dans les longues nuits d'été et pendant les froids durs de l'hiver.

Les légendes sémitiques, bibliques et arabes embrassent tous les patriarches et, dans le monde musulman, ce sont celles où il est parlé du sultan Soliman qui ont la première place. Les endroits sacrés où se trouvent des tombeaux saints musulmans, sont presque toujours entourés de légendes historiques anciennes, mélangées quelquefois à d'autres plus anciennes encore.

Outre les légendes se rattachant à la mémoire des héros de l'Asie et des endroits sacrés, il en a aussi qui se rapportent à des peuples disparus, comme celles des Huns de la Germanie et des Waïmours du Nord.

Les kourganes de la Dchoungarie, disposés régulièrement tels que les forts chinois et les pyramides d'Égypte, sont attribués au peuple mongol, autrefois répandu jusqu'à l'Alaï.

Quelques endroits sacrés du Bokhara oriental sont dédiés à la mémoire des Bova, nom qui se retrouve dans les légendes Slaves et au Thibet. Au bord du Kafirnagan, nom signifiant rivière du Monstre païen, ou peut-être Cloître païen, une haute montagne boisée et sèche, d'une hauteur de neuf mille pieds, est dédiée à Bova, dont elle porte le nom.

Dans toute la région de l'Amou, jusqu'à la frontière du Khorassan, l'on célèbre la mémoire des Saryasyk ou Aimak-Sary, mot qui signifie Mongols blonds ou païens blonds ou de la Horde d'or; c'est à eux qu'il faut attribuer les kourganes que les Mongols n'érigent jamais. Nous pourrions retrouver leurs descendants dans le peuple des Iazygues, dont il existe encore quelques restes en Hongrie, et il pourrait se faire que ce peuple, vu la signification de son nom en slavon, fût d'une origine identique à celle des Khels de la frontière afgane, voisins, croit-on, des habitants de Tubès.

A Merw, qui a conservé l'ancienne dénomination de Mauri jusqu'à présent, l'on montre l'ancienne ville iranienne; il en est de même à Fermèz. Dans ces villes, on voit des restes d'anciens vases énormes, ressemblant à ceux qu'on fait aussi en Chine, une quantité de lapis-lazuli et du verre. Il existe aussi de pareilles ruines près de Boukhara. Les marchands indiens vendent des cylindres persépolitains, des monnaies et des médaillons. A cette période, doivent appartenir les énormes disques de colonnes de la Dchoungarie. A Merw, à Fermèz et à Khodierik, on voit les ruines les mieux conservées datant d'Alexandre le Grand. Merw renferme aussi des constructions en briques, à coupoles, d'un caractère romain.

A Lukman, ce qui signifierait ville d'Esculape, près de l'embouchure du Wekeh, il existe aussi de nombreuses ruines. Près de Fermèz, l'on montre celles de Goulgoula. Partout dans ces endroits, les réminiscences classiques sont riches, surtout les briques, les compositions, les émaux et les verres. C'est le seul endroit en Asie où l'on voit un temple à colonnes rondes bien conservé. Il y a aussi des ruines gigantesques, surtout des restes de murs, près de Kabadian; des Kobaling, dans le Boukhara oriental, près de Schavi-Saouz, ville ou Saint Vert, c'est-à-dire Bouddah; dans le Boukhara occidental de la rivière Khorgos; dans la vallée de l'Ili et près de Monas et Ouroum-Tochi, qui, par leurs noms, pourraient rappeler les temps classiques ou sémitiques.

Enfin, les restes arabes et sassanides sont bien conservés dans toute l'Asie Centrale méridionale, jusqu'au Kokan ; il y existe aussi beaucoup de constructions en parfait état d'une date historique connue, avec des briques magnifiquement coloriées et placées en mosaïque ; quelques-unes comportent des inscriptions vioufiques ou en longs caractères, nommés Makaleh.

Si l'on voulait fouiller le sol à une profondeur d'à peu près dix mètres, comme au Sarafchan, l'on trouverait certainement dans toute cette partie de l'Asie Centrale des restes des temps troglodytes, surtout des tessons avec ou sans ornements primitifs et barbares, comme on les découvre dans l'hémisphère septentrional ; au-dessus de cela, on trouverait des tessons à verni blanc, des silex et des vases simples. Toutefois, il conviendrait de tenir compte que les Sartes, qui sont les descendants des anciens habitants de cette contrée, font encore des vases à ventre large et d'un dessin comme on en rencontre dans la période du Succin, en Karélie, et aussi en Amérique, continent avec lequel il doit avoir existé d'anciens rapports, bien qu'on ne retrouve pas tous les dessins (1).

L'Amérique, qui a donné à l'Asie le tournesol, le tabac, lui pourrait bien avoir donné aussi le cheval, car les poneys poilus du Chougnan et les chevaux mongols balafrés, qui seuls possèdent quelque originalité, existent également en Amérique, mais à l'état fossile. Les selles et les

---

(1) On a eu plusieurs fois l'occasion de parler de cette théorie qui veut que les Indiens de l'Amérique soient originaires de l'Asie. Voici une nouvelle preuve à l'appui :

« Le professeur Frank Bose et le docteur Clark Wissler, chargés d'une mission scientifique par le gouvernement des Etats-Unis, ont pu établir que le langage des Youkagliou, tribu de la Sibérie septentrionale, n'a aucun point de rapport avec les autres langues sibériennes qui forment le groupe oural-altaïque, mais qu'il ressemble étonnamment aux dialectes des Peaux-Rouges de l'Amérique du Nord. »

boléros des Patagoniens sont les mêmes que ceux des Kirgiz et des Turcomans.

Une fête du feu a lieu en hiver au Chougnan, qui se fait aussi en Scandinavie. Nous y retrouverons aussi l'ancien ornement du triangle et les couleurs rouges, blanches et noires les plus recherchées parmi les ornements tadjicks et appliquées par les menuisiers bohémiens. Il paraît bien que toutes les grandes périodes historiques soient sous leur influence en Asie.

L'on remarque l'influence égyptienne dans les constructions de Khiva et des Turcomans. L'Assyrie et la Babylonie ont donné à l'Asie son caractère monumental ; l'Iran lui a donné sa civilisation primitive apportée de la région la plus reculée de la Bactrie, tandis que la civilisation chinoise, au commencement, bien semblable à l'iranienne, ne domine plus à présent que dans l'Est.

Sans doute, le Moyen Age a aussi exercé son influence ; on le voit dans les constructions de Khorisan. Et les barbares qui sortaient de l'Asie à l'époque Indo-Scythe, avaient déjà leur civilisation qu'ils avaient apportée aussi bien de l'Iran que de la Chine.

Ils écrivaient tous Alexandre J. S. K. Mais quand nous pourrons étudier les dynasties de ces peuples avec leurs physionomies européennes, leurs castes indiennes infiltrées jusqu'en Germanie, où les princes reconnaissent, dans leur chronologie, avoir une origine asiatique, prouvée d'ailleurs par leurs armoiries en caractères mongols et les marques mongoles de leurs chevaux, nous nous souviendrons qu'en Chine et en Mongolie doit avoir régné aussi la race arienne.


## CHAPITRE II

En Asie moyenne, l'influence classique s'était manifestée, ainsi qu'au temps d'Alcibiade, dans la vie publique, dans la vie législative et même dans l'esprit philosophique du peuple et de ses initiateurs ; elle avait conservé dans

toutes ses parties, ce qui avait appartenu jadis à l'ancien
Iran.

D'autre part, cette influence s'était montrée en Chine
sous des couleurs encore plus vives, en ce qui concerne la
régularité de l'architecture, dans la disposition des édifices, des cours et des jardins particuliers, des chaussées,
des ponts et des canaux, et surtout en ce qui concerne
l'esprit théâtral des darines, leur façon de parler et d'agir.
Cependant, les influences purement asiatiques, telles que
l'influence indienne, l'influence persane et l'influence chinoise, ont néanmoins beaucoup agi sur leur style, leur
architecture et leur art qui, du reste, les caractérisent et
qui, depuis des milliers d'années, se sont conservés jusqu'à nos jours sans le moindre changement.

On a vu aussi l'Asie moyenne adopter la civilisation
macédonienne, et cela assez vite ; ce qui démontre bien que
ce peuple était disposé à se laisser influencer par un autre
peuple de même affinité.

La civilisation arabe ne pouvait prévaloir sur celle des
Iraniens, qui s'est développée à un degré beaucoup plus
élevé que par la construction des mosquées. La civilisation
de l'Asie centrale n'avait fait que précipiter l'effondre-
ment de celle de l'empire romain, en se liant aux styles
roman et bysantin, précurseurs du style gothique ! Cette
dernière forme a eu pour bases les principes du style chinois et même du style indien. Elle a commencé par
s'étendre dans l'Europe centrale, depuis l'Oural et la Col-
chique, jusqu'en Scandinavie, mais en sa forme la plus
simple. Combiné avec l'empreinte indienne, ce style s'est
développé et s'est avancé jusqu'en Islande, en glorifiant
l'ancienne mythologie des peuples germains.

Dès que l'émigration des peuples historiques commença,
des influences purement asiatiques se manifestèrent
dans l'architecture européenne, principalement dans la
Lombardie et dans la Vénétie, où les éléments indiens et
iraniens peuvent être constatés. Les constructeurs du
Moyen Age devaient se rencontrer avec ceux des écoles

musulmanes arabes ; celles-ci étaient basées, en effet, sur l'art indo-persan ; elles existent encore aujourd'hui en Asie.

Avant la réorganisation du style classique, ces différents ordres d'architecture ont créé cette splendeur qui caractérise la gothique et qui s'est maintenue pendant la Renaissance.

Ce sont ces rapports perpétuels qui expliquent comment, chez les peuples d'Europe, on remarque autant de ressemblances avec la Chine et les Indes. Aussi ne saurait-on nier que la nouvelle civilisation de l'Europe ait pu avoir, dès le Moyen Age, une certaine influence sur quelques parties de l'Asie centrale, ce qui du reste se voit très bien dans les constructions octogones de Kisil-Arsbrankhan, dans l'ancien Shari-Saouz et ailleurs.

En prétendant que l'Asie moyenne, si éloignée du style classique, a été le berceau de l'architecture, il faut aussi rendre justice à ses influences ethniques sur les peuples d'Europe et sur leur esprit. Ainsi, nous ne voyons dans l'industrie, dans les ornements, dans l'économie rurale de l'Europe, qu'une initiation de l'Asie Moyenne et parfois des Indes, et, dans les meubles, une copie de la Chine.

Enfin, si on voulait remonter aux premières origines de la civilisation humaine, on reconnaîtrait que ce style des habitants de l'Europe méridionale et de l'Orient n'est qu'une reproduction des cavernes qui s'étendent depuis l'Amérique jusqu'aux confins du Sahara, tandis que les habitations construites et tressées en lataniers et en bois, autrefois dans l'Australasie, n'ont pas jadis dépassé le Sud ; on les trouve à Boukhara. Il en est de même pour les constructions primitives en forme de coupoles de l'Afrique ; elles sont analogues aux yourtes portatives des nomades de l'Asie et l'on pourrait y voir la première origine des styles romain et musulman ? Il faut encore citer les Pyramides, qui représentent le développement extérieur de la montagne, répandues dans l'Afrique, dans l'Asie et en Amérique, sous la forme de tombeaux et de stoufa.

# CHAPITRE III

La philologie comparée a essayé de résoudre le problème de l'origine des peuples : elle a envisagé en premier lieu l'émigration arienne, en se basant, pour la démontrer, sur les objets de civilisation que les Ariens avaient possédés aux différentes périodes. Il aurait fallu à cette science que l'affirmation de ce problème eût été basée sur quelques données astronomiques, surtout en ce qui concerne la définition de la longitude des constellations, sur la météorologie et sur l'histoire naturelle, tirées du Zend Avesta et des Védas. Il n'y aurait là cependant qu'un caractère assez problématique, parce que, malgré certaines légendes, nous ne pouvons affirmer que tout le groupe arien ou une de ses parties soient venus de la Médie, du Caucase ou de l'Occident.

La philologie comparée s'est encore basée sur les noms des animaux domestiques, pour prouver le progrès périodique des différents groupes des peuples indo-européens, en supposant que ceux-ci devaient provenir des peuples cités dans le Zend Avesta et les Védas(1). peuples qui ont joué un rôle plus ou moins partiel dans l'histoire.

La race caucasienne actuelle, comme celle des temps anciens, aurait eu une distribution beaucoup plus étendue, et ainsi on pourrait délimiter les centres d'où sont sortis les peuples indo-européens.

Il ne faut pas cependant oublier que les noms des animaux domestiques européens et ariens se retrouvent aussi bien chez les Turcs et les Mongols que chez les Chinois, tandis qu'on peut retrouver le nom persan de la chèvre même dans l'Afrique méridionale; en effet, toutes les lois

(1) Fr. Bopp ; Spiegel.

constatatées par la philologie comparée deviennent chimériques dès qu'on trouve la forme d'un mot appliqué à un certain but chez un peuple dont les affinités ont été négligées jusqu'à présent. Ainsi, par exemple, les noms germains de la ciguë s'expliquent par le mot chougnanois ser, ce qui signifie poison.

Dans un but assez évident, on a essayé de trouver la patrie des Ariens, d'après les plantes spontanées nommées dans le Zend Avesta et les Védas. Les philologues Rath et Geiger ont échangé une correspondance à ce sujet. Ces savants ont surtout cherché à découvrir les shoma, plantes ainsi nommées dans le Zend et appelées loma dans le Vède. Les plantes auraient été servies dans les repas, en l'honneur des dieux, comme boisson énivrante ; mais leur description est trop fantastique pour une définition scientifique ; on ne pourrait guère trouver dans toute l'Asie moyenne et mineure, que le stapelia, plante succulente, acide et grimpante, employée chez les Guèbres dans le service divin, qui n'aurait avec le loma aucune analogie. Il s'en suit qu'on devrait se reporter au Sud ou à l'Est de l'Asie, pour trouver la véritable origine de son emploi au service des dieux, vu que le dieu Shoma est un des premiers du culte japonais et que le mot hauma est appliqué en Chine comme souhait de salut ; de même en esthon, le salut « térré-térré » signifie le nom d'un dieu ancien.

Les boudhistes mongols seuls boivent un thé fait avec de simples herbes des montagnes, la nepeta nuda, plante qui ressemble à la menthe poivrée, au moment du service où les prêtres sont coiffés de tiares ou casques et vêtus d'écharpes rouges sur l'épaule, par dessus un habit jaune, et où l'on joue du trombone ; cette manière ressemble beaucoup aux services décrits dans les saints Livres des Indiens et des Persans. On emploie de même une plante sacrée dans le service des dieux du Kafiristan.

Si la patrie directe des Ariens, des Vèdes et des Zend Avesta est l'Asie centrale et aussi au-delà de l'Hindoukouk et de l'Himalaïa, il faut aussi se rappeler que tout ce que nous savons de leur vie civile et hiérarchique, démontre déjà un haut degré de développement intellectuel. Pour trouver leurs habitants primitifs, nous ferons bien d'explorer alors les parties les plus éloignées de l'Asie.

Lorsqu'on cite les migrations mentionnées dans les récits plus ou moins historiques des Guèbres, publiés par Anquetil, il est aussi parlé d'une région devenue tout d'un coup froide, à ce que l'on suppose. Les Iraniens, sortant d'une contrée plus tempérée, y étant parvenus, il faudra bien découvrir un jour l'emplacement de cette région froide. En effet, les recherches archéologiques pourraient nous conduire jusqu'à l'Irenkhabirgan, l'Altaï et au-delà, mais il nous faudrait aussi consulter l'anthropologie pour nous faire une image plus précise de toute l'étendue de ces migrations et connaître les rapports d'affinité des races étrangères à cette race.

## CHAPITRE IV

L'ancienne lutte entre les races y est représentée en vives couleurs dans les monuments égyptiens. Le roi et la reine, de teint clair, domptent les races jaunes, brunes, noires et même les blanches. Les traces de cette lutte se retrouvent aussi sur de beaux reliefs, dans l'épopée fantastique des Indiens, où le roi des singes représente un type sémitique, c'est-à-dire le peuple de sang pur. Cette lutte ethnique n'est pas moins grotesque sur les dessins et sur les théâtres chinois, où des dieux monstres, de couleurs différentes, dominent la race indigène, tandis que celle-ci, de son côté, se moque du bas peuple jaune, aux petites figures, aux têtes carrées et à grosse voix, c'est ce qu'on appelle Tchampous. Enfin, la lutte des races se retrouve aussi dans l'Amérique, où les Aztèques à figure d'Hanoumeu offrent un contraste frappant avec celles des populations ordinaires et farouches. On peut la constater aussi dans la différence des profils classiques de la Grèce et des profils archaïques qui pourraient être reconnus parmi ceux de l'ancienne Mésopotamie, dont la Grèce a emprunté les surnoms de certains dieux, ainsi que dans les types indigènes du Caucase d'aujourd'hui.

On distinguera de même dans l'art romain les Celtes des Barbares, qui figurent sur presque tous les monuments les plus anciens du Moyen Age.

La science n'est pas encore assez avancée pour que nous puissions déterminer les différentes espèces d'hommes sauvages, mais nous pouvons déjà distinguer les hypsocéphales ou platycéphales, de l'ancienne race rouge de l'Amérique, que l'on trouve encore en groupes considérables dans l'Est de l'Asie (1), par exemple chez les Orotches, et, çà et là, dans l'Europe moyenne. Les mômies des rois d'Egypte leur ont appartenu.

Viennent ensuite les dolichocéphales et orthognathes blancs ou noirâtres et même rougeâtres, qui occupent la plus grande partie de l'Asie occidentale et méridionale, ainsi que l'Europe, dans les contrées boréales. Les jaunes ou bruns occupent surtout l'Asie méridionale et orientale et l'Afrique septentrionale. Les dolichocéphales prognathes sont plus rares en Afrique ; les brachycéphales jaunes, blancs et rougeâtres se sont répandus dans l'Asie centrale et orientale, et parmi le monde de l'ancien continent et de l'Amérique. D'ailleurs, leur existence la plus reculée a été prouvée partout dans le vieux continent, jusqu'aux bords méridionaux de la Méditerranée.

Ce sont ces types primitifs qui ont formé les races sauvages dont les antipathies persistent contre la race civilisée blanche. Les explorateurs ne sont donc pas surpris de trouver une foule de noirs aux longues houppes de cheveux, à taille fine, armés de lances de bambou et se montrant quelquefois dans l'eau avec un poignard recourbé dans la bouche, comme cela arrive en Afghanistan et aux confins indiens. Ils sont caractérisés par un petit nez et faciles à reconnaitre parmi le peuple de Tachkent.

(1) Voir ce qui est rapporté page 274.

Partout, dans l'Europe occidentale et jusqu'aux Indes, on retrouvera ces sauvages ambulants et bohémiens nomades, brachycéphales à peau bronzée et de taille fine, qui nous rappellent le type égyptien des temps les plus éloignés.

Enfin, en voyant les têtes trop grosses de l'Orient et les figures trop farouches aux traits enflés, mais naturels, au sud de l'ancien continent, on pensera plutôt à des descendants de brachycéphales du Nord, qu'à des arborigènes de l'Afrique et de l'Australasie. Il sera toujours difficile de trancher la question en ce qui concerne le mélange des races, mais la race maternelle doit toujours avoir eu la prédominance.

Il est encore assez difficile de distinguer les races pures dans chacune de leurs variétés ethniques, et aussi la différence entre les Peaux-Rouges et les vrais Mongols. Il faut avouer que les Ouralo-Altaiens, quoiqu'on les ait réunis avec les Mongols, à cause de leur langue, sont bien différents des vrais Mongols, et ils possèdent plutôt quelque chose de commun avec les brachycéphales hyperboréens et même avec les Caucasiens. Ils se distinguent aussi par la tête tantôt grosse, tantôt étroite, aux joues larges, par un arc frontal profond et par des cheveux raides, souvent blonds. On les trouve en Turquie, chez les Ousbècks et chez les Finnois; ceci est prouvé par des inscriptions mésopotamiennes qui disent que ce groupe a participé à la tâche civilisatrice des Iraniens et des Sémites.

Un ancien explorateur chinois nous a beaucoup parlé d'un peuple à cheveux blonds et aux yeux bleus, qui aurait habité le lac Issikoul, mais nous ne trouvons en cet endroit que des vieux crânes brachycéphales.

Les races si dissemblables qui comprendront les hommes à cheveux blonds, très répandus jadis chez les Grecs et chez les Romains, et qui ont séjourné en Italie et en Espagne jusqu'à la Renaissance, de même que çà et là en Boukharie, n'étaient inconnus des Ariens, non plus qu'en Kachgarie et chez les Tadgicks; il faut reconnaître que les dolichocéphales y sont en majorité, quoiqu'on y trouve des tribus

tadgiques, brachycéphales. On voit encore assez souvent
la barbe rouge chez les Mongols de la tribu de Kalka,
mais néanmoins, la pure race arienne a disparu aujour-
d'hui de la limite antérieure de l'Asie tempérée. Pourtant,
elle a été assez nombreuse.

On a peu de documents sur les groupes Ouralo-Altaiens,
on ignore s'ils ont été expulsés ou s'ils se sont mélangés avec les populations ariennes ou indo-européennes
disparues, qui ont laissé des monuments et se sont répandues jusqu'en Amérique. Cependant, il est clair que la
civilisation arienne, commune avec celle de l'autre continent, a été plutôt importée en Amérique par la race blanche, qu'imitée d'elle. Cela ne concerne peut-être pas tant
les émigrations que les relations commerciales ou hostiles
avec la Chine, les Indes et la Polynésie, et peut-être aussi
les relations avec les Phéniciens et les Arabes qui pouvaient directement ou indirectement donner à l'Asie certaines plantes, certains animaux, et aussi quelques notions
d'art et de décoration. Pourtant, nous pouvons admettre
des mouvements préhistoriques.

Il a suffi d'un léger contact avec les races américaines
pour donner une impulsion nouvelle à la masse indo-
européenne, qui peuplait le centre de l'Asie.

Ce sont les émigrations provenant du contact de la race
caucasienne avec les Ouralo-Altaiens, qui se sont accom-
plies jadis plus ou moins simultanément, en diverses
directions, que nous serions heureux d'examiner ici, en
étudiant quelques noms chougnanois, présentant des analogies avec les noms de la Scandinavie et ceux de la Finlande, tels que : Yemche, Yorve, Satehierve. Peut-être
trouverait-on encore de semblables analogies dans la dénomination de l'Himalaïa.

Tout ce que nous savons sur l'existence centro-asiatique
de la nationalité finnoise, encore plus ou moins patriarcale, mais si différente des indo-européens par ses instincts, consiste à démontrer que les Doungares d'aujour-
d'hui ne sont que les Ouigours d'autrefois, appelés par

les Chinois Houngars. Ils ont gardé les traits larges et le corps massif, caractéristique de cette nation et de celles qui se sont mêlées avec elle. Les Dounganes du Kachgar sont tatoués sur le front comme les Hindous et ont un signe rouge;  on pourrait encore reconnaître quelques traits finnois dans le profil des Kosaques de la steppe et des Indiens de l'Amérique Septentrionale; on retrouverait aussi, chez les Thibétains, leurs bonnets ornés d'ailes. Ajoutons que les Finnois sont mentionnés dans la légende scandinave; mais la mention des moïas et d'autres êtres informes dont parle la mythologie germaine, pourrait aussi bien se rapporter à la race ligurienne qu'à une autre race préhistorique, ou alors cela relèverait de la mythologie.

Nous avons du reste la preuve que la race caucasienne, plus dolichocéphale que brachycéphale, a été la race prédominante. N'est-ce pas elle d'ailleurs qui pratiqua la première la chasse et la domestication du renne sauvage, telle que nous le rapporte la mythologie scandinave et les dessins exécutés sur des pierres, représentant en général des animaux du Pamir, spécialement l'antilope thibétaine, appelée renne?

Les migrations de cette partie de la race caucasienne, qui s'était avancée au Nord, ont continué successivement le long des montagnes altaïennes, au-delà des parties les plus étroites de la plaine et le long des systèmes thianchanien, himalaïen et de l'Indoukouck, jusqu'aux mers Caspienne et Noire, et jusqu'au Caucase. Cette dernière contrée était considérée comme station principale par les Chaldéens et autres Mésopotamiens, par les Méditerranéens, ainsi que par les Japhétides, qui ont laissé les premières traces dans la patrie des Scythes.

En remémorant les peuples d'origine ouralo-altaïenne qui auraient suivi les Caucasiens dans les premières migrations, il faudrait vérifier les anciens rapports existant entre tous les peuples du désert de la région méditerranéenne, selon le béhouda des Arabes et d'après l'Écriture

Sainte (Thohou-Bohou), parce que le peuple asiatique juif n'est que celui des jahoutes de l'Asie, qui paraissent avoir une certaine ressemblance avec les jakoutes de la Sibérie. Néamoins, on irait trop loin si on tirait des conclusions définitives à propos de quelques ressemblances éloignées ou de quelques coutumes des Juifs et des Karaïms qui, dans la Petite-Russie, habitent dans des placards où sur chaque planche couche une famille. On pourrait plutôt attacher quelque importance à ce que le paradis des juifs est indiqué au Nord, entre le Gihon et le Dchihara, qui ne sont que le Syr-Daria et l'Amou-Daria.

Après l'évacuation du Nord, la branche indo-européenne de la race caucasienne s'est concentrée autour de l'Himalaïa, du Thianchan et de l'Hindoukouk, dans des contrées peu fertiles, comparées aux gras pâturages du Nord. Voilà comment les céréales sauvages sont arrivées à être les principaux éléments de la culture de l'homme, comme on le voit dans le mythe d'Hiawata, pour le blé indien des Téhipéwaï, et comme nous le prouve le développement économique de l'Égypte, dont les pyramides les plus anciennes sont complètement dépourvues.

C'est donc sur les plateaux de l'Asie Centrale, habités par des troupeaux de bœufs sauvages et domestiques, que se serait formée la mythologie contenue dans le Zend Avesta et les Védas. C'est ici que le groupe ethnique gréco-italien a emprunté ses premiers héros asiatiques. Il se serait avancé dans le Nord, vers la Dzhoungarie et la vallée illienne, et serait revenu pour atteindre l'Asie mineure et la mer Noire, en subissant l'influence sémitique et égyptienne indépendante, mais en restant en contact avec le groupe indo-iranien, pour se montrer à l'époque d'Alexandre le Grand.

Les Germains, si proches des Gréco-Italiens et qu'on avait identifiés avec les Thraces, ont pris peu à peu la même route et se sont avancés jusqu'à la mer allemande.

Toutefois, le groupe des Goths venu de l'Himalaïa et qui, en émigrant, a occupé auparavant le nord de l'Asie et de l'Europe orientale, est resté avec quelques autres groupes de Germains, en contact avec les différentes parties du grand empire persan, ainsi qu'avec les Mongols, jusqu'à l'émigration historique des peuples de notre époque. Il faut avouer que l'*époque* des Kourganes de la Roumanie et de l'Ingermanland a le même caractère persan primitif que celui de l'Issïkoul, bien que les inscriptions soient chinoises et non runiques.

Pour avoir laissé quelques vestiges dans l'Asie Mineure, les Celto-Ibériens, que les Stanchenges auraient répandus dans le Nord des deux continents, devaient s'être détachés de l'Indokouck et de son voisinage, pendant que les Germains étaient encore occupés à leurs migrations en Asie; ils ont infusé leur caractère à la population centrale des Alpes. L'influence indienne apparaît dans la Gaule et, comme l'Ossian des Écossais, contient des noms asiatiques, tels que Salgar; il s'ensuit donc que les relations particulières de ce groupe avec le Touran et la Mongolie ont bien existé.

Les Slaves, si l'on en juge, d'après les éléments les plus simples de leurs langues qui se rapprochent de celles de l'Amandaria et de l'Afghanistan et aussi d'après l'ancienne culture des arbres fruitiers et des plantes potagères, devaient s'avancer depuis longtemps déjà vers l'Est, tout en conservant des relations continues avec les Indiens et les Caucasiens. Ils subirent alors l'influence chinoise et touranienne qui a dominé dans l'Asie Centrale après l'évacuation du Thianchan, quand ce groupe eut dépassé les montagnes situées au Sud et à l'Ouest du Turkestan Oriental, et quand il se fut mis en mouvement vers l'Amoudaria. C'est de là que sont issus le mode mineur, le fausset qui représente la cinquième voix, ainsi que les refrains mongols, qui caractérisent cette nation.

Les Slaves n'étaient que les boukobinantes d'Anson et les nomades du grammairien Sasole, tandis que les constructions attribuées à Wladimir, Roi-Soleil, sont de caractère irano-classique de l'époque des Parthes.

# CHAPITRE V

Il ne me reste plus qu'à parler du sort des Ariens et du groupe indo-iranien, qui se sont divisés en se dirigeant vers le Thibet, l'Indo-Chine et vers le golfe du Bengale, où ils ont formé de nombreuses petites républiques et les tyrannies de l'Asie centrale et de l'Himalaïa.

C'est de là que sont venus les premiers fondateurs des monarchies indienne, chinoise, bactrienne, médique et iranienne; c'est surtout l'ancien Iran qui a conservé toutes les phases de l'histoire jusqu'à nos jours et dont les traditions et l'art dominent dans l'Orient tout entier. Au commencement de sa gloire et même après, il a exercé son influence dans l'Asie orientale, dans l'Europe occidentale et jusqu'au centre de l'Allemagne. Voilà pourquoi l'on trouve parmi les villes allemandes des noms persans, comme par exemple Ruhla, Katka, Weida, Iéna; c'est aussi l'origine des tas de pierres des tombeaux iraniens qu'on trouve sur le Gleichbaus. On pourrait même indiquer l'émigration indo-européenne plus précisément, en se basant sur les dénominations des tribus ou des endroits de l'Asie qui sont analogues à celles de l'Europe.

Les Baltes, qui ont formé une partie des Goths, seraient sortis du Petit Thibet, connu sous le nom de Baltistan; les Saxons et les Anglo-Saxons seraient sortis du Darwazg et de son voisinage, pour se répandre périodiquement dans les saxaouls de la steppe, où cet arbre existait avec le peuplier euphratique, dénommé en celtique dourougoun, c'est-à-dire bois des Saxons. Les Ousbeks, les Dourmans, bien différents des Tourkmans, nous rappellent par leur physionomie les Slaves; on retrouve les Marcomans parmi la tribu Ousbeks de Merw, auprès des montagnes d'Alexandrie et auprès du lac Marquacouk, de l'Altaï méridional, d'où il était assez facile de se rendre jusqu'au Waldaï de Nowgorod et au Karawaldaïs de la Baltique. Les Souates au Sud de l'Hindokouk, les Cosaques dans la vallée ilienne, les Cosaques du Kouban nous rappellent les noms des Suédois et des Suèves.

En allant plus loin, on peut encore étudier les Tas ou Tad ; c'est ainsi qu'on désigne les Tadgickes de Merw et les anciens habitants du Syr-Daria, d'où serait sorti le nom russe des Danois et peut-être celui des anciens Dariens. Parmi les dénominations historiques, on trouve celle de l'ancienne Karamanie et de l'Arménie, des Avares et des Kayars (mot qui en persan signifie guerriers), des Alans et Roxalans, dont on reconnaît les restes dans le Caucase et dans la Scandinavie. Enfin, on peut suivre plus facilement la marche des Badjouvars, des Suèves et des Suédois, en se souvenant des peuples des Badjouvars, venus de l'Afghanistan, et de la tribu des Karlyn, riverains du Syr, comme les Souvanes de l'Ili.

Il faut aussi considérer les récits de Tacite et d'autres écrivains classiques qui donnent une explication différente, attendu que parmi les nombreuses tribus qui habitaient la Grande-Germanie, la Petite-Germanie et la partie voisine de la Gaule, il devait en exister un grand nombre autres que celles des Germains et des Celtes. Il faut envisager seulement les tribus des Lithuaniens, mélangées avec les Slaves et les Finnois, comme le furent les Celtes avec d'anciens habitants des provinces baltiques, des Karéliens, qui ont gardé le costume suédois, et des Tchouvaches qui, dans un village de l'Oural, parlent encore une langue parfaitement arienne, de sorte que l'imagination trouverait assez de motifs pour reconnaître les membres successifs de tous les Ariens et Indo-Européens, depuis l'Asie jusqu'en Europe.

La domination des Romains dans la Germanie, jusqu'à la Baltique de Gothie, démontrée à l'aide de la monnaie romaine et par les dénominations des lieux, présente cette fois un caractère certain et authentique des faits.

En lisant l'inscription des rochers de la Thuringe, qui contiennent les termes Var. Aug, il semble que ce serait plutôt aux Romains ou aux Germains qu'aux Sartes qu'on devrait les attribuer. En effet, quelques anciennes familles de la Thuringe font, dans leurs annales, remonter leur origine au temps de l'émigration des Germains de l'Asie et ont, dans leurs armoiries, des caractères mongols, executés sous la forme de cerfs; il arrive même que leurs chevaux sont marqués du même signe que ceux des princes mongols.

L'influence des Indes a persisté encore dans l'Asie antérieure, sous la domination romaine, après l'affaire du roi Deïotave, et il paraît bien qu'elle existait aussi en Gaule. Lors de l'exhumation de Charlemagne, on a trouvé dans son tombeau un sabre de caractère asiatique et des diadèmes coniques ressemblant à ceux des fiancées de Kirgizes. L'ethnologie pourra faire là encore de nombreuses découvertes.

La grande émigration historique des peuples de notre ère provient sans doute d'une propulsion lointaine, si on la compare à l'émigration ancienne, résultat d'une expansion motivée par de simples conditions climatériques. La preuve en est donnée dans les traditions ariennes, sémitiques et chinoises. Le soulèvement des Huns a été une des causes de l'impulsion des peuples farouches qui habitaient le Nord des deux continents, soit par le fait d'une influence inconnue, soit par celui d'une épidémie quelconque. Ce mouvement embrassa les populations germaine et ouralo-altaïenne, qui abandonnèrent les kourganes et les idoles gigantesques, avec l'espoir de s'emparer des trésors de l'Occident. Voilà pourquoi, sur les derniers cylindres persépolitains, sont répétés les anciens dessins exécutés en lettres saillantes du caractère touranien et sur lesquels sont représentées des figures d'hommes estropiés, exécutées en lignes élevées rectangulaires, semblables aux dessins naïfs de l'Irenkhabirgan et des Hyperboréens.

Le type de monnaie des dynasties indo-scythes de ce

temps-là ressemble beaucoup à celui des Européens d'aujourd'hui ; il est exécuté de différentes façons, tantôt macédonienne, tantôt barbare; cela prouve bien qu'on voulait l'introduire en Europe. Peut-être même, les poètes et les légendes de ces temps-là ont pu avoir été dirigés dans une pareille voie dont l'influence subsista encore longtemps après. En outre, dans l'histoire de la fondation de l'empire ostrogoth d'Italie, on pouvait sentir l'esprit du grand Théodoric (1) imbu de l'ancienne vigueur de l'Iran.

## CONCLUSION

Après avoir terminé l'étude des anciennes populations qui ont adopté la civilisation arienne et qui ont subi graduellement les modifications que leur ont apportées les

(1) *Théodoric*, roi des Ostrogoths ($\theta \varepsilon o \Delta$), né en Pannonie vers 455, mourut en 526. Il fut d'abord ôtage à Constantinople où il puisa ses idées de civilisation, battit ensuite les Sarmates, et d'accord, en 487, avec l'empereur d'Orient, Zénon (Trascalliseus, l'*Isaurien*), conquit l'Italie sur Odoacre, fils d'un ministre d'*Attila*, se fit céder la Sicile par le roi des Vandales, y joignit la Rhétie, la Norique, l'Illyrie, et épousa la sœur de Clovis. Dès lors, il favorisa le commerce, l'agriculture et les lettres, *fit graver son effigie sur ses monnaies*, entretint des rapports avec le Nord, d'où la nation des Goths tirait son origine ; les Esthiens et les Livoniens vinrent des bords de la Baltique apporter l'ambre jaune (succin), les riches fourrures du Suethans (sapharinas pelles), et de *Novgorod* parvinrent jusqu'à *Naples*.

Théodoric fut le plus grand des rois barbares qui envahirent l'Italie; il possédait le génie de la civilisation (Epitres de Sidonius ; Procope, Gothic ; Jornandès, *de rebus gelicis* ; de Valois ; Giannone, *istoria civile de Neapoli*).

Quoique les annales de Nestor rapportent que *tous les hommes de la nation russe étaient des Normands!* Quoique Luitprand, évêque de Crémone, venu deux fois en ambassade à Constantinople, soutienne que les Russes étaient les mêmes que les Normands des occidentaux? En outre, quoique les hommes des bords du fleuve Rous fussent des Prussiens et que les nombreuses objections à la théorie de l'origine scandinave du nom russe, soient peut-être encore à démontrer, il est incontestable que ce sont les Slavons ou Sloveni qui ont fondé *Novgorod* au V<sup>e</sup> siècle, et les écrivains musulmans affirment tous que les Russes étaient bien, ethnographiquement, un des rameaux de la grande nation slave.

dominations égyptienne, assyrienne, babylonienne, iranienne, classique et gothique, nous devrions maintenant
étudier scrupuleusement les peuples actuels, rechercher
leurs plus proches affinités avec les Ariens. Ils doivent
nécessairement avoir eu d'anciens rapports avec les mouvements de ceux-ci dans toutes les modifications de leur vie
domestique, économique, juridique et linguistique, ainsi
que dans leurs traditions.

Si nous arrivions à connaître les modifications de leur
histoire ancienne d'une façon aussi précise que celles de
l'époque moderne; si nous pouvions étudier scrupuleusement l'époque de la migration arienne et compléter de
cette manière les documents glorieux des Iraniens et des
Indiens, nous parviendrions alors à nous faire une image
aussi claire de leur histoire et de leur civilisation, ainsi
qu'il en a été pour d'autres périodes de l'histoire de la
population civilisée du Nord.

Il serait donc plus facile, si nous voulions nous faire
une image exacte des migrations des peuples préhistoriques qui nous intéressent, d'aller les chercher là où ils
ont été et doivent être encore; c'est pour cela qu'il ne faut
pas les détruire, mais qu'on doit leur prouver les bienfaits
de notre civilisation européenne, conduire nos chemins de
fer dans leurs steppes et le long de la vallée du fleuve le
plus gigantesque du globe, toujours pénétrable à nos ingé-
nieurs, au lieu de sacrifier ces peuples et de fermer les
régions encore plus qu'auparavant, parce qu'autrement,
il n'en resterait plus un jour que le nom.

A. R.

---

### TROISIÈME PARTIE

# SOMMAIRE

## DES PEUPLES, RACES OU RAMEAUX

## DE L'ASIE CENTRALE

Par le Dʳ A. RÉGEL

---

Pour compléter les principaux faits scientifiques qui concernent l'ethnologie de l'Asie centrale, dont la littérature est déjà très opulente, il ne reste qu'à donner une liste des peuples qui l'habitent de nos jours, sans toucher aux divisions des peuples nomades. Disons à cet endroit que les aoules des nomades ne représentent rien que la famille patriarcale, tandis que la population qui n'a pas subi d'altération s'est conformée aux conditions géographiques et historiques. En effet, les cavaliers nomades ne dominent que temporairement, en acceptant sinon la langue, au moins la culture des agriculteurs paisibles. Cependant les grands mouvements des migrations des peuples de l'époque arienne, européenne et tartare, ont été produits par un élément roux, à la figure et aux traits

---

NOTA. — Dans cet « *Ursprünglich Hauptinhalt* », le texte succinct a été conservé. En effet, on n'a pas cru devoir y apporter des phrases avec des verbes qui, sans nécessité absolue, auraient défloré la forme de cette intéressante Vœlkerkunde.

anguleux, et à la peau claire et poilue, dont l'origine est restée obscure, tandis que son influence est restée persévérante. L'on se croirait aux temps des Huns, en voyant quels sont les brigandages des Khoung-Kouzes aux moustaches rouges, qui ont été les premières origines d'un mouvement auquel s'est intéressée toute l'Europe. Enfin, si l'on est convaincu que la civilisation est restée parmi les dolichocéphales, qui étaient, en effet, les Ariens, l'on admettra aussi que les brachycéphales à têtes rondes et carrées n'ont pu donner que la couleur ; tandis que l'influence de la race hydrocéphale est disparue parfaitement, et même à la Baltique, on ne trouve les crânes ronds et hauts que dans les tombeaux , jusqu'aux couches profondes du quaternaire.

## RACE DRAVIDIENNE

C'est une espèce noire d'une figure forte et mobile qui est restée sous le tropique de l'Asie et qui peut-être a été répandue plus loin (Caraibes).

1. *Kafirs* de l'Afganistan. Figure grande, nez petit, noirs. Partie supérieure du corps ou tout le corps nu. Tête fine, houppe de cheveux ou touffe au sommet. Cavaliers, pique de bambou avec des crins de yak. Poignard courbé. Fantasia.

## RACE BRUNE

Celle-là paraît être le résidu d'une espèce qui occupait le subtropique et au crâne petit avec sutures marquées et à la figure étroite, avec hanche à forme courbée.

2. *Bohémiens.* Ont les mêmes caractères que les Bohémiens de l'Europe, où ils émigrent par le sud de l'Asie et les bords de la mer Noire, en allant jusqu'à la Finlande. Tribu sédentaire des Masang. Type régulier. Teint blanc, cheveux noirs. Habitants des villes. Forgerons, menuisiers, dessins triangulaires des travaux en bois. Tribu

nomade des *Louri* ou *Douri*. Brachycéphales, type maigre, teint de bronze, cheveux noirs. Femmes vieillissant bientôt. Aspect sauvage des hommes aux yeux noirs. Nomades, méfiants, mais paisibles; ils n'ont rien de ce qu'on raconte des Thougs des Indes. Vases indiens, corbeilles, marchent à la file avec des ânes, le chef au pas. Tentes jaunes. Sujets d'Afganistan, vont jusqu'aux Indes. Chanteurs, danseurs, mendiants. Langue propre d'après Wilkins, avec des mots thibétains et béloudchis. *Tribu des chasseurs.* Extérieur noble, mesures médiocres, traits réguliers; beau teint blanc. Grande lance des princes indiens. Se livrent à la chasse aux porcs-épics, aux tambourins et à toute sorte de bruit.

3. *Tchatrabis*, royaume conquis par les Anglais. Figure moyenne, tendre, brune. Cheveux longs. Industries du cuivre et de cornes et tortues; habits blancs de laine des chèvres comme au Cachemir, plaids, tapis rayonnés en différentes couleurs, surtout blancs, noirs, rouges. Industrie de la mine. Langue propre, sonore, du type arien.

4. *Tchang-manousés*, c'est-à-dire hommes aux cheveux longs, du chinois. Pas à confondre avec les Goldes de l'Amour. Type moyen, gracile, visage régulier, étroit, cheveux longs, teint brun. Habitent le sud de la Chine.

## RACE CAUCASIENNE

C'est la race blanche ou à peau claire, tantôt pure, tantôt mêlée avec les colorées. Les générations boudhistes ont le corps étendu et étroit et les hanches courbées, et un pareil type se revoit en Egypte. Cependant les générations pures des Indes et de l'Egypte ont le même type régulier qu'en Grèce. La race aux contours anguleux, des cylindres persépolitains qu'on pourrait retrouver chez les Ainos ou parmi les Waïmour, peuple éteint de la Karélie, ne serait reconnaissable que dans les pays des Finnois, des Ouralo-Altaiens, et surtout chez les Doungares, qui sont sortis des Ouigours. Les générations chinoises représentent des

hommes aux hanches proéminentes, courbes, ce qui correspond au caractère principal de ce peuple ; il se retrouve
parmi les mélanges de l'Europe orientale et chez les habitants des villes du Turkestan d'origine ouzbèque.

## SÉMITES

Ils doivent avoir eu une distribution plus grande, vu
que les inscriptions ont le même caractère que celle des
Thibétains. On trouve des inscriptions hébraïques et arabes sur les pierres de la Thuringe.

5. *Juifs*, nommés *Iahoudes*. Figure tendre, teint blanc.
Cheveux longs, bouclés devant les oreilles. Les femmes
ont dans le nez, aux lèvres et aux oreilles, des anneaux
d'or. Anciennes coutumes hébraïques, grand testament en
parchemin hébraïque; faubourg hébraïque, fermé par fil
d'archal, d'où il est défendu dans les états indépendants
de sortir pendant la nuit, sous peine de mort, et aux autres
endroits sous peine de fouet. Marchands de soie. Langues
hébraïques et persane ou afgane. Le nom de peuple de
Dieu appartient à tous les Musulmans.

6. *Arabes*. Type brun, quelquefois celui des nègres.
Nomades près de Boukhara, Samarcande et dans l'Afganistan. Tentes colorées. Peu nombreux.

## ASIATES (*Homo sapiens*, Stilpon)

Ce sont les races colorées et blanches qui forment ce
qu'on appelle l'homme blanc. *Tadjiks* des villes, de
*Samarcande*, *Kodjént*, etc. Ressemblent aux Persans,
fanatiques. *Tadjiks de Merw*, nommés *Tas* ou *Tat*.
Type mêlé avec le Turcmène: langue persane et turcmène,
sont agriculteurs. *Tadjiks de la Perse*. Figure grosse,
barbe grande, noire; outre cela, sans doute, types variés.
Agriculteurs, au Turkestan, comme esclaves; ont des buffles, près de Meched. *Tadjiks* des montagnes du *Jarafchan* et du *Kokan* jusqu'au Kackgar, connus sous le

nom des *Galtchas*. Type petit ou moyen, étroit, brachycéphale, nez proéminent, cheveux noirs ou bruns, peu coupés; très simples, honnêtes, avec de pauvres habitations au toit plat. Plus profondément dans les montagnes, la culture et l'aisance du peuple s'augmentent. Culture rurale, jardins fruitiers en terrasses, champs au-dessous des glaciers. Bon village au Sarafchan supérieur, maisons blanchies; arts, inscriptions persanes sur les pierres, par exemple Obdourman. Chasse au capricorne, dont les crânes se mettent au toit de la mosquée. Charbonniers. *Tadjiks des montagnes de Tachkent*. Type haut, régulier, barbe longue, noire. Quelques villages isolés, jolis. Horticulteurs; éleveurs de bétail; pratiquent la chasse. *Tadjiks de la Matcha*, à la source du Sarafchan. Honnêtes, fidèles, de figure gigantesque, très régulière. Agriculteurs, bergers, chasseurs; vont dans la ville pour chercher du travail. Petite industrie de bois; ont des yaks. *Tadjiks du Hissar*. Ancien royaume, conquis par Boukhara. Les palais de l'ancienne dynastie à Régar au style indien. Type moyen. Anciennes coutumes; portefaix et travaux faits par la commune. Possèdent des maisons en bois avec balcon comme en Suisse et en Russie. Culture des arbres fruitiers, exploitation des arbres fruitiers sauvages; culture du trèfle (medicago), parce que sur les montagnes moyennes, il ne croît que l'afgan (*Prangosialoptera*). Dès la ville de Hissar, des toits hauts. Dialecte propre. *Tadjiks du Gasi-Mailih*, du Hissar. Types différents, bien sauvages. Economie alpine et rurale, sans arrosement, utilisation du seigle sauvage pour le bétail. Ne disposent que d'eau salée; de mœurs simples. Des toits hauts à Javane. Ici, types blonds aux yeux bleus.


## ARIENS

7. *Tadjicks à langue persane (Farsi)* et qui jusqu'aujourd'hui donnent au pays qu'ils habitent le nom de l'*Iran*. Ces peuples sont les plus proches du type arien

d'aujourd'hui. Type régulier, ordinairement haut, étroit, barbe longue, noire, comme les anciens Persans. Type ordinaire dolichocéphale, auprès de la steppe brachycéphale. Femmes d'un type sévère, noirâtre. Singularités du dialecte; expressions de parenté indo-européenne par exemple : pader, moder, broder, « du verbe auxiliaire hast », etc. Différences locales du type et du dialecte : au nord, les Tadjiks disparaissent en adoptant peu à peu la langue et les coutumes des Sartes.

*Tadjiks de Baldjouan*, ancien royaume et partie du Hissar, maisons de la ville et tours de la citadelle à hauts toits, maisons champêtres avec économie parfaite, jardinage, tournesols, arbres fruitiers, tricotage, chaussettes, bonnets de femmes cylindriques, industrie minière (plomb), haute école, dialecte particulier. *Tadjiks de l'Ak-sou*, bon caractère, culture morale et intellectuelle, industrie textile de Moumynobade, dialecte particulier.

*Tadjiks de Koulah*, ancien royaume du Sarykan, industrie, commerce, ville régulière à hauts toits, haute école, ici et à Sanger. *Tadjiks de Karatéghin*, ancien royaume, conquis par Boukhara. Types variés, très honnêtes et simples, économie rurale et alpine, culture des arbres fruitiers et potagère, industrie du fer, chasseurs, bergers, ouvriers qui vont dans la ville fabriquant des bas, traîneaux pour le travail champêtre, pas d'argent; il est remplacé par du blé et des mûres; mesure : le bonnet, commerce ancien des esclaves, dialecte propre. *Tadjiks du Vakché*, type ordinairement fort et régulier, femmes avec une tresse, cheveux noirs, épais, danses ; hommes en habits bruns en laine, comme les moujiks, vont travailler au loin, anciennes coutumes, niches, fourneaux énormes, sur lesquels la famille cuit et se repose, cases faites en terre. Républiques, tyrannies, ancien droit très persistant, travaux communs, petite propriété et héréditaire. Réunion de la commune au Vakché supérieur, sous l'arbre de Séngor. Jardins en terrasse, plus de 80 sortes de pommiers à chair ferme, champs dans la région des glaciers, culture potagère, concombres, chou-navet, bette, haricots, haricots verts, pois, carottes. Pélerinage au pied du Binai, bocage sacré. Le Vakché porte le surnom de Hazrchi-Vakché, saint Vakché, et est nommé dans les Védas, sous le nom de Vakcha; chez les Mongols, le père de Boudha est nommé Vakchi. Au Vakché inférieur, près de Kougontupe, vases énormes, travaillés d'après le style iranien de Loukman, dialecte particulier du Vakché supérieur. Chant en chœur dans le mode majeur. *Tadjiks de Darvaz*, ancien royaume, conquis par Boukhara. Figure gigantesque, traits réguliers, cheveux peu tondus, turban haut, salut indien, où l'on met les doigts au turban. Femmes avec une tresse, cheveux noirs ou blonds, souvent type européen, Deviennent très âgés, plus de 120 ans! Maisons blanchies, bâties en terre ou pierres, avec tours, comme celle de la Thuringe et de l'Italie et du Maroc. Fourneaux, niches, cases en terre et en bois, avec dessins triangulaires en noir, rouge et blanc. Corbeilles triangulaires, portées sur le dos, comme en Thuringe, où l'on porte aussi les enfants sur le dos, comme dans toute l'Asie. Traîneaux, piques pour escalader les montagnes et pour sauter, échasses, souliers hauts de trois pieds pour passer la boue. Bas en couleur jusqu'au genou, qui reste libre. Potage aux légumes, pain, des mûres, pas d'argent. Economie rurale et alpine, jardins fruitiers en terrasses, système de défense des montagnes par une série de barricades, d'où l'on jette des pierres, et par des tours. Chemins en balcons, où l'on escalade sur des échelles et perches d'une saillie de rocher à l'autre, passage en corbeilles. On voit des coqs jaunes, bœufs bossus et ordinaires. Chasse régulière aux bouquetins et perdrix gigantesques, faucons. Emouleurs de pierres, pierres à aiguiser. Droit spécial, écoles, littérature. Platanes vénérés, dialecte spécial. *Tadjiks de Vandché*, petite figure, type mongol, ont de la voix, élèvent des poules et perdrix rouges domestiques, dialecte propre, chant dur. *Tadjiks de Badakchan*, ancien royaume conquis par les Afgans, auquel appartenaient le

*Ragh*, le *Sargolam* et le *Horan* et la ville de *Chika-choun*. Figure petite, du type mongol, ou haute, régulière, ressemblante à celle des Allemands des provinces baltiques. Paysans, bergers, culture de pommiers renommés. Caractère belliqueux, économie alpine et industrie de montagne. Chevaux renommés, semblables aux arabes, mais plus petits. *Tadjiks du roi blanc* à la frontière du Darvaz, Goussant (rivière des fleurs). Roi blanc, blond, de figure moyenne, ressemblante à celle des Allemands, et aux yeux bleus. *Tadjiks du Hanjout*, langue persane et ousbèque. *Tadjiks nomades*, près de Koulab, se servent de tentes.

8. *Tadjiks à langue propre*. Chaque tribu forme une nationalité spéciale avec ses anciennes lois et coutumes. Les langues se rapprochent le plus de celle des anciens Ariens et l'on y trouve les combinaisons de consonnances qui ne se sont conservées que dans le gothique. Le nombre de ces nationalités pourra peut-être augmenter, parce que chaque vallée possède son caractère propre, quoique leur existence soit menacée par la jalousie des voisins. *Tadjiks du Yagnaou* (rivière de glace). Les hommes de cet endroit sont à taille large, moyenne, aux traits réguliers, avec la barbe grande, souvent claire, caractère bon et gai, langue propre, avec *th*, étudiée. *Tadjiks Yasgolam* (rivière des fleurs d'été). Principauté conquise par Boukara. Types différents, semblables aux Européens, et il y a des blonds ou rouges. Bonne voix. Coutumes et droits anciens. Culture soignée des champs. Arbres fruitiers et vin. Langue propre avec combinaisons de consonnances typiques. *Tadjiks de Rochan* (pays du soleil). Ancienne principauté dépendant du Jougnan. Taille petite ou médiocre, grosse, traits réguliers, grande barbe, beaucoup de blonds. Habits blanchâtres en laine des chèvres du Tchitral, semblables au costume slave. Maisons plates, blanchies et avec dessins de plantes colorées. On trouve le style chinois de Kachgar. Châteaux, tours en pierres de construction cyclopéenne, par exemple Bodjovar. Industrie textile

et métallurgique (fer, asbeste), forgerons en acier, renommés pour sabres ; marteaux énormes, habits incom-
bustibles. Toutes les femmes sont tricoteuses, avec petite
corbeille sur la tête pour tricoter, très assidues. Tournesols, coton, mûres, pommes et vin. Usent des médicaments
locaux, font des joujoux. Chants anciens, musique en
chœur du mode majeur. Doutar à deux cordes, cithare à
trois cordes, instruments à onze cordes, à dix-sept cordes,
comme le piano, provenant de Kaboul. Culture intellectuelle et morale, esprit particulier. Langue propre, différente de celle des Yougnan, avec *th* et autres combinaisons. Dialectes de Wasnaou et de Bartang. On trouve ici
des kourganes et des idoles anciennes qui ressemblent à
celles de l'époque des Kourganes. *Tadjiks de Yougnan*
(terre de glace), nommés *Yougnis* ; peut-être c'est ici la
patrie du roi Dchenchiz et de son peuple. Ancien royaume de
la dynastie des Macédoniens et des Kobadides, qui avait
compris le Badakchan et une partie du Kachgar, visité
d'abord en 1882-1883, et conquis par les Afghans en 1884.
Type ordinaire, médiocre et gros, ou haut, blond, brun ou
noir. Type de Sotchérak, de l'extrémité inférieure du
Hound et des forgerons pour la plupart, petits ou nains, à
tête grosse, au nez proéminent et aux cheveux noirs ; il
rappelle le sémitique, et les récits sur les Kafirs expirants,
dont on montre les ruines. Turban haut ou nul ; cheveux
conservés excepté chez les ecclésiastiques qui les tondent.
Agés jusqu'à cent ans et plus. Salut au front et anciennes coutumes ; ils tendent la main ; la mère vous conduit jusqu'auprès du fourneau, les parents se baisent. Coutumes de noces,
fêtes, processions avec vases sacrés, ichan et derviche royal
et douvanas. Font du feu en hiver, grande signification du
solstice de l'été. Chasses de la cour, traban à lance indienne, *marschland* du roi. Anciens chants et légendes,
musique du mode majeur. La chanson vaftom bakouhibala
« J'allai sur les hautes montagnes », est chantée d'après
une douce mélodie synonyme de la chanson allemande, et
la chanson de Kandahar, d'après la rude mélodie de la

chanson slave « J'allai et je reviendrai », chanson de
Horan, très douce. Mélodies écossaises, par exemple celle
de « my loe isin the highland ». Mélodies au refrain suisse.
Maisons plates, quelquefois grandes et de bonne économie,
garde-manger avec divisions pour les provisions. Fourneaux, traîneaux, échasses. Chasseurs, paysans, bergers,
tricoteurs. La reine a tricoté elle-même les bas donnés en
cadeau. Corbeilles triangulaires, industrie textile et alpine.
Chameaux au nez blanc, chevaux nains poilus, bœufs
bossus, yaks. Cirque. Influence au Tchitral, Kafiristan,
Kanjout. Langue propre et persane. Combinaisons de consonnances rappelant le gothique, par exemple : *th*, *ho*, *he*,
*hr*, timbre sonore; mots de parenté plus simples, dont
quelques-uns conservés chez les Slaves, par exemple: *mat*,
*vrat*, mais sans qu'il y ait l'*i* mou des Slaves. Dialectes du
Hound (rivière des loups), Shakhdéré (rivière des rochers),
de la vallée de l'Andère de Horan. Légendes et ruines de
Kai-Kobad. *Tadjiks du Wokhan*. Royaume soumis aux
Afghans. Culture murale comme au Yougnan ; on forme
sur les rochers des terrasses étroites et on y met de la terre
et du fumier. Culture des pommes jusqu'à 13.000 pieds.
Chevaux nains. Langue propre. Ils ont été décrits par les
Anglais. *Tadjiks du Djerm*. Vie patriarcale, mais plus
farouches que les autres Tadjiks. Chasseurs, esclaves.
Maisons comme chez les autres Tadjiks. Langue propre.
Décrits aussi par les Anglais. *Tadjiks de Misjan*. Figure
moyenne, grosse, traits réguliers, cheveux clairs, barbe
grosse, caractère naïf. Industrie en montagne, tapis la-
goutis. Rapport avec le Yougnan, le Tchitral et le Kafiristan. Tous ces montagnards font les voyages à pied.
Langue propre, sonore. Décrits par les Anglais,
Maisons comme au Yougnan. *Tadjiks de Tah-
Kourgan*. Langue propre. Décrits par les Anglais. Les
peuples de l'*Himalaya* et du *Petit-Thibet* doivent être
semblables aux Tadjiks, la négation s'y appelle : « Nein ».
*Tadjiks du Kafiristan*, nommés *Kafirs Siachpouch*,
c'est-à-dire au plaid noir, sont les derniers des Kafirs

autochtones païens qui habitaient jadis le Yougnan, quoiqu'il paraît qu'il y ait eu aussi une autre race: Récits fabuleux corrigés par les Anglais. Type ordinaire des Tadjiks. Figure forte, grande barbe noire; teint plus sombre. Polyandrie. Pendant l'été, la femme visite les hommes sur les montagnes. Cris des montagnards. Filles jolies, teint noir. Plaids rayonnés blanc et noir, portent des bas. Renommés pour leur bravoure; on cite les tas de pierres mis à la frontière et d'une confection parfaite. Industrie du miel des abeilles sauvages. Vie dans les bois, qui consistent en *cèdres* et *santales*. Economie alpine. Idoles indiennes. Adoration de la vache, qu'ils nomment leur mère. Langue propre du type arien. Le soleil s'appelle « soun ». *Kafirs Safidpouch*, c'est-à-dire au plaid blanc, au *Tchitral*, *Badjowars* et *Souates;* noirs au sud de l'Indo-Kouck. Guerriers.

9. *Hindous.* Figure grande, plus ou moins tendre et étroite. Quelque ressemblance avec les Espagnols et Allemands ; traits réguliers. Femmes aux hanches courbées; taille étroite et étendue. Teint blanc ou noirâtre. Cheveux longs, noirs ou bruns. Hommes avec une ou plusieurs taches rouges au front qu'ils touchent du doigt en saluant. Femmes avec anneaux dans le nez, aux lèvres et aux oreilles. Turban haut ou bonnet cylindrique bleu ou blanc. Face astucieuse; avares. Radjahs, marchands. Temple pour brûler les morts. Langue hindoue.

10. *Persans.* Figure grande, étroite, plus ou moins tendre. Traits réguliers, visage étroit; teint blanc ou noirâtre. Barbe longue, noire ou plus petite et étroite; enfin apparition différente. Sourcils velus, ceux des femmes peints. Turban grand. Chiites. Caractère astucieux, diligents, habiles. Villes, villages. Employés, marchands, anciens esclaves, jardiniers et ouvriers, danseurs et danseuses. Langue persane.

11. *Afgans.* Figure moyenne, grosse ou fine; traits réguliers, quelquefois du sémitique ou quelque ressemblance avec les Arméniens et les habitants de la Russie et

Germanie. Barbe grande, noire, rouge ou blonde; cheveux longs, coupés au cou. Boucle devant l'oreille. Caractère astucieux, libertin, emporté, mais tâchant de cacher les fautes. Ces tribus sont divisées en paltans, c'est-à-dire bataillons, et portent des uniformes rouges ou verts, mais, d'après l'usage national, les pantalons leur manqueraient. Très belliqueux. Tentes et yourtes ou cantonnements dans les villes. Langue propre. Le persan est parlé avec timbre chantant. Ils supposent une parenté avec les Hindous et les Persans et les Juifs.

12. *Yemchides*. Habitants du Mourgab. Type régulier, figure différente, quelquefois ressemblance avec les Ouzbecks, traits réguliers, sévères ou plus larges et mous, teint foncé ou blanc. Nomades. Langue persane et ouzbèque.

13. *Khézaré*, ce qui pourrait signifier *les Impériaux*. Type régulier, médiocre ou haut, étroit, nez proéminent; teint blanc. Ressemblent aux habitants du Caucase et aux Européens. Langue persane. Afganistan.

14. *Sartes*. C'est assez prouvé que c'étaient jadis les habitants des villes de l'Asie centrale, quoique tous les nouveaux colons indigènes acceptent peu à peu le même nom; c'est donc par semblable assimilation, surtout des Ouzbècks, en Russie, où cependant l'influence des races impures a été plus grande. Figure grande ou médiocre et grosse ou proportionnelle aux traits réguliers. Il y a quelque ressemblance des jeunes gens avec les paysans de l'Allemagne dolichocéphales ou brachycéphales. Cheveux noirs, rasés, sourcils denses, peints. Teint clair ou sombre ou rougeâtre. Femmes belles mais vieillissant bientôt, une quantité de boucles et beaucoup d'ornements. Petits bonnets ronds et grand turban. Musulmans sévères, sounnites. Anciens habitants des villes et des villages. Marchands, industriels, horticulteurs; grand nombre de plantes : balsamines, mauves, amarantes, liserons, asters, gomphrènes (indigènes), ricins, peupliers blancs et italiens. Noblesse des personnages des ichanes et marchands principaux (10,000 chameaux en un

jour), Ordres religieux des Dorvanas, le chef est le derviche. Hautes écoles. Classe impure des danseurs, des
prostituées, bourreaux, coiffeurs et dentistes, parmi laquelle il y a des hommes qui parlent le bohémien, par
exemple les garçons danseurs, et qui demeurent dans le
monastère des douvanas (kalenders). Voitures à deux
roues, énormes, couvertes, le cocher est assis sur le cheval.
Chapeaux triangulaires et capuchons du modèle kirgis
et assyrien nommés malakai. Chevaux des races des argamacs et karabahirs. Perdrix pour combats. Déchirement
de la chèvre (coutume grecque) pendant la course. Acro-
bates, jongleurs, auteurs. Langue sarte appartenant à
l'ousbèque en différents dialectes. Chanteurs, refrains
mongols. Les *Tachkentois*, les Parisiens de l'Asie. *Kou-
rama* aux alentours de Tachkent, simples tavernes de Kod-
jakent. *Samarcandois*, figure plus fine, habiles, instruits.
Industriels, marchands, artistes, hommes de lettres. Hautes
écoles renommées, astronomie et astrologie, médecins, phar-
maciens. Vie des jardins, comme à Tackhent, Boukhara. Argamacs de Samarcande. Langue sarte et persane. *Kokan-
dois*, taille petite, large. Voix large, *o* au lieu d'*a*. Les
Béotiens de l'Asie Centrale. Petits chevaux des montagnes
Langue des cléricaux, le persan. *Boukhariens* (boukari,
signfie le paysan), taille grande ou moyenne, gros traits
réguliers. Barbe souvent rouge. Femmes renommées. Turban long. Hommes de lettres, industriels, marchands,
agriculteurs. Modèle politique et hiératique de l'Asie
moyenne. Capitale Boukharaï Shérif, c'est-à-dire capitale
de l'Islam au rang de la Mecque. Chevaux arabes et ous-
bèques, argamacs. Langue ousbèque, mêlée avec l'arabe
et le persan, ordinairement nommée turc. Langue de la
cour et des employés : la persane. *Habitants de Chahr-
i-Saouz*; ancienne principauté. Haute culture; art, d'après
les modèles grec et indien; poteries. *Karakouliens*,
figure haute, étroite, barbe noire, ressemblent aux Kacbga-
riens. *Khiviens*, petits, barbe noire, teint brun. Constructions du style égyptien. Arrosement développé, beaucoup

de plantes cultivées, par exemple : *ceratonia, pennise-tum*, qui manquent dans l'Asie Centrale. *Kachgariens.* Taille haute, étroite, ou moyenne et grosse; teint noirâtre, souvent barbe rouge. Habits des hommes du modèle chinois. Habiles, astucieux, mais fidèles. Belles chansons du mode majeur, à refrain mongol du ton mineur Langue kachgarienne, timbre chantant. Le pays du Kachgar s'appelle Jetechar, les sept villes. *Tourfanois.* Ancien nom du peuple Ahoang ou Ahoangfchi. Type régulier, moyen, joues des femmes proéminentes; cheveux noirs des hommes rasés ou en tresses; des femmes, en tresses, noirs; on trouve aussi des blonds. Les femmes portent des bonnets énormes coupoliformes et beaux; les filles ont la tête découverte et sont jolies. Ancienne hospitalité, coutumes de noce. Ecoles, économie déterminée; canaux souterrains, vie souterraine pendant l'été; beaux villages des montagnes. Industrie minière (houille). Dialecte du Kachgarien avec des mots chinois. *Khotanois.* Anciennes coutumes. *Tarantchis*, à l'Ili, après l'arrivée des Chinois émigrés à Verny. Type médiocre et fort ou haut, joues proéminentes, ressemblance avec les Tartares. Beaucoup de rouges aux yeux bleus; Belles femmes, jolies filles; beauté jusqu'à l'âge mûr; tresses, petits chapeaux cylindriques, jupons, hommes en habits rouges. Moralité. Charrettes du modèle indien à 4 roues et chinoises; bœufs bossus, poules, pigeons, chats variés; très économes. Demeures en terre avec stuc parfait; demeures en cavernes; ils mangent l'argile. Langue tarantchi, dialecte du Kach, timbre chantant, *r* strident.

## TURCS

C'est un groupe des Ouralo-Altaïens uni par la langue turque. Le type des jeunes gens ressemble à celui des Mongols, il a la tête ronde et les contours du corps arrondis, mais l'arc des sourcils est proéminent et les joues larges et la barbe reste presque toujours rasée. Les hanches anguleuses ne sont à remarquer que chez le groupe finnois, auquel devraient appartenir les Dounganes, qui cependant se trouvent sous le nom des Ouigours et chez une partie des Chinois. Souvent yeux bleus et cheveux blonds.

15. *Turcs*. Au Kokan. Type régulier, barbe noire. Femmes colorées et teintes artificiellement. Langue turque. Nomades, et yourtes.

16. *Ouzbécks*. Plus de quatre-vingts tribus. L'on y compte aussi les Sartes, les Turcs, les Kirgiz, qui cependant ont leur histoire propre. Figures médiocres ou grandes, têtes rondes ou ovales. Cheveux tondus, noirs ou blonds. Nomades, en yourtes. Langue turque pure. Au Kokan (Kiptchaks), Samarcande, Boukhara, Afghanistan. Caractère gai, communicatif. Femmes teintes au visage, assez libres. Poésie épique et improvisation. Musique simple (doutar). Chasse aux aigles et faucons. Littérature. Outre les yourtes, ils ont des pavillons d'été à hauts toits, et en hiver, des maisons de terre (kichlague), où quelques tribus sont restées. Langue ousbèque et persane. La même langue à Constantinople. Chant guttural au mode majeur et parfaitement pur. Les *Manguites*, tribu dominante, prétendent leur provenance de Tchingiz-Khan. Les *Kataplans*. Figure grande, grosse, nez enfoncé, ressemblent aux Mandchoux, Afghanistan, Boukhara. Les *Karlyns*, anciens habitants du Syr, d'où ils sont disparus. Boukhara, et yourtes basses. Les Merké, Katta-Youz, Kitchi-Youz, Dousman, Ki-taï (c'est-à-dire tribu originaire chinoise). Les plus répandus en Boukharie sont les Lakaï, bons chanteurs, gais. Il existe aussi en quelques endroits, des colonies nommées Ourous-Kichelèque (village russe), mais on ne saurait affirmer la légende, et qu'un tel peuple ait existé en Asie. Chevaux renommés, coursés.

17. Les *Karakalpaks*, près de Khiva. Bonnets de fourrures noirs. Nomades.

18. Les *Kirghiz*. Le peuple le plus répandu de l'Asie

moyenne, nommé déjà dans l'histoire chinoise du Moyen
Age. Ce peuple, qui nous rappelle les temps d'Hérodote et
qui n'avait qu'un théisme vague et quelques légendes et
coutumes de chamanisme, a embrassé l'Islam, plutôt pour
être compté dans les registres, que par une nécessité ou
persuasion quelconque. En effet, il ne s'intéresse qu'à
ses brebis et à ses chevaux, et les femmes à leurs chameaux, mais pas pour en faire commerce. Forcé à élire
un domicile fixe, le Kirgiz se démoralise et perd son individualité, et il a disparu en Europe, où il a suivi le Tartare. Encore aussi ancienne que la lutte du Kirgiz avec la
culture est la lutte des tribus de la steppe contre celles des
montagnes. Les *Kara-Kirgiz* du Tianchan (Kirgiz noirs)
des tribus des Naimas, Sarybagich du fleuve jaune (le nom
provient du tadgique) des Bogou, des Bourouts, des Sla-
mans, du Pamir (petite race bonne, sujets du Kokan, du
Tkianchan central. Souvent blonds et de figure haute, type
gothique, ont des idoles de pierres, parlent aussi le mongol et un dialecte difficile à comprendre. Economie rurale
à l'Issikoul, richesse en bétail au Syr (10.000 chevaux pour
la victoire aux courses), chasse au Thianchan. Les dchigites
des chefs (manaps), du sang de Tchingiz-Khan, avec clarinettes, mélodies suisses et des bergers de la Russie, sol-
dent leur paiement avec neuf brebis, neuf chevaux. Crânes
de chevaux, cornes de cerfs mais aux saints endroits. Gro-
seillers sauvages sacrés. Produits du lait, femmes écono-
nomes, tricoteuses. Langue karakighize. Chapeaux triangulaires.

19. Les *Cosaques* (pas à confondre avec les Cosaques
ourous ou Cosaques de la Russie) de la *grande* et
*moyenne horde*, de la Sibérie et de l'Oural jusqu'au
Badakchan, où ils sont les premiers. Têtes rondes peu
rasées, cheveux noirs ou clairs, traits au milieu de la
steppe, plus anguleux. Caractère gai, cependant la vie est
assez difficile; ordinairement pas d'eau fraîche, seulement
du lait; pain inconnu. A chaque fête on immole une brebis;
à la Noël, un cheval dont on fait des saucisses, tout est

mangé à la fois. Chapeaux hauts des sultans, malakhi, petits bonnets, femmes avec capuchon blanc ou turban blanc. Filles avec beaucoup de tresses, jolies. Près d'Orenbourg, les Cosaques ont des traîneaux et bâtissent des villages et des moulins à vent. Pêche au Syr. *Cosaques de la petite horde*, auprès de l'Ili; Khan, près de l'Altinimel (montagne de la selle d'or). Traits anguleux, figure moyenne ou haute et aux épaules anguleuses, jeunes gens aux traits ronds. Femmes et filles ordinairement blondes, aux yeux bleus, aux dents de perles. Courses entre garçons et filles; elles se récompensent avec un baiser. La baranta, c'est-à-dire brigandage de chevaux, brebis et filles, payé par de l'argent, mais pour éloigner les voisins. Chansons, voix gutturale au mode majeur, refrain mineur. Cris pour appeler quelqu'un. Dernière tribu de cette horde vers la Mongolie. *Kirgsaï*, *Bacdchigs* et *Karagireï*, plus sauvages que les autres, d'après la légende provenant de trois frères. Les légendes de cet endroit ressemblent à celle des Mongols, le vieux berger, les filles enchantées, les argolis blancs des sommets, les grands esprits, les chevaux sacrés et chameaux enchantés. Langue cosaque, assez sourde. Eléments finnois de la langue, la même qu'en Turquie. Ressemblance avec les *Bachkirs*.

20. Les *Turhmènes*, le long de l'Amoudaria jusqu'à la mer Caspienne. Langue turcmène, avec nombre de *h*, comme au Caucase; et différents dialectes. Nomades et colonisés, brigandages. *Ersari*, les plus paisibles. Taille haute, visage étroit, cheveux et barbe noirs ou blonds. Agriculture excellente, sur la zone la plus étroite auprès de l'Amou; maisons en style égyptien, obliques. Téké, joues mongoles, taille forte. Excellents chevaux. Tapis, canaux, culture du Mourgab. Belliqueux. *Ialours*, esclaves des Téké. *Yomoudès* à la Caspienne (paraissent être venus de Boukhara) Quelques ressemblances des Turkmènes avec les Kachgariens et des Turcmènes du Mourgab supérieur, avec les Turcs (moustaches rouges, hauts turbans) et de leurs forteresses entrecoupées par des canaux avec

les yourtes de l'Afrique. Riches ornements des chevaux, des ceintures, en or, d'un goût classique. Bonnets des femmes mongoles.

21. *Tartares*, seulement comme marchands. Beaucoup de rouges.

22. *Doungares*, descendants des Ouigours, et, comme ils disent, des guerriers d'Alexandre ou de Timur. Taille forte, épaules larges, carrées, joues larges, hanches carrées, Cheveux rasés; au Kachgar, plus longs. Quelquefois des traits classiques. Femmes robustes, type chinois, modestes. Hommes rudes, commettent des crimes infinis. Ligne rouge au front. Habit chinois, petits bonnets blancs, au Kachgar bleus ou jaunes. Sounnites et chamanistes. Economie rurale et définie. Enormes cours, énormes voitures couvertes à quatre roues semblables à celles des Allemands. Cuisiniers, bouchers. Art chinois perfectionné. Langue chinoise. Musulmans sévères, khanes et darignes. Nouvelles colonies en territoires russes; propagées jusqu'au mur chinois.

23. Tribu éteinte de l'Issikkoul, nommée les *Ousouns*, c'est-à-dire habitants de l'eau. Crânes brachycéphales. Civilisation indo-européenne.

### Race mongole

Le type devrait être petit, aux joues larges, brachycéphalé, jaune; mais, en effet, c'est un type très rare.

### MONGOLS

Il n'est pas certain que l'homme rouge (*homo americanus*) ait habité l'Asie centrale, quoique le type mongol, aux joues larges et aux yeux profonds et à la petite taille, aux hanches larges, soit assez défini. Ils vont du Thibet jusqu'à la Sibérie. Lamaïsme, plus de la moitié des hommes et femmes deviennent moines et portent l'habit rouge ou jaune.

24. *Kochoutes* ou *Oéloutes* ou *Katka*, les fameux Mongols de l'histoire. Jusqu'à Péking, *Mongols des Koutoukhta de l'Altaï* et du *Guéguen blanc* de Syga-chan et Tchougoutchan forment la milice des Katka de la Mongolie occidentale; quelques-uns à l'Ili. Petite figure, traits mongols; souvent honnêtes, rouges. Tresses, habits bruns, petits triangulaires ou ronds, quelquefois habits rayés, chapeaux des hommes et femmes à la tyrolienne. Très nomades. Les morts sont placés à l'air libre sans enterrement. Temples, yourtes basses ou tentes de feutre. Ecrits mongols et tangouts *Dourbouns ou mouns*, c'est-à-dire 4 cents. *Verny, Thékése*. Bonnet bleu, rond, habits rayonnés à la poitrine. Petite figure proportionnée et forte. *Arboun-Soumouns*, c'est-à-dire 10 cents. Les Dchoungars de l'histoire et de l'époque d'Amour-sana, Empereur Dchoungar. Figure haute, traits réguliers, moustaches. Habits noirs ou gris, chapeaux bas à la chinoise. Economie alpine, cuves aux anneaux de cuivre pour le lait et le beurre, art, littérature, civilisation chinoise et tibétaine. Le chef porte le titre d'Iki, Hamour-Séngi, ce qui signifierait grand prince et chef.

25. Les *Torgoutes*, histoire fameuse, ancien empire, les derniers émigrants sont restés en Russie. Belles et hautes figures ou moyennes, épaules et hanches arrondies, moustaches noires, nez aquilins, bonnets carrés ou ronds, bleus, habits bleus à plastron rayonné, ressemblance avec les Polonais. Princes et princesses; prince d'or ou béisgi, le béli, le gould, la princesse pure. Daïlama ou grand-prêtre, les guelines et gueliks ou évêques, en casque et tiare, habits jaunes ou rouges. Musique et littérature. Richesse en bétail. Chevaux renommés de la Dchoungarie jusqu'au Thibet. Caractères mongols de haut en bas. Syphilis et vérole.

26. Les *Mandchoux* (en chinois, mandchou), *Sibo* ou *Schubé*, dans les 8 villes (Négi-Soumoun) de l'Ili, type grand ou moyen, filles au nez enfoncé, habits sombres avec bordures. Maisons au style chinois, économie domestique,

meubles, chars à quatre roues pour bœufs bossus et voitures chinoises à deux roues, mais rarement, culture de riz, jardins potagers. Pêche. *Dahour-Solons*, de la Dahourie, plus petits et rouges, écriture et langue mandchoue, semblables aux Mongols. *Mandchoux de la classe supérieure*, taille moyenne, traits nobles, nez aquilins, moustaches noires, quelquefois traits parfaitement réguliers, emploient la langue de la Mandchourie et de la Chine, système de l'écriture autre que le mongol, mais appliqué seulement par les lettrés Mandchoux.

27. *Aïmak*, peuple de l'Afganistan, nomades, coutumes mongoles ainsi que le costume.

### ASIATES ORIENTAUX

28. *Chinois*, ils s'appellent *da-tochingo*, tandis qu'ils appellent les Européens *da-ingo*. La capitale s'appelle Ba-tochin. Figure haute ou petite, traits anguleux, teint blanc ou jaune. Femmes quelquefois aux traits réguliers, belles. Agriculture, culture potagère. Fabrique de métaux, poteries, verni, papier, briques. Langue prononcée en notes de différentes hauteurs et intonations. Chant en mode mineur, ainsi que le timbre de la diction. Habits sombres ou clairs. Art parfait, commerce, thé contre de l'argent et de l'or. Chevaux renommés. Classe inférieure des *Tchimpans*, brachycéphalc, voix grossière, autre dialecte, figure petite, forts. Nom chinois Tsiham-fan.

CONGRÈS INTERNATIONAL

DES

# SCIENCES ETHNOGRAPHIQUES

*Paris, 26 Août - 2 Septembre 1900*

# Compte-rendu sommaire des séances

### Dimanche 26 Août, 3 heures

*Séance d'ouverture au Palais des Congrès*

Election par acclamation comme président effectif du Congrès (M. Boban occupant d'abord le fauteuil) de M. Charles Lemire, résident supérieur honoraire, commissaire adjoint à l'Exposition de l'Indo-Chine.

Election des autres membres du Bureau :

Présidents d'honneur : MM. Maurice Block et Léon Bourgeois ;

Vice-Président d'honneur : M. Textor de Ravisi ;

Vice-Présidents : MM. Boban, Gaullard, Greverath, de Rosny ;

Secrétaire général : M. Georges Raynaud ;

Trésorier : M. Edouard Leclère ;

Secrétaires adjoints : MM. René Allain, Georges Ocasian, Louis Raffour.

Présentation des excuses de MM. Block, Bourgeois, Solange, Guieysse, Delondre, Ledrain, Peuvrier, Révillout, de Rosny, Aymonier, Urechia.

### Lundi 27 Août, 9 heures

*Séance au Collège de France (Président : M. Boban)*

Le Secrétaire général donne lecture d'extraits d'une brochure de M. Truhelka sur « Les Restes Illyriens en Bosnie-Herzégovine » ;

de très nombreux exemplaires en sont offerts au Congrès pour être distribués. Discussion : MM. Gauttard, Raffour.

De nombreux exemplaires d'un extrait de la « Revue Egyptologique » de M. Révillout sont distribués.

M. Leclère donne lecture d'une communication de M^me Myrial sur « l'Utilité de l'Enseignement de l'Ethnographie ». Discussion : M. Georges Raynaud.

M. Gierszynski lit son mémoire sur les « Origines de la nation lithuanienne. » Discussion : MM. Allain, Chil y Naranjo, Claine, Gauttard, Gierszynski, Jenko, Leclère, Raynaud.

Un vœu est déposé, concernant la mise en lumière des collections lithuaniennes. M. Raynaud résume son « Rapport sur l'absorption, l'assimilation ou la disparition des peuples conquérants ou des peuples conquis ». Discussion : MM. Claine, Raynaud.

### Lundi 27 août, 2 heures

1° Visite au Pavillon Impérial du Japon, guidée par M. Tsoui ;
2° Visite au Palais de Madagascar, guidée par M. Henri Mager.

### Mardi 28 août, 9 heures

*Séance au Collège de France* (Président : M. le D^r Verrier)

Le Secrétaire Général lit des extraits du mémoire de M. Guibert sur les « Sociétés de Thé au Japon ». Discussion : M. Gauttard.

M. Raffour lit son rapport sur « La part d'influence que les moyens de subsistance ont sur les divers degrés de civilisation ». Discussion : MM. Allain, Raffour, Raynaud, Regnault.

M. Verrier lit son rapport imprimé sur « l'Utilité de l'enseignement de l'Ethnographie ». Discussion : MM. d'Armstrong, Raynaud, Regnault, Verrier.

Des exemplaires de la brochure de M. Verrier sont distribués.

M. Edouard Leclère donne lecture de la communication de M. Adhémar Leclère, sur « La démoralisation des conquis par les conquérants et des conquérants par les conquis ».

### Mardi 28 Août, 2 heures

1° Visite au Musée Cambodgien, guidée par MM. Delaporte et Basset ;
2° Visite aux Palais de l'Indo-Chine, guidée par M. Lemire ;

3º Visite à l'Exposition des Indes Néerlandaises, guidée par M. Lemire ;

4º Visite aux collections lithuaniennes du Trocadéro, guidée par M. Gierszynski.

### Mercredi 29 Août, 9 heures

*Séance au Collège de France* (Président : M. Gauttard).

M. Gauttard parle des races humaines, des rapports des Chinois et des Européens, etc. Discussion : MM. d'Armstrong, Gauttard.

Le Secrétaire Général lit la communication de M. Constantin Hœrmann sur l'achat et l'enlèvement des fiancées en Bosnie-Herzégovine. Discussion : MM. Allain, Chil y Naranjo, Leclère, Raynaud, Regnault. De nombreux exemplaires de la brochure de M. Hœrmann sont distribués.

M. Raynaud dépose son « Rapport sur les théories concernant l'évolution des formes sociales » et son « Rapport sur les formes sociales et la tenue dés terres ».

M. René Allain lit son « Rapport sur les Musées d'Ethnographie ». Discussion : MM. Allain, Chil y Narango, Claine, Raynaud, Regnault.

Le Secrétaire Général lit la communication imprimée de M. Thomas, sur les Geishas, danseuses et chanteuses japonaises.

Un vœu est déposé concernant les Musées d'Ethnographie.

Des volumes, des Mémoires du Musée de Serajervo sont distribués au nom de MM. Hœrmann et Truhelka.

### Mercredi 29 Août, 2 heures

*Séance au Collège de France* (Président : M. Wilson)

M. Georges Ocasian lit les deux communications du prince Grigori Stourdza sur l'ordre moral et sur la religion idéale ; il donne de très intéressants détails sur les études et travaux de l'auteur.

Mme Renooz lit une communication intitulée : « Conditions psychiques des sociétés inférieures ou dégénérées ».

M. Raffour présente les conclusions de son rapport sur l'influence de l'alimentation spéciale, des excitants et des narcotiques sur l'état psychique des nations. Discussion : M. Regnault. Un vœu est déposé à ce sujet pour que soient favorisées les sociétés anti-alcooliques.

M. Verrier dépose son rapport sur les différences et similitudes psychiques entre habitants d'un même pays, mais d'habitudes et d'origines différentes.

Des photographies d'un groupe de membres sont prises par les soins de la maison Pirou.

M. Lemire dépose ses communications sur le Code annamite et sur le Code cambodgien. M. Lemire fait une communication, accompagnée de projections, sur le théâtre chinois et le théâtre cambodgien.

M. Chanel fait une communication, accompagnée de projections, sur les Moïs sauvages.

M. Raynaud dépose son « Rapport sur les transformations ethniques des mythes dans la Moyenne-Amérique précolombienne » et son « Rapport sur les organisations sociales des primitifs actuels et des anciens ».

## Jeudi 30 Août, 10 heures

Visite au Palais des Costumes, guidée par MM. Marcel Hallé et Brylinski.

## Jeudi 30 Août, 2 heures

*Séance au Collège de France* (Président : M. le Colonel Van Zuylen)

M. Claine fait une communication sur les Indiens Tolas du Chaco Argentin. Il présente des armes de ces Indiens.

M. Arakelian lit ses communications sur les Kolanis du Caucase et les Kurdes de Perse.

M. Raynaud dépose son rapport sur les découvertes et les inventions considérées comme résultantes ethnographiques.

M. Raynaud distribue des exemplaires de plusieurs de ses publications.

M. Raffour distribue des exemplaires de sa thèse de doctorat, sur la médecine chez les Mexicains précolombiens.

M. Lemire dépose ses communications sur les races de l'Indo-Chine, sur les analogies du culte boudhique et sur le Laos Annamite.

M. Lemire fait une communication, avec projections, sur les monuments des Khmers et des Kiams, et sur ceux des Annamites.

-Mrs Mac Clurg fait une communication, avec projections, sur The People of The Pueblos Pre-Columbian.

### Vendredi 31 août, 9 heures

*Séance au Collège de France* (Président : M. Valdemar Schmidt)

M. Valdemar Schmidt rappelle la part importante que les pays scandinaves ont prise dans la constitution de collections ethnographiques.

M. Raffour dépose son rapport sur la question : De quelle façon les conquêtes modifient-elles les langues des peuples conquis?

M. Raffour lit une communication sur l'ethnologie et la palethnologie de la syphilis. Discussion : MM. Gauttard et Raffour.

Un vœu est déposé sur la prophylaxie de la syphilis.

M. Gauttard parle de l'architecture et des formes sociales.

M. René Allain fait son rapport sur le vocabulaire ethnographique. Discussion : MM. Allain et Regnault.

M. Raynaud dépose son rapport sur l'architecture et les formes sociales dans la moyenne Amérique précolombienne, et son rapport sur les lignes cruciformes et les nombres sacrés dans l'Amérique précolombienne, et son étude intitulée : « Quelques notes sur l'organisation sociale, l'idée de création et l'histoire de l'ancien Pérou ».

M. le colonel Van Zuylen fait une communication sur le croisement et le métissage dans les îles de la Sonde. Discussion : MM. Claine, Raynaud et Van Zuylen.

Dépôt est fait de deux communications de M. John Fraser, sur la variation ethnique des mythes et sur quelques noms indiens de parenté employés par les tribus australiennes.

Un vœu est déposé pour la conservation des collections du Palais du costume.

Un vœu est déposé concernant le métissage.

M. Régel lit une communication sur la culture arienne.

Lecture est donnée d'un télégramme de M. Boutcoulesco pour une quatrième session en 1901, à Bucarest.

Une proposition est faite pour cette quatrième session, à Liège.

### Vendredi 31 Août, 2 heures

1° Réception du Congrès à l'Hôtel-de-Ville par le Conseil

Municipal de Paris. Discours de M. le Vice-Président du Conseil Municipal et de M. Lemire. Lunch. Visite du Palais.

2° Visite au Musée Guimet, dirigée par M. de Milloué.

### Samedi 1er Septembre, 9 heures

*Séance de clôture au Palais des Congrès (Présidence de M. Lemire)*

Nomination de la commission permanente : M. Léon Bourgeois, président ;

MM. Greverath, Leclère, Lemire, Raffour, Raynaud, Regnault, de Rosny, membres pour la France ; M. Truhelka, membre pour la Bosnie-Herzégovine ; M. Valdemar Schmidt, membre pour le Danemark ; M. Wilson, membre pour les Etats-Unis ; M. le colonel Van Zuylen, membre pour la Néderland ; M. Ocasian, membre pour la Roumanie ; M. Koulakoff, membre pour la Russie.

Nomination de la commission du vocabulaire : MM. Allain, Leclère, Lemire, Raffour, Raynaud, Regnault.

Vote de remerciements à la presse et au Secrétaire général.

Vote de remerciements à M. Gariel.

Expression des respectueux hommages du Congrès à LL. MM. le Roi et la Reine de Roumanie.

Vote des vœux de MM. Allain, Raffour, Regnault et Van Zuylen.

Discours du Président.

### Samedi 1er Septembre, 7 h. 1/2

1° Banquet au Champ-de-Mars. Allocutions de Mrs Mac Clurg et de MM. Lemire et Van Zuylen ;

2° Séance extraordinaire au Palais des Illusions. Allocution de M. Lemire.

### Dimanche 2 Septembre, 9 h. matin

1° Visite de l'Exposition Groenlandaise (Palais du Trocadéro), dirigée par M. Valdemar Schmidt ;

2° Visite de l'Exposition de l'Asie Russe (Jardins du Trocadéro), dirigée par M. Paul Labbé.

# TABLE DES MATIÈRES

# PRINCIPAUX ERRATA

Page 2, lignes 1 et 3, *lire* : AYMONIER, LEDRAIN, LEVASSEUR.

Page 8, *ajouter* : DE MILLOUÉ, orientaliste, conservateur du Musée Guimet.

Page 9, *ajouter* : PAVIE, ancien ministre plénipotentiaire.

Page 11, *ajouter* : D^r THOREL, ancien médecin de la marine en Cochinchine.

Page 23, ligne 37, *lire* : Confucius.

Page 46, lignes 28 et 30, *lire* : ascendat ad te Deus, et offerimus.

Page 52, ligne 25, *lire* : le myrte d'immortalité.

Page 81, ligne 15, *lire* : *Dalmates*.

Page 121, ligne 25, *lire* : coutumes distinctes.

Page 127, ligne 24, *lire* : populations autochthones.

Page 138, titre. *lire* : Par M. J. CHANEL.

Page 144, ligne 37, *lire* : Ik « merle », etc.

Page 152, ligne 6, *lire* : l'élytre d'un coléoptère.

Page 243, ligne 22, *lire* : car c'est à elle que.

Page 261, ligne 24, *ajouter* : de sarcozygum, l'agropyrum?

Page 264, ligne 12, *ajouter* : de sarcozygum, l'agropyrum?

Page 266, ligne 35, *lire* : de calcium soufreux.

Page 267, ligne 3, *lire* : de calcium soufreux.

Page 294, ligne 16, *lire* : du cuivre, des cornes et des torpedo.

Page 300, ligne 29, *lire* : jusqu'auprès de son foyer.